圖解AI人工智慧

Artificial Intelligence

三津村直貴【著】

作者簡介

三津村 直貴（Naoki Mitsumura）

Noteip 有限公司代表負責人。作家。於美國的大學專攻電腦科學，畢業後於日本的東證一部上市公司擔任 IT 相關產品企劃、行銷。離開公司後以作家身分撰寫書籍與文章，並參與網路內容的製作。除了人工智慧之外，也有涉獵科學、IT、軍事、醫療相關議題，亦於研究機構、大學進行研究支援。

著有『近未来のコア・テクノロジー』（翔泳社）、『AI医療＆ヘルスケア最前線』（技術評論社）、『図解これだけは知っておきたいAI（人工知能）ビジネス入門』（成美堂出版）（https://www.books.com.tw/products/0010793046），協助三宅陽一郎的『マンガでわかる人工知能』（池田書店），並於網路連載『"今さら聞けない" テクノロジー講座（ビジネス＋IT）』、『図でわかる3分間AIキソ講座（ビジネス＋IT）』等。

● 免責聲明

※ 本書當中所記載之 URL 有可能在未經通知的情況下進行更改。

※ 本書出版時已致力於描述正確，但作者跟出版社雙方並未對此作出全然保證。因運用書中內容跟樣本資訊所導致的結果一概恕不負責。

● 注意事項

※ 本書所記載之公司名稱、產品名稱，皆為各家公司的商標及註冊商標。

※ 本書內容的時間點是基於 2022 年 2 月 1 日之資訊進行編寫。

※ 本書刊載的部分圖片是使用來自 Freepik 的素材 https://www.freepik.com/

前言

深度學習為我們帶來了第三次人工智慧（AI）浪潮，過去以圖像辨識為中心的新 AI 技術起始的浪潮還不到 10 年，就以非常快的速度遍地開花，並藉由智慧型手機以及網路普及的加持，令我們在日常當中得以理所當然地使用著。

不過，能夠真正透徹理解 AI 架構並使用的人應該不多吧？從倘若想要紮實地學習 AI，就得要知道資訊科學、統計學、數學這點來說，對於一般人如你我，已經是一堵看似難以跨越的高牆。或許大家會認為不過就是拿來用用，即使不知道機制這類的細節也無傷大雅吧。然而，AI 卻有著我們有所不知的有趣之處。

會這樣說的原因是，相較於以往的軟體，AI 有著更高的自主性，不會完全依照持有者的意念來行動。這要是能將事情辦妥也就無須多提，但很可惜，現在的 AI 還無法到達那麼完善的層面，依然還需仰賴人類的介入與協助。

AI 與人類之間的關係，就好比是菜鳥與老鳥。每年都會有老鳥抱怨著「真不知道新來的菜鳥在想些什麼」，但其實必須要理解代替咱們老鳥去執行任務的菜鳥在想什麼、會採取什麼行動，身為老鳥的我們才能知道該如何協助菜鳥。從這點來看，我們應該是不需要先成為精通人類心理運作模式的心理學家，再來去了解菜鳥的心思，對吧？

本書專為讓讀者能更容易理解出現在當今智慧型世界上的新進菜鳥、也就是 AI 的心思（架構）撰寫而成。透過省略掉專有名詞與過度細節的解釋，將重點放在能讓讀者大致理解 AI 架構的層面上進行著墨。即便您完全是資訊科學與電腦架構的新手，透過我們書中從最初步的演算法的說明到資料分析、深度學習，並延伸到應用方法這樣的順序來閱讀，相信能循序漸進地理解 AI 如何運作。若能了解架構的概要，或許當我們看著眼前這位時不時會犯點小錯、鬧點笑話的新進菜鳥，也可以知道他其實本質上是位優秀的小幫手喔！

目錄

第 2 章 AI 與程式的基本架構 ～用簡單的流程解決複雜的任務～

第 3 章 AI 如何處理資料 ～想要讓 AI 進步時有哪些絕對不可或缺的資訊～

第 7 章 與其他領域交流而持續進化的 AI
～ AI 究竟在哪些產業大放異彩～ 159

第 8 章 圍繞著 AI 的眾說紛紜 ～AI 究竟是不是全能的機器呢～ 189

第1章

AI的基本觀念

～AI是怎麼樣演變而來的呢～

» AI 定義太過曖昧，讓人傻傻分不清楚？

名稱當中的智慧，是指什麼？

AI 是人工智慧的簡稱。雖然不難從字面推敲，這詞是基於由人工所創造出的「智慧」，問題是這裡所說的智慧到底指什麼呢？查找辭典釋義、又或是從學者專家所發表的見解來一言以蔽之，智慧意指「**具有可以進行邏輯性、抽象性的思考，能預測或計畫，理解複雜的概念、現象、語言，具有學習與解決問題的能力**」。這表達方式既籠統、曖昧，又令人難以進行更縝密的定義（圖 1-1）。

當智慧是「人工的產物」時，事情就更複雜了。前述所提到足以令我們認為展現了智慧的情境當中，有一部分是透過機器很簡單就能辦到的事情。比方說能預測與計畫、解決問題、還有邏輯性的思考，都能藉由統計學與資訊理論來作為切入點，使得相關任務得以簡單達成。至少我們能**讓機器看起來宛如具備了智慧般地為我們工作**。不過，話又說回來，機器的「思維」與人類是天差地別，甚至有些機器的思維我們壓根兒不會認為那可以說是智慧。實際上究竟該將什麼樣的型態或形體稱之為 AI 是見仁見智，縱使是學識淵博的專家學者之間亦是存在著意見分歧。因此當我們要談論 AI 之前，首先需要建立起彼此之間的共識。

本書當中的 AI

書中的 AI 主要所指的都是「宛如具備了智慧般地為我們做些什麼的 AI」，一般來說這被稱為「弱 AI」或「狹義 AI」，僅能在處理某些特定的任務時，令人看起來像是有智慧的 AI。現實世界當中的 AI 其實大部分都只是看起來宛如具備了智慧的 AI 而已（圖 1-2）。雖說確實存在著可以媲美人腦般的思維與智慧的 AI，但當我們仍以「人腦般的」說法去描述時，**不免就會落入了「人，何以為人」這種哲學與腦科學的世界裡**。

換個角度來說，日常當中所能接觸到的那些「稱得上 AI 的東西」，**幾乎都只是統計學理論、資訊理論的集成罷了**，我們還是會覺得那跟人類的思維是截然不同的，對吧？為了要釐清 AI 的思維與人類的思維究竟差異在哪，就必須要加深對一部分的資訊理論的理解才行。

圖 1-1 智慧是能力的總和

智慧是多個能力所加總起來的能力
倘若僅限要達成個別能力所能處理的事物，那麼 AI 也有機會辦到

圖 1-2 人類所以為的 AI

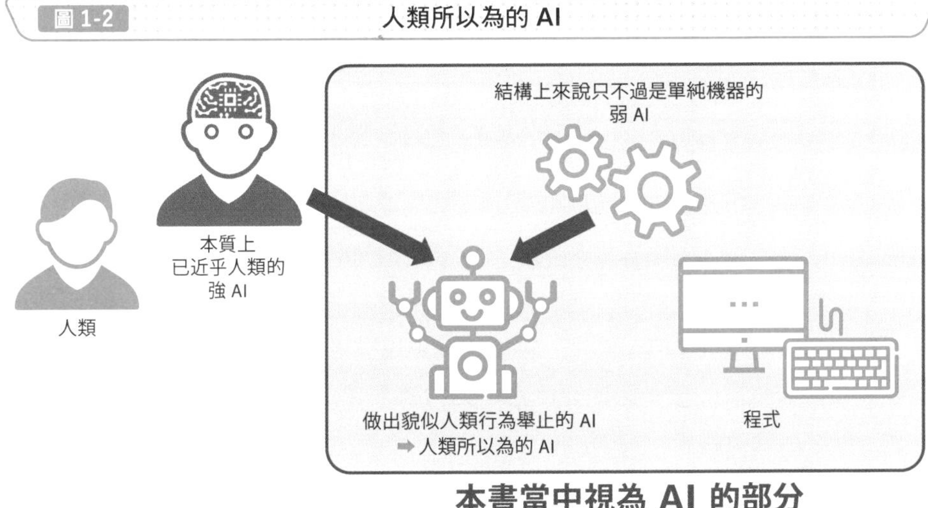

本書當中視為 AI 的部分

Point

- 智慧是各式各樣知識技能所總和而成的能力。
- 人們已經創造了許多貌似具備智慧的機器了。
- 本書當中主要提及的 AI 係指，宛如具備了智慧般地為我們做些什麼的 AI（弱 AI）。

AI 的快速進化與停滯

日新月異的技術與 AI 的進步

來看看 AI 的歷史吧（圖 1-3）！運用計算機來重現智慧的人工智慧概念，由艾倫・圖靈（Alan Turing）於通用計算機登場的 1950 年所提倡的，但那時還僅是處於概念的狀態，連正式命名也尚未定案。隨後，出現了具備以模擬神經細胞運作機制而成的神經網路的演算法，**在 1956 年的達特矛斯會議上第一次使用了「Artificial Intelligence（人工智慧）」的稱呼**。藉由計算機的出現與演算法的進步，揭開了 AI 研究的大時代序幕。

後來 CPU 與 HDD 的誕生，讓計算機的處理能力更加提升，**於 1970 年代催生了如專家系統這樣足以處理知識與資料的 AI**。讓具有學習能力的 AI 來學習各種訓練資料、擴大潛能的想法不僅堪稱劃時代，當 1990 年代出現了在西洋棋局當中勝過人類的 AI 之後，更是讓人們不禁開始思考不久的將來，AI 將會超越人類。

網際網路與深度學習聯手所推倒的高牆

1980 年後，「訓練資料壓倒性的不夠」和「處理感覺型資訊的難度過高」這些高牆，擋住了 AI 研究發展的去路。推倒高牆的正是網際網路與深度學習。1990 年代網際網路普及、2000 年代社群網路發跡，網路上充斥著 AI 所能運用的數位資料。**進入 2010 年代，善於處理感覺型資訊與學習的深度學習問世**，處理人類的視覺與聽覺相關的資訊處理能力突飛猛進，在 AI 發展史上可謂是里程碑般的突破性進展。

AI 發展至今曾有過數次的突破性進展，每每都震驚了全世界。**理解伴隨著突破性進展發生的同時、AI 技術產生了什麼樣的變化**，能加深我們對 AI 的認知。首先，就讓我們從影響最鉅的史上三大 AI 浪潮來繼續看下去吧！

圖 1-3 人工智慧歷史

1943 年	被視為是神經網路的鼻祖的「形式神經元」理論誕生（僅止於理論）
1946 年	發明世界上第一台通用電腦「ENIAC」
1950 年	艾倫・圖靈（Alan Turing）提倡「人工智慧」概念
1951 年	馬文・閔斯基（Marvin Minsky）發明了搭載神經網路的機器
1956 年	召開達特矛斯會議，正式揭開 AI 研究大時代的序幕
1956 年	著手研發能與人類一較高下的「西洋棋」遊戲機
1959 年	納撒尼爾・羅切斯特（Nathaniel Rochester）領銜開發能夠證明數學定理的 AI
1965 年	研發了能以自然語言與人類對話的程式「ELIZA」
1969 年	被視為是網際網路最初形態的軍用網路「ARPANET」開始運作
1971 年	發表了可以透過自然語言理解執行指令的「SHRDLU」程式
1974 年	研發出已達實用等級的專家系統「Mycin」
1979 年	史丹佛大學研發了世界上第一台搭載了自動駕駛系統的車輛
1982 年	日本通商產業省（現為經濟產業省）開始了「第五代電腦」專案
1984 年	開始了將常識、知識進行資料庫化的「Cyc 知識庫專案」
1989 年	開始運用「資料探勘（Data mining）」這項作為挖掘資訊的技術
1991 年	「WorldWideWeb（WWW）」問世，加速了網際網路的應用
1997 年	人工智慧「Deep Blue」擊敗了世界西洋棋棋王
2005 年	雷・庫茲威爾（Ray Kurzweil）提出了科技奇異點的假設
2006 年	傑佛瑞・辛頓（Geoffrey Hinton）設計出被視為是深度學習根基的技術
2011 年	IBM 超級電腦「Watson」在益智問答節目擊敗了 2 位冠軍
2011 年	智慧型手機開始搭載語音助理
2012 年	Google 的「Self-Driving Car（自動駕駛汽車計畫）」開始於公開道路測試自動駕駛
2012 年	使用了深度學習的人工智慧在「ILSVRC」上獲得了壓倒性的佳績
2012 年	Google 的人工智慧透過辨識影像，成功學習了「貓的概念」
2014 年	日本人工智慧學會設立「倫理委員會」，展開與人工智慧倫理的相關討論
2016 年	Google 所開發的「AlphaGo」擊敗世界最頂尖圍棋棋士
2018 年	實現了透過語音 AI 以電話處理真人服務預約的功能
2019 年	AI 在資訊不完全公開的撲克與麻將牌局上，與頂尖好手戰得不分軒輊
2020 年	以 OpenAI 所開發的 GPT-3 呈現了絲毫不遜色於人類的英文表達能力

Point

- 自 1956 年的達特矛斯會議，正式揭開 AI 研究大時代的序幕。
- 1970 年代專家系統誕生，AI 商用化指日可待。
- 2010 年代誕生的深度學習使得應用範圍更加廣泛。
- 了解 AI 浪潮所席捲而來的三個轉捩點。

第一次人工智慧浪潮「AI 的開端與潛力」

始於達特矛斯會議的人工智慧

第一次 AI 浪潮起於 1956 年的達特矛斯會議（圖 1-4）。雖說與會成員不過才 10 人左右，然而那場會議揭露了舉凡 AI 它可以運用語言、可以獲取形而上的概念與抽象化的能力、可以證明數學定理之外，乃至於日後被視為是深度學習始祖的神經網路的原型等劃時代的研究成果。**即使 AI 的概念與研究本身早已存在，不過當時的年代還鮮少有能共享先進研究內容的場合，達特矛斯會議在宣揚 AI 已經存在、以及令世人津津樂道 AI 潛力的層面上，可說是功不可沒。**

爾後，全世界（尤其是美國與英國）快馬加鞭地將資金投入眾望所歸的 AI 研究，發放大學與研究機構的經費時更是毫不手軟。只是，沒有期待、沒有傷害，有多大的期待就有多大的反作用力，受到眾人過度期待的 AI 也在十多年後被發現「高性能的 AI 並不會立即出現」之時，所有的投資都被凍結，進入寒冬時代。

道不同不相為謀的符號主義與連結主義

面對這突如其來的寒冬，AI 研究的大方向一分為二：參考人類邏輯性思維的符號主義（形式主義），以及參考了人類腦部結構的連結主義（圖 1-5）。

第一次 AI 浪潮後的主流思想是符號主義，**這是將人類的邏輯性思維編寫到演算法當中的做法**，例如「若是 A、則做 B」就算是符號主義的思維。做法易懂、好上手，程式所含的問題點也很好發現。相較於此，連結主義則是**以神經網路來試圖模仿人腦架構的方式創造出 AI**。雖有著透過學習而能勝任多樣任務的優勢，卻有著網路規模太小而什麼都辦不到、以及問題點難以釐清的部分始終未能解決的狀況，在當年可說是空有一身功夫、可惜無用武之地。

圖 1-4　達特矛斯會議的與會人員

馬文・閔斯基 （Marvin Minsky，1927-2016）	人工智慧之父，建立了神經網路基礎理論
艾倫・紐厄爾 （Allen Newell，1927-1992）	研發了世界最早的人工智慧「Logic Theorist」
約翰・麥卡錫 （John McCarthy，1927-2011）	研發用於開發 AI 的程式語言 LISP，同時也是提出雲端運算基本概念的重要人物
赫伯特・賽門 （Herbert Simon，1916-2001）	進行 AI 決策的研究、共同研發世界最早的人工智慧、獲得諾貝爾經濟學獎

上述四位都獲得了被譽為電腦界諾貝爾獎的「圖靈獎」

圖 1-5　符號主義與連結主義

「符號主義」
參考了人類
邏輯思維的模型

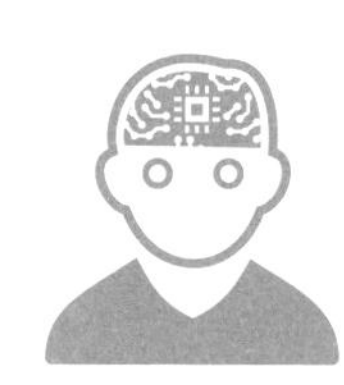

「連結主義」
參考了人腦的
神經網路

Manual
- A 之後做 B
- 出現 C 就去做 D
- 依 EFG 的順序去執行
- 到了 H 的時間點就做 A

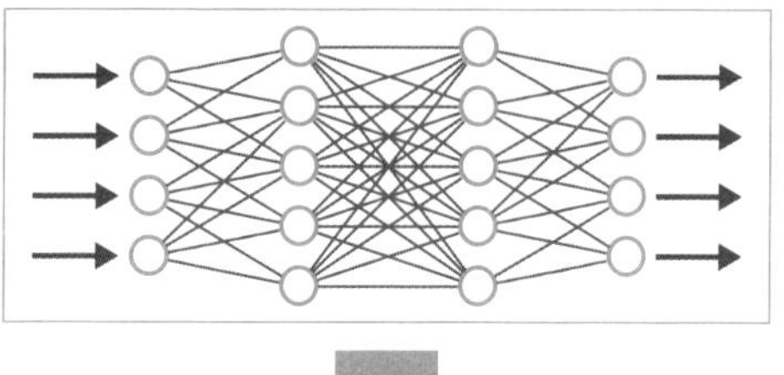

面對挑戰時嘗試建構最佳的思維模型，依循模型來克服挑戰

重視理論！

透過不同的學習來針對任務建構起最佳的神經網路，藉此來解決難題

重視感覺、經驗！

Point

- 達特矛斯會議讓領銜 AI 研究的重量級人物齊聚一堂。
- 過度期待所引發的期待落空，招致了時代的寒冬。
- 符號主義旨在將人類的邏輯思考化做模型。
- 連結主義則是致力於建構起足以比擬人腦神經網路的模型。

第二次人工智慧浪潮「資料與知識的處理方式」

進步神速的電腦以及獲取知識

有別於第一次 AI 浪潮，第二次 AI 浪潮沒有明確的起始點，不過，**主要的節點可以視為是 1970 年後半段，當時因為 CPU 與 HDD 的進步所帶來的資訊處理高速化與大容量資料儲存**。在那之前，想要在電腦內存儲資料絕非易事，能處理的問題也都不太需要知識。而推動第二次 AI 浪潮的開端，就在於人們發現了如果可以妥善地將人類所具備的知識數位化，並且確保有足夠的存儲空間以及運算能力，程式就可以變得越來越聰穎（圖 1-6）。

最具代表性的，則屬運用知識來答覆人類發問的問題的專家系統當之無愧。事實上，1970 年代所研發出的「Mycin」僅需輸入必要資訊，就能開出最適合病患的處方箋。後來這系統逐漸應用到更多樣化的領域，在製造業與金融業都有出現了 AI 取代專家地位、提供建議的情況。至此，AI 的呼聲再次水漲船高，日本啟動了研發新世代電腦的「第五代電腦」專案，隨之帶動全世界的 IT 相關技術投資也越發活絡。

過去不夠充分的知識以及人力的極限

第二次 AI 浪潮在 1990 年代告終，**縱使電腦能儲存的資料量增幅再大，獲取資料的手段依然相當受限**。得有專人將書籍當中的資訊輸入 AI，專業人士的知識也必須由他們親自告訴 AI 才行。即便是有機會運用前述做法的 AI 也依然存在著極限，最終所能處理的資料量仍舊是非常侷限（圖 1-7）。

另外，符號主義當道的 AI 在處理感覺型資訊、模稜兩可的數值上都差強人意，為了要發揮足夠的性能，還須由精通 AI 的工程師加以精密的調整才派得上用場。這也就不難理解為何當時的 AI 最終就在無法具備商業通用性的情況下，以「AI 是扶不起的阿斗」的印象深植人心了。

圖 1-6 計算能力獲得飛躍性提升的電腦

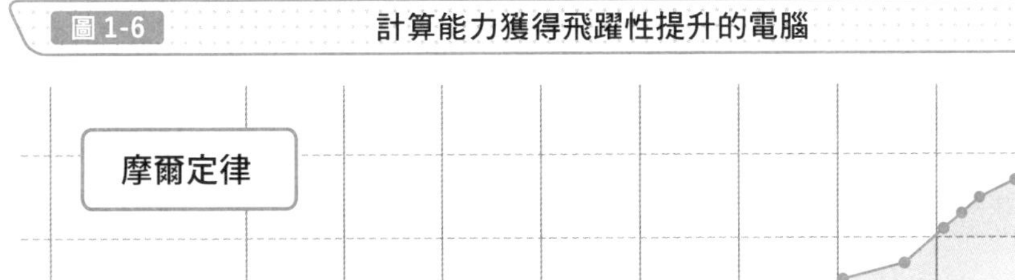

每一片 CPU(處理器)當中所含的電腦計算迴路的電晶體數量，
自 1970 年代以後急速增加

圖 1-7 效率不佳的專家系統

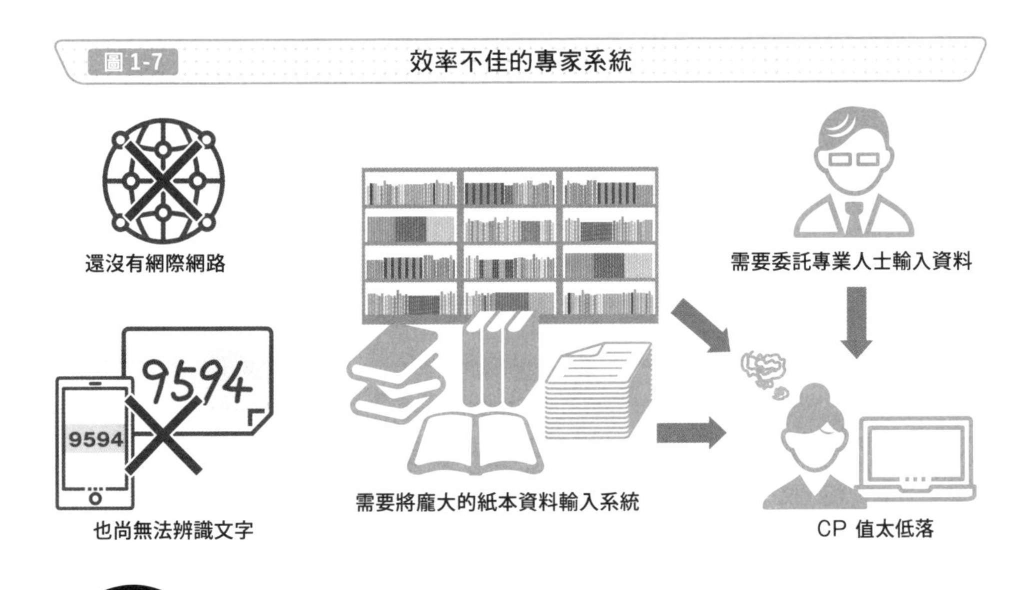

Point

- CPU 與 HDD 在 1970 年代快速發展。
- 能處理專業知識的專家系統問世，開啟了第二次 AI 浪潮。
- 認知到要將知識教給 AI 還很困難，再次進入寒冬時代。

第三次人工智慧浪潮「機器學習的急速發展」

大數據與深度學習為 AI 帶來的變化

進入 2010 年代，發生了顛覆過去人們對 AI 認知的變化。基於匯集了龐大資訊量所集合而成的大數據、以及深度學習這個優異的機器學習方法，引發了第三次 AI 浪潮。在那個年代，機器學習的學習效率還遠遠不及人類，單單學習一件事物就得用上龐大的資料。機器學習所需的資料後來透過網際網路的普及而匯集成大數據，促使了機器學習開始能夠發揮真正的價值（圖 1-8）。

風水輪流轉，一直以來將機器學習視為主軸的連結主義，在這波浪潮上終於抓住機運，在凡事都要牽扯理論的符號主義做法上，遲遲無法獲得進展的**圖像辨識等領域，帶來了重大突破**。於是衍生了對機器學習領域的資金投注，替 AI 研究帶來了更大發展（圖 1-9）。

進化後的機器學習讓 AI 應用更為廣泛

機器學習的方法其實早在最初的 AI 浪潮時就已經存在，深度學習的基礎論述也在第一次 AI 浪潮時就已經討論過。然而直到大數據的出現，才出現了急速的成長，**同時拜智慧型手機與物聯網機器設備的普及所賜，使得機器學習的應用範圍迅速擴增。**而當 AI 應用遍地開花時，學習量也隨之驚人地暴增。即便對於 AI 來說，仍有擅長與不擅長的事情，可是如果將任務限縮到特定範圍當中時，已經足以達成高過於人類所能做到的佳績了。就算遇到單一 AI 無法做到的事情時，只需組合多個 AI 就能使問題迎刃而解。

時間進入 2020 年代，AI 研究已經從先前只能用在特定任務上的演算法與機器學習研究的層面，轉移到**透過多個演算法或手法、抑或是多個 AI 同心協力去解決複合型任務等實務研究**了。難免有人提起，擔憂著第三次 AI 浪潮寒冬將至，不過縱使再次進入寒冬，AI 早已深植我們生活，而且無庸置疑 AI 在人類社會當中的比重肯定仍會越來越重。

圖 1-8 大數據與深度學習登場

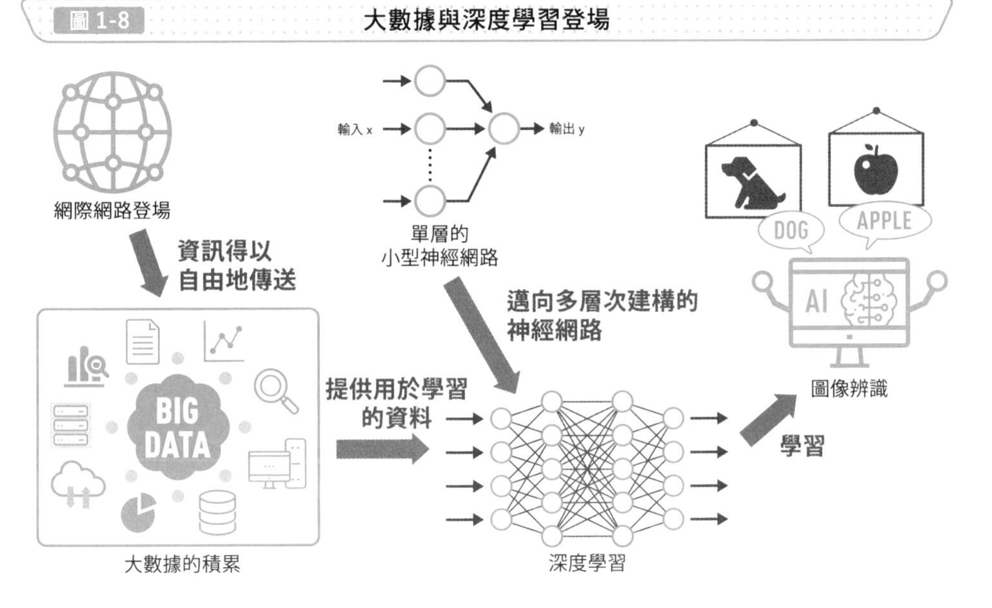

圖 1-9 應用層面不斷擴充的圖像辨識

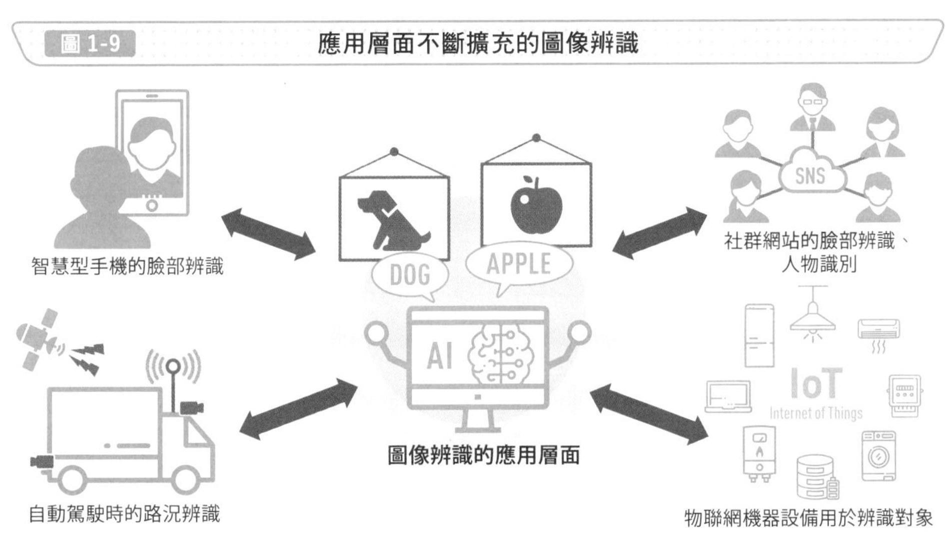

與相同時期一起進步的技術巧妙搭配，使得 AI 應用的腳步更加快了許多

Point

- 網際網路的普及催生了大數據，大數據提升了機器學習的成效。
- 圖像辨識因為深度學習的技術而產生了劃時代的進展。
- 拜同一時期持續進步的機器設備所賜，使 AI 更加普及。

» 連結主義的臥薪嘗膽

空有一身功夫、卻長期無用武之地的技術

在現代的 AI 當中，深度學習扮演了極為重要的角色。然而當今被視為是深度學習的基礎的神經網路，在過去許多個年頭以來，完全無法體現出任何成果，經歷了無數懷才不遇的春夏秋冬（圖 1-10）。神經網路既**具備了學習能力、也有足以拓展 AI 可能性的劃時代手法**，使其成為了第一次 AI 浪潮的開端。但是卻有著致命性的缺點，而即使當時已經知道可以透過多層化（深層化）來解決，無奈時下的電腦運算性能始終力有未逮。

當第二次 AI 浪潮水漲船高，電腦的性能獲得提升到能多層化後，卻因為知曉了多層化之下的學習效率太過低落之外，用於學習的資料也還不夠充分，而無法獲得足夠良好的運算結果。最終就置身在第二次 AI 浪潮中，眼睜睜地看著時代前行，繼續埋頭研究各種基礎理論。

多年來的研究開花結果的瞬間

21 世界網際網路普及，為神經網路理論帶來了進步後，事情就產生了改變。**不僅找到了提升學習效率的方法，用來學習的資料也能更簡單地到手了**。在圖像辨識的競賽當中以極好的成績碾壓使用傳統方式的對手後，使學習方式更上一層樓，以無監督學習的方式搭配強化式學習，造就了 AI 在圍棋與遊戲上的豐功偉業。接著，又注意到可以應用在許多商業場合的關係，掀起了第三次 AI 浪潮。所以說，**引發了最早的 AI 浪潮的技術，在經過了數十年的研究之後，又銜接上了我們身處的現在這時代的浪潮**（圖 1-11）。

時至今日，在所有用於影音當中的資訊技術都能見到深度學習的蹤跡，為商業上帶來的影響不可同日而語。過去 50 多年來一點一滴堆砌積累而成的研究成果，終於開花結果。

圖 1-10 孜孜不倦地研究神經網路

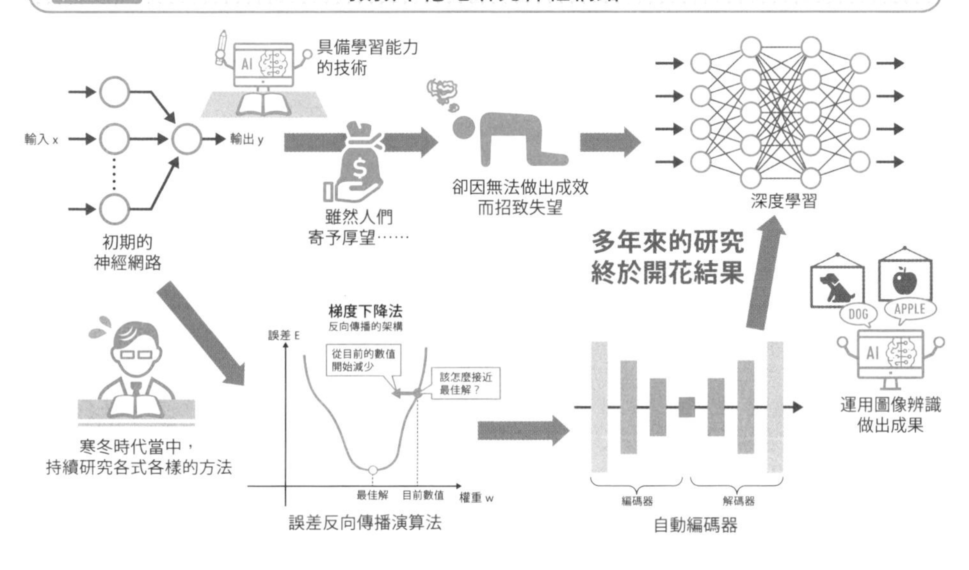

圖 1-11 技術從遊戲拓展到機器人

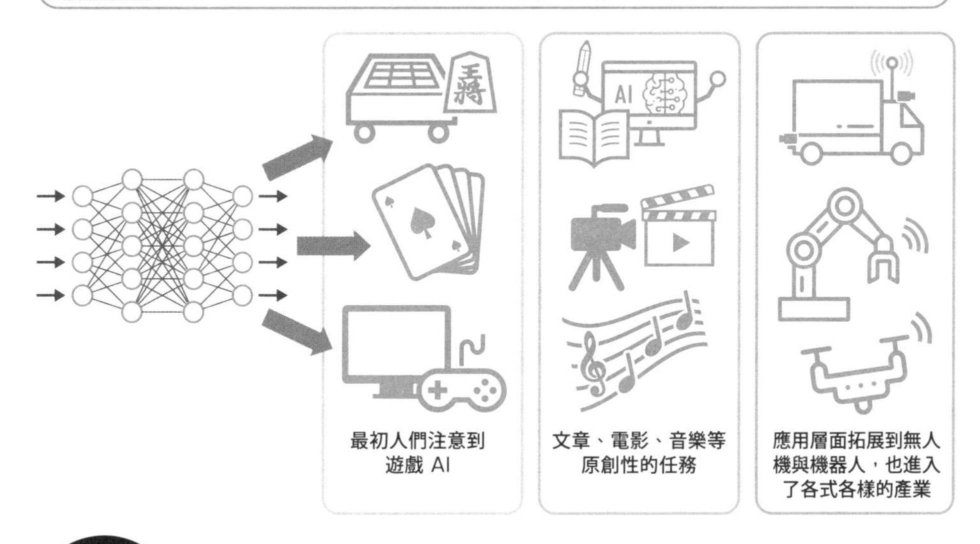

Point

- 連結主義的核心技術是神經網路。
- 神經網路技術是第一次 AI 浪潮的開端。
- 由於無法讓人們看見符合預期的成效，長時間都處於未被重視的劣勢中。
- 最終藉由深度學習而讓研究終於開花結果。

符號主義的來時路

一度引領時代前行的邏輯 AI

與連結主義有所不同，符號主義所提倡的做法一直都受到世人所關注。**藉由將解決問題所需的邏輯思維轉化為程式語言**，很快地就被用在解決各式各樣的困難問題上。

第一次 AI 浪潮時問世的 AI，已經可以證明數學上的定理、完成困難的解題，並且在棋盤遊戲上戰勝人類。到了第二次 AI 浪潮時，紅極一時的專家系統也依循著被餵養的知識與規則來運作，本質上就是符號主義做法下的產物。**在神經網路一蹶不振的那段期間裡，符號主義的 AI 一度引領著時代持續向前行**。

可是，也還是有缺點。符號主義面對難以透過邏輯思維說明的感受型任務就相當頭疼，加上原本就是處於嚴謹規則下來進行運作的緣故，遇到充滿各種不確定性的問題時，就會遇到越想越廣泛、而無法明確定義需要處理的範圍該控制在多大的問題。

神經網路的崛起與嶄新的定位

深度學習的出現，使得大多數處理感受型任務的要角，轉由連結主義的做法取而代之。常需要透過邏輯描述的符號主義在這時就顯得綁手綁腳，尤其是在需要運用圖像辨識、語音辨識、機器學習的問題上，連結主義取而代之的速度更是銳不可擋。雖然不乏有人認為符號主義的做法「落伍了」，實際上在這改朝換代的過程中，符號主義反而被賦予了嶄新的定位，也就是解釋性與運算速度。

神經網路的思維非常難懂，反而是基於符號主義去創建的思維顯得簡單明快、便於理解，要找出問題的發生原因、進行修改也相對簡易。另外，符號主義在面對問題時總是考量以邏輯上的最短路徑在運行，因此不僅執行速度比神經網路快上許多、耗能也少，更有利於大規模化的建置（圖 1-12）。且由於在需要運用邏輯思維處理的問題上符號主義還是佔盡優勢、具有絕對的獨特性，因此現在的 AI 都有效地採納了雙方的做法，讓 AI 能應用的層面更為廣泛（圖 1-13）。

圖 1-12 準備料理時的程序

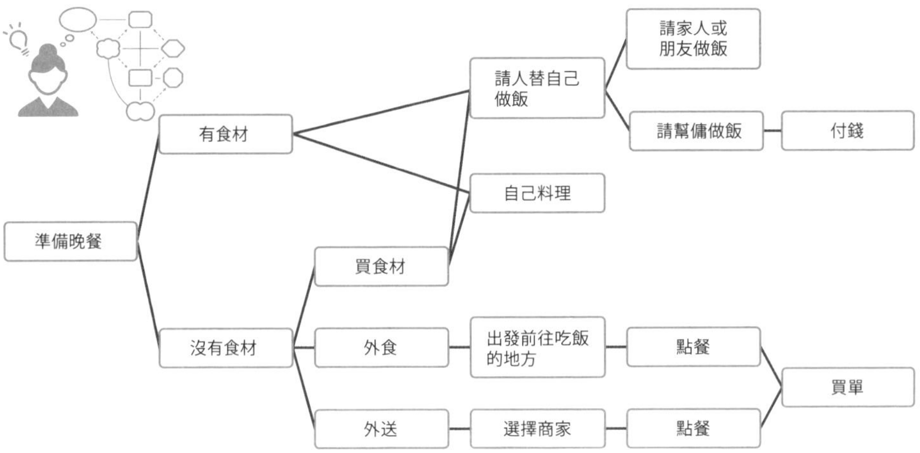

準備晚餐
有食材
沒有食材
請人替自己做飯
自己料理
請家人或朋友做飯
請幫傭做飯
付錢
買食材
外食
出發前往吃飯的地方
點餐
外送
選擇商家
點餐
買單

面對特定的任務去考慮可能發生的選項，本於合理的程序進行處理

圖 1-13 符號主義與連結主義的相輔相成

幾何學問題
擅長
符號主義的方法
雖不是辦不到、
但是很棘手
各自負責
擅長的領域
DOG
APPLE
AI
擅長
圖像辨識
神經網路
自動駕駛車輛

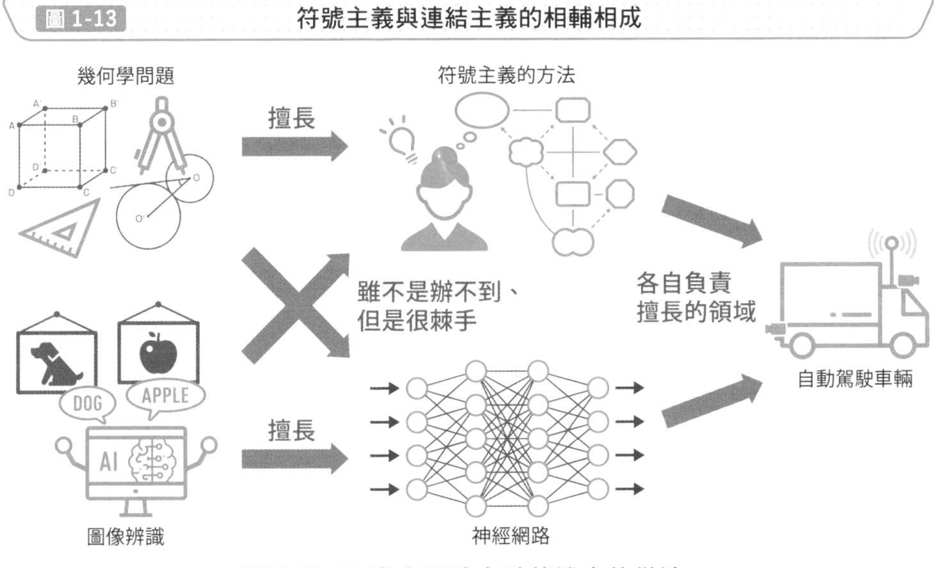

現在的 AI 當中同時交融著雙方的做法

Point

- 符號主義的做法從 AI 剛問世到現在，都持續對 AI 的發展做出了重要的貢獻。
- 擅長處理需要邏輯的問題與任務，判斷基準淺顯易懂。
- 因連結主義的崛起，符號主義被賦予了嶄新的定位與角色。

AI 技術與產品有何相關

受到圖像辨識影響的產品與服務

因為深度學習，在 AI 浪潮當中掀起濤天巨浪的是圖像辨識相關領域。圖像辨識的功能導入了相機與智慧型手機的應用程式，不僅可以進行臉部辨識，還可以分辨動物、查找商品。

後來人們將 AI 應用拓展到自動駕駛車輛與監視器，**只需要一個鏡頭，就能辨別行人、廣告招牌、車輛、汽車，以及客人手上拿的商品與是否為小偷**（圖 1-14）。時至今日，甚至已經出現了不需要到收銀台結帳，將想要的商品拿起來放入包包當中，離開前再用手機結帳就能完成購物程序的商店了。

除此之外，舉凡如透過拍攝損傷部位，就可以進一步評估修理費用、估算故障風險，又好比說藉由臉部辨識做到認出是否為熟客、進而推薦符合該名熟客喜好與興趣的商品，乃至於醫療應用上透過影像來進行診斷的技術也日新月異。從我們肉眼所見的資訊到需仰賴直覺反應判斷的問題，都逐漸成為 AI 得心應手的領域。

因龐大的資料庫與 AI 而誕生的產品

不僅圖像辨識廣受愛戴，運用龐大資料庫的機器學習也相當受到重視，搭上了研究熱潮的順風車，因而獲得顯著成長的領域也是為數眾多。比方說，自然語言處理的領域當中「聊天機器人」與「翻譯工具」持續進步，搭配語音辨識後，我們所熟知的「人工智慧助理」及「自動語音應答」也有了相當大的改變。在社群網站上詢問企業或商家問題時，首先站出來回答的是聊天機器人，運用翻譯功能就能讓溝通無國界，在智慧型手機與智慧音箱上的人工智慧助理也越來越普及。這些都受惠於 AI 技術的進步與成長。

只是，**AI 的進步除了帶來好處之外，也帶來了令人憂慮的問題，比方說侵害隱私、AI 誤判、助長了歧視與偏見等，都是伴隨而來的壞現象**（圖 1-15）。在後面的章節將會提及導入 AI 的具體案例與衍生的問題，以及因此而生的各種討論。不過在那之前，我們還是有必要先好好了解 AI 的架構。

圖 1-14　開始用於商業應用的圖像辨識 AI

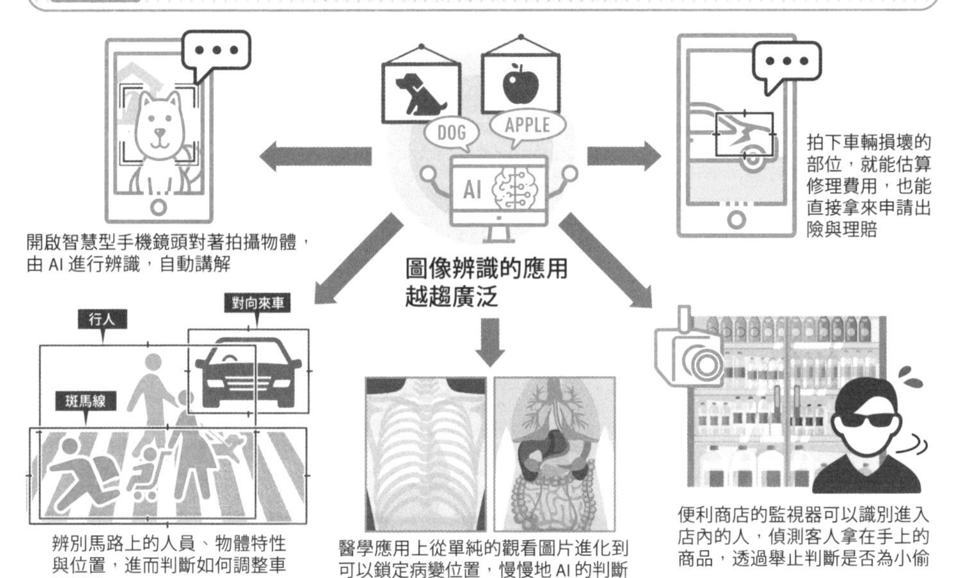

圖 1-15　AI 所帶來的新問題

隨著 AI 越普及，因 AI 而生的問題也逐漸增加

Point

- 就算只著眼於圖像辨識領域，AI 在當中的應用層面亦是包羅萬象。
- 近一步拓展到聲音與語言的領域應用，所到之處都可看見 AI 的蹤影。
- AI 普及帶來了好處，同時也引發了新的問題需要解決。

請你跟我這樣做

專家系統可能就在你我身邊

專家系統其實並沒有脫離它是「稍微高端的查詢」的本質很多。原本的專家系統就是我們依照問題的順序逐一回答，一步步靠近「正確答案」，然而若將問題換作是勾選式的問題清單，也能達到相同的效果。這就像是購物網站上我們透過勾選篩選條件，進一步讓查找出來的結果更接近我們想要的東西一樣。

技術上來說，當今已經不太會有人特別去稱呼這樣的做法為「專家系統」，但我們生活當中其實有數不清的技術與服務，都是來自於應用專家系統而生的。不妨找尋看看平時會使用的服務、或者 APP 當中是否有專家系統的影子吧！

找到了之後，再進階去思考看看，那些專家系統是參照了什麼樣的資料庫？是從哪些環節蒐集資料？用了什麼樣的演算法？不用想得太難，在自身已知的範疇當中大致推估方向即可！或許會發現，看似簡便的技術或服務，其實魔鬼藏在細節裡，一點都不簡單呢！

使用Akinator的範例

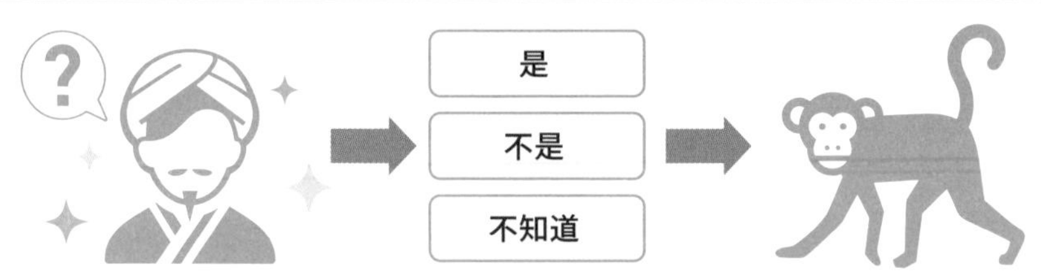

透過回答問題，逐步接近我們所設想的人物或者角色。
雖然一度因為能回答得很精確而廣受討論，不過至今尚未公開其演算法究竟為何

重點特徵

1. 可以猜中所有的人物與角色
   - ➡資料庫是否是透過使用者來自動產生？
   - ➡有無運用機器學習來提高精確度？
2. 問題大多是固定的內容
   - ➡在不同的問題當中去放入能篩選答案的參數？
   - ➡資料庫當中應該有能夠搭配問題的參數？
3. 過程中也會產生新的問題
   - ➡會出現很艱澀的問題，這難道也是自動產生的嗎？
   - ➡資料庫的參數數量也會因為人物的關係而有所增減嗎？

思考看看那是什麼架構

資料庫本身就是機器學習的主體。透過人們提交答案來回答使用者的問題，猜錯了就自主修改資訊，使資料庫本身不斷地優化。

呈現屬性的參數並非固定值，會因為使用者所輸入的內容而有增有減。雖說不過就是依照問題來去逐漸限縮選項，但搞不好這當中存在著非常複雜的資料庫設計架構也說不定……

第 2 章

AI與程式的基本架構

~用簡單的流程解決複雜的任務~

AI 的待解決問題與解決方法

AI 與程式的存在意義

要加深對 AI 的了解，剛開始要從編寫程式的目的與意義，去理解「AI 是為了做什麼事而被創造出來的呢」。人類採取關乎智慧的行動時，一定伴隨著目的，並且思考著如何達成目的來建構思維。將達成目標的思考流程套用到寫程式上頭，就變成了演算法，而演算法是具有邏輯性的程序書，一步步執行程式碼來達到目標。

這個原則在智慧型手機與 AI 上都是一樣的。而當程式大到如 AI 這般的規模且複雜時，**就是結合許多足以達成小目的的程式，它們彼此複雜地交錯連結，協力合作來達到最終的巨大目標**。這樣的結構組成跟我們成立公司、建立組織很像，每個人都被賦予著應盡的職責，為達成目的而思考、行動，與有著其他職責的人互相合作。AI 當中進行的事情，就跟這是相同的。另外，人腦內部也存在著分工合作的神經網路，彼此通力合作持續去思考怎麼樣達成目標，這不也是很相似嗎（圖 2-1）？

演算法是用來達到目的的手段，演算法究竟是什麼？

程式裡面用來達成目的的程序書就是演算法。在人類社會的組織當中其實很常見，每個承辦人員都會有遂行自己任務的手冊與準則，依照上面所寫的步驟來採取行動，以確保不同人來做也能獲得相同的結果。而比起容易出錯的人類來說，程式之所以可以保持著相對正確、每次提交相同的結果，就是歸功於演算法（圖 2-2）。

不過，倘若在演算法當中刻意放入「隨機性」與「模糊性」的話，就不會出現相同的結果了。人類在執行作業時常會有不確實的情況，這可以解釋成腦袋當中可能留有模糊性的演算法。然而雖然擁有模糊性會令人看似不穩定，但其實越是高等的程式，越是有辦法來因應模糊的特性。也就是說，一步一步照著程序去做，不見得就一定代表會變成「堅持條理分明而導致不知變通」。

圖 2-1　依照目的而將程式碼集結起來

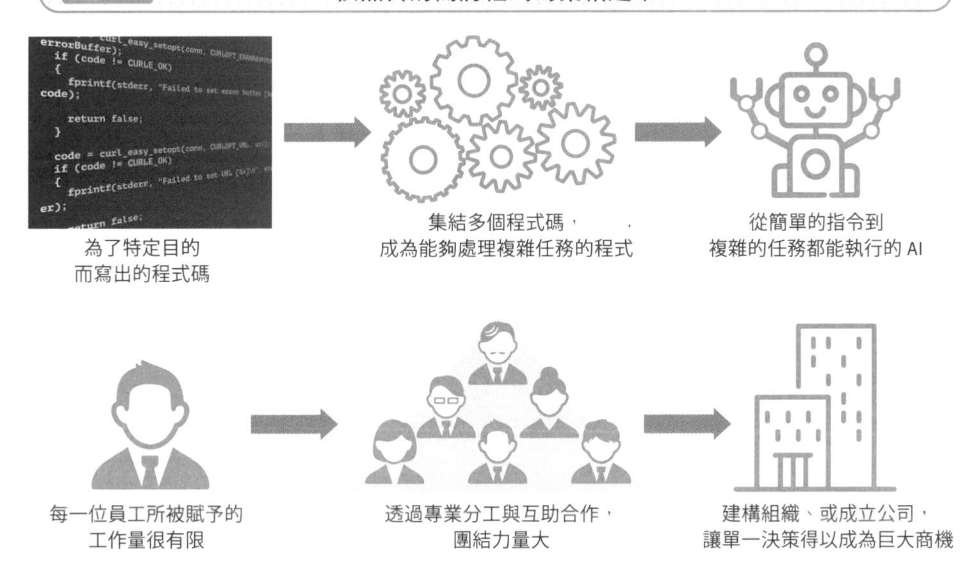

圖 2-2　演算法就是程序書

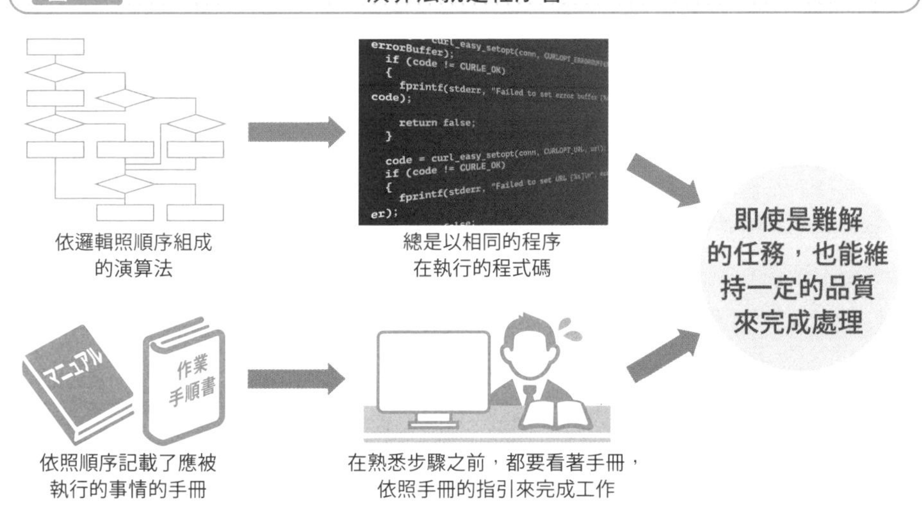

Point

- 所謂程式就是配合目的來進行描述。
- 集結了多個配合目的所寫出的程式，就會變成軟體或應用程式。
- 演算法就是程式的程序書。

搜尋演算法的種類與概要

清單型資料的搜尋算是演算法的基本功

萬丈高樓平地起，**再怎麼複雜的演算法只要細看，也可以發現是由許多簡易的步驟所組成**，當中不乏應用了人類的思維、或是採用了解題的方式，而用於所有程式當中的基本型態就屬搜尋演算法，從它作為切入點，應該會令人感到比較親切些。

搜尋方法會因為資料結構不同，而有著不同的最佳選擇。**名單或者 EXCEL 這類清單式資料結構，其搜尋方法出乎意料地簡單**。可以選用線性搜尋，從資料的最頂端、或者是任一筆開始搜尋；如果資料是依照流水號編列而成，也可以選用二分法搜尋，直接搜尋我們想找的資料可能在哪個區塊（圖 2-3）。雖然還有其他方法，不過面對這種單純就是列舉出來的清單型資料來說，就不是那麼有效率了。

搜尋資料之間彼此存在關聯性的圖形結構資料

雖然所有資料都能以清單來呈現，不過實際上資料的內容當中彼此互相有著關聯性的情形倒是不少。客戶、商品、服務，路徑或道路、語言與知識，彼此之間有著多種關聯性的資訊，則可以使用圖形結構或樹狀結構來將關聯性以網路連結方式呈現。接著就能運用「廣度優先搜尋」去查找橫向排成一列的資料、或者是縱向去查找每一欄的「深度優先搜尋」這些注重結構的搜尋方式。繼續往後發展下去，還可以用上依據資料的關聯性去評估我們要找的對象，大致在哪個區域的「最佳優先搜尋」，而倘若還要再加上機率的元素的話，就輪到「蒙地卡羅樹搜尋」登場了（圖 2-4）。

圖形結構可以運用資訊之間的關聯性，盡快找出我們欲搜尋的對象，因此與其相關的評估方式與搜尋方法也較多，可以說是水比較深的資料結構。另外，清單式結構的資料如果可以轉換為圖形結構或者樹狀結構，就能運用圖形結構的搜尋方法，而達到比使用清單式的搜尋更快找到目標的成效。

圖 2-3　搜尋清單式結構的資料

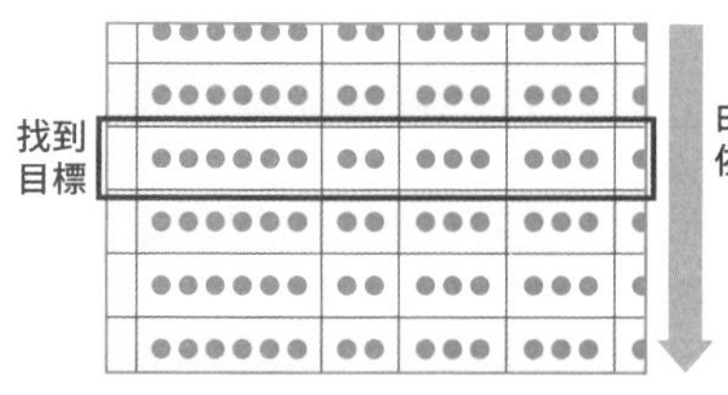

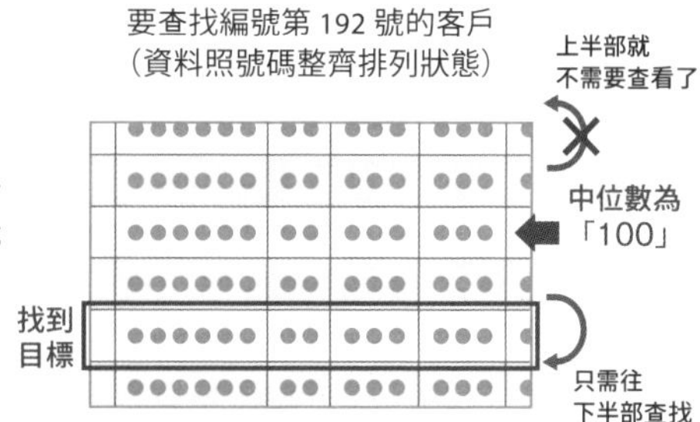

線性搜尋演算法

直接由上而下查找，直到看見我們要找的目標。非常單純的演算法

➡目標在比較上面時很快就能找到，在比較下面時則需要花較多時間

二分法搜尋演算法

先查看資料的中位數，推斷要找的目標在中位數之上、還是之下

➡雖是穩定且快速的方法，但前提是資料必須依循特定規則整齊排列，否則無法派上用場

圖 2-4　搜尋樹狀結構資料

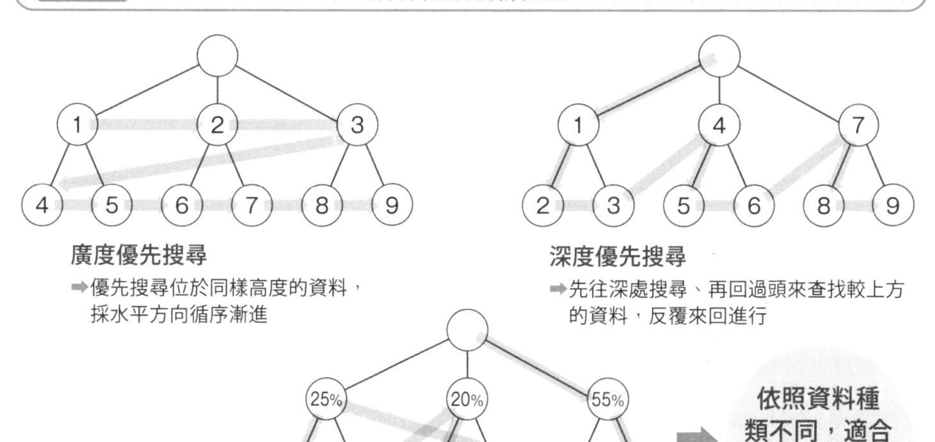

廣度優先搜尋

➡優先搜尋位於同樣高度的資料，採水平方向循序漸進

深度優先搜尋

➡先往深處搜尋、再回過頭來查找較上方的資料，反覆來回進行

蒙地卡羅樹搜尋

➡從有較高機率為正確答案者開始依序搜尋

Point

- 演算法不都是困難的，也有簡單的。
- 基本的搜尋演算法其實並不難懂。
- 資料結構不同，最適合的搜尋演算法也不同。
- 了解演算法，可以幫助加深對程式的理解。

排序演算法的種類與概要

將資料整理好的「排序」有多重要

在整理資料的時候，最重要的莫過於是依據任何特定規則，將手上的資料依據某些規律來進行排序。這就像是當我們為了要方便在帳本、目次上找資料時，會事先將資料的名稱照筆畫排序、或者依照編號排序。雖説電腦上要從最上面去一筆一筆找、或是從任一筆資料去查找，都還是比我們手動查找來得快些，但是當資料量越趨龐大時，若資料的排列完全無規則可循，即便是電腦難免還是會花上不少時間。為此，**我們都會先將資料的順序調動，例如以名稱順序為主來編列索引、或是任何能使資料更便於查閱的事情**。排序演算法就是其中一種方式（圖 2-5）。

雖然這不過就是將資料重新排列而已，但因為排序這件事情非常麻煩，因此人們發明了數不清的排序演算法來幫忙解決問題。由於資料依照一定的規則或優先順序排列，後續還會影響到查詢結果與建議結果的顯示，**因此別看排序演算法好像沒什麼，其實是會影響到 AI 思考速度的重要演算法**。

集眾多巧思於一身的排序演算法們

「泡沫排序」屬於較簡單的排序演算法，從第一筆資料開始去兩兩比對、調動資料的先後順序，雖然不斷持續下去就可以讓資料井然有序，但是效率不彰。「選擇排序」則是像是從數字最小的卡牌開始排列，「插入排序」則是手上拿一張卡牌，一邊排列一邊確認要插入在哪兩張卡片的中間。還有像是先決定好一個基準點、進而區分哪些在基準之上、哪些在基準之下的「快速排序」，以及將資料分成多的小群體，先排序群體、最後再合併的「合併排序」（圖 2-6）。但還不僅止於此，其他像是融合了泡沫排序與插入排序的「希爾排序」，以及先建立樹狀結構、將最大值或最小值放置於結構頂點的「堆積排序」。

僅僅只是調整資料的順序，就能帶出許多不同的特性。**當資料的排列方式不同時，可能會讓速度有所改變。可能會變得有點慢但是卻相對穩定，也可能會比較節省記憶體用量等等**。目的雖然單純，但是排序演算法所帶來的影響，其實比我們所想的還要更深更遠呢！

圖 2-5 整理資料時不可或缺的排序

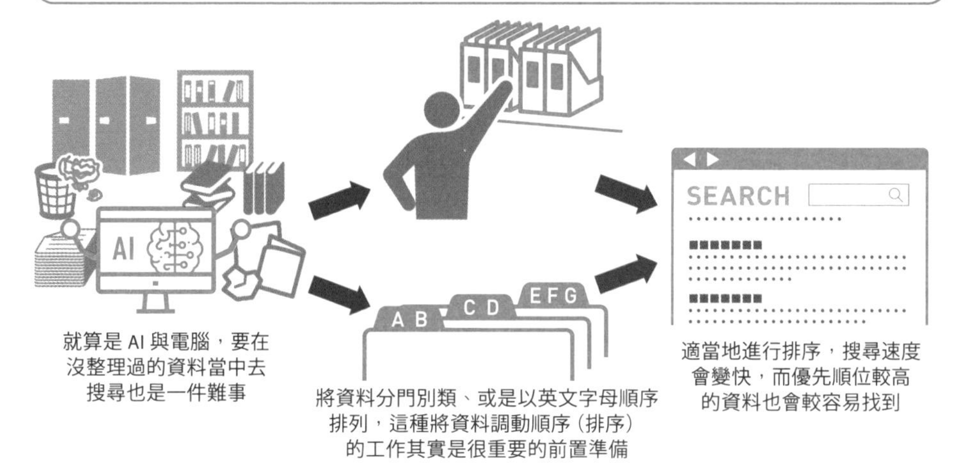

圖 2-6 泡沫排序與選擇排序

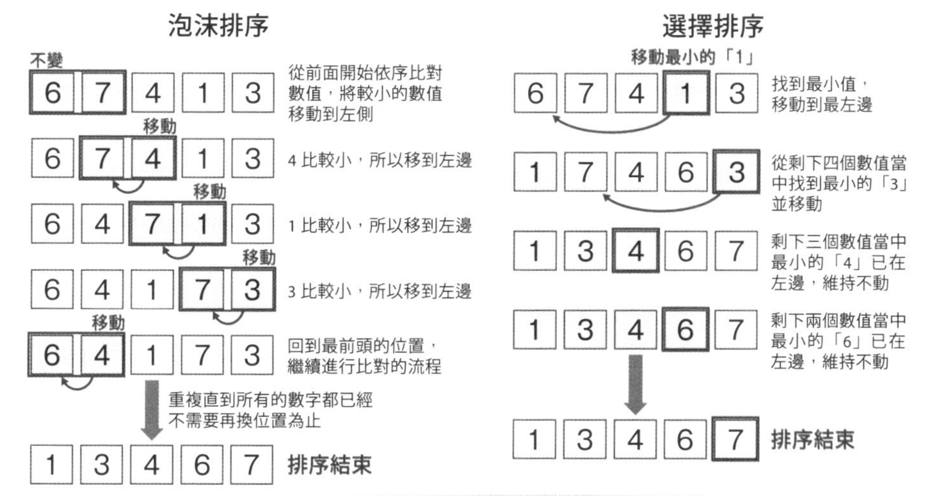

Point

- 面對毫無整理的資料，即便是具備高速搜尋性能的電腦，也需要花很多時間來查找資料。
- 無論是在 PC 還是伺服器，所有的資料都會需要排序。
- 有複雜的排序演算法，也有簡單的排序演算法。
- 每個排序演算法各有各的特色，依照資料性質不同，選用的演算法也會不同。

加密演算法的種類與概要

使用密鑰，讓所有人都看不懂究竟在寫什麼的演算法

加密是絕對重要、且難以理解原理的演算法。這與搜尋、排序有所不同，加密演算法幾乎不會在我們生活周遭使用。雖說要正確理解演算法會需要具備數學知識，但**倘若僅是知曉所有人都能連上線的網路世界中，「為什麼可以安全地互動往來」的話，倒是不需要數學知識**。加密最重要的就是讓「特定的對象可以讀取」，而要做到這點就端看怎麼處理密鑰與明文了。基本上來說，整體概念就好比是將明文放入有鎖頭的箱子裡，接著把箱子鎖上（加密），爾後透過密鑰打開箱子來閱讀（解密）裡面的明文。

網路上廣泛應用的共享密鑰加密與公開金鑰加密

密鑰就像是密碼。在加密的世界裡，要推導出密鑰雖非不可能，基本上就是要不斷地去嘗試各式各樣的密碼，因此會耗上很長的時間。所以如能頻繁地更換密鑰，那就不會容易被攻破。唯一的問題是，要怎麼讓對方知道更新後的密鑰呢？

鎖上箱子的密鑰跟開啟箱子的密鑰是相同時，稱之為共享密鑰加密（圖 2-7），而當鎖上箱子的密鑰跟開啟箱子的密鑰不同時，則稱為公開金鑰加密（圖 2-8）。使用公開金鑰加密時，雖會將上鎖的密鑰（公鑰）配發給所有人，不過能打開箱子的密鑰（私鑰）只會交給需要看明文的對象，這是最大的特色。有點類似南京鎖，僅能使用特定的鑰匙開啟特定的鎖頭。而公開金鑰加密的公鑰雖然易於交付，但是在加密與解密上就相對較花時間，於是就有了共享密鑰出場的機會了。共享密鑰使用的是相同的密鑰，雖說要將密鑰只交付給需要的對象這點比較困難些，但處理速度倒是更加便捷。

從這些特性來看，運用公開金鑰加密去交付共享密鑰加密的密鑰，接著再使用共享密鑰來進行互動。在箱子裡放入共享密鑰、使用公鑰上鎖，接著對方就運用私鑰解密，取出共享密鑰。倘若進入加密的流程當中後維持一段時間就去更新密鑰的做法，那就不會輕易地被破解。

圖 2-7　運用相同的密鑰來加密與解密的共享密鑰加密演算法

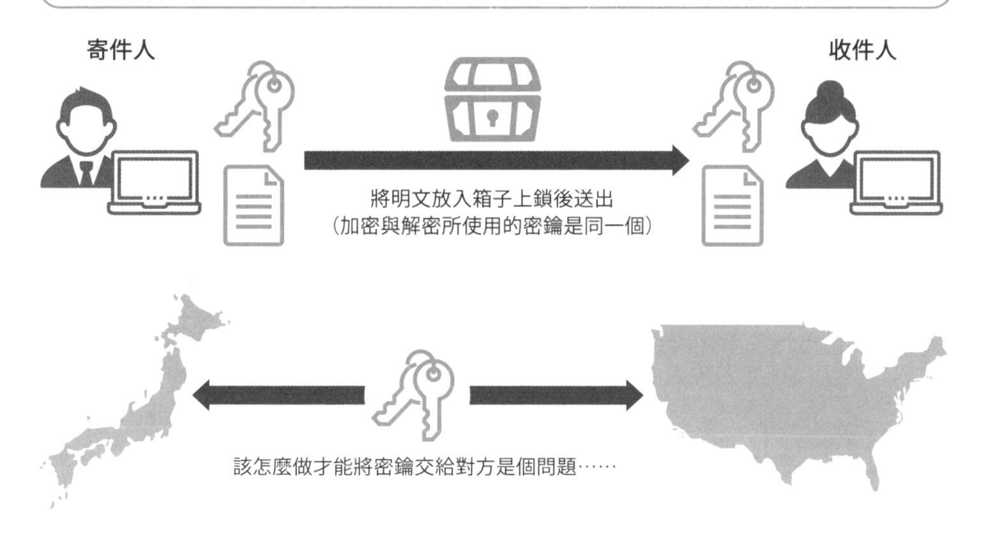

圖 2-8　使用不同的密鑰來加密與解密的公開金鑰加密演算法

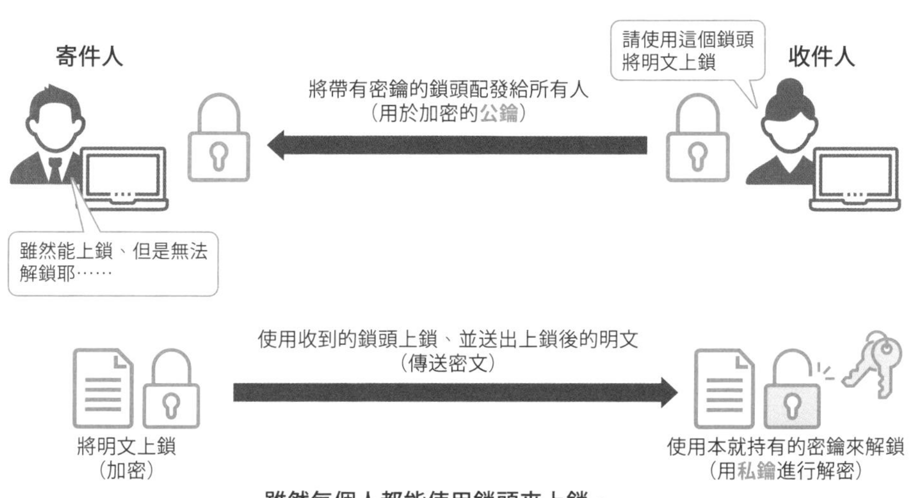

雖然每個人都能使用鎖頭來上鎖，
不過能開鎖的只有收件人，因此可以安全地交付明文

Point

- 加密演算法可以用於所有的通訊上。
- 透過「公鑰」與「私鑰」的加密，得以實現安全的通訊。
- 運用加密演算法，使得明文的可信度與安全性獲得保障。

系統架構是 AI 的設計圖

多個演算法所組成的系統架構

包含 AI 在內的大多數程式，都是由多個演算法所組成並進行運作而成的。前面所介紹的三種演算法，在使用 Google 搜尋時也各自都派上用場。當我們在 Google 搜尋欄打上要查詢的內容後，資訊會被加密、並且穿梭越過網際網路，抵達 Google 預先排序好的資料庫當中去配對關鍵字，從而完成查詢。當然實際上還要比這句話來得複雜許多，主要是想表達基本的演算法其實運用在各式各樣的流程當中。

因此，在建構 AI 或程式時，得要思考如何運用演算法、要與什麼樣的資料庫做搭配，概略先發想設計草案。而這就是系統架構（圖 2-9）。

在建構系統架構階段時，其類型與角色就會隨之定案

欲達成程式的目的而去思考大方向，就是系統架構。具體描述時就會用到演算法。假如打算製作一個圖像辨識的系統，一開始就要先決定是要「準備自家公司的資料庫然後來建構 AI」、或者是「使用其他公司的 AI 服務」，接著再來思考「怎麼與自家的服務進行串聯」、「使用者要怎麼運用這項服務」、「有無須要先訂立好的規則」等，就是設計系統架構（圖 2-10）。

另外，在構思 AI 的系統架構時，不僅要考量到軟體本身的系統架構，**評估系統如何跟網路連線架構及資料庫做搭配、以及周邊基礎設備的系統架構也是同樣重要，牽扯到與汽車或機器人的協作時，更是需要連同硬體設備的電腦系統架構考慮進去**。

還有像是不將所有的資訊都交由伺服器端處理，而是透過設備端或物聯網機器端來分散系統負載「邊緣運算」，更是橫向打通了軟體、硬體、系統而成的嶄新系統架構思維。AI 就在這樣的系統架構的價值提升上，扮演了相當重要的角色。

圖 2-9　系統架構的定位

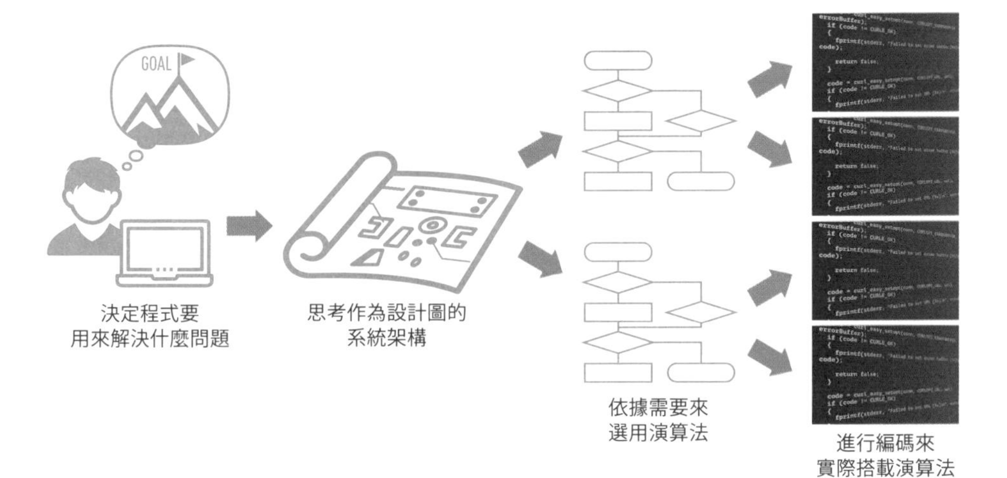

圖 2-10　系統架構的概念圖

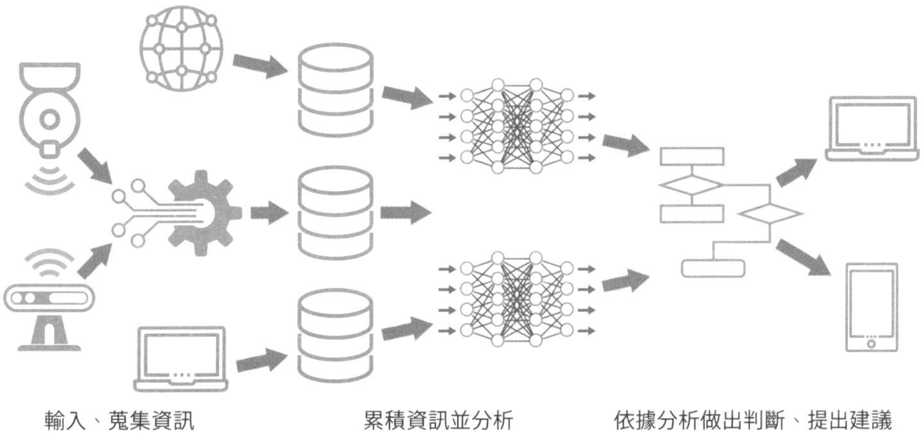

輸入、蒐集資訊　　累積資訊並分析　　依據分析做出判斷、提出建議

蒐集而來的資料要放在哪，應用程式與演算法要如何應用，
思考資料中心的重點，用於分析與判斷的手法，建議與管理的方式，
落實到系統架構中

Point

- 越高端的程式就越需要系統架構來作為設計圖。
- 決定目的、描繪設計圖、定義細部步驟，然後才能開始寫程式。
- 系統架構的思維橫跨了軟體、硬體、系統多個不同領域。

獨立運作的 AI

具有高度自主性的軟體代理系統

依照正確的設計圖（系統架構）所創建的 AI，可以在不接受任何指令的情況下，持續進行著獨立運作或協作活動。具有一定程度的自主性、持續性、協作性的程式，稱之為軟體代理系統（Software Agent）（圖 2-11）。

代理系統顧名思義如同代理人，一般來說代理人會被賦予可以獨立行動的權限，遵照著雇主的想法辦事來達成特定目的。軟體代理系統也一樣，**透過賦予某些權限，使其足以代替使用者去自動幫忙執行各式各樣的任務**。不過代理系統並不總是單槍匹馬，還能透過搭配組合多個代理系統，建構起多智慧體來幫忙解決問題。更進一步來說，代理系統規模有大有小，它有可能是某個巨大系統內的一小部分、也或者它就是系統本體，也可能就是用在智慧型手機上去定期確認郵件收信而已。並沒有一個固定的形體。

由代理系統所建構而成的 AI

AI 與代理系統的關係密切，有時候是將 AI 作為代理系統來執行、有時候是 AI 當中放入了無數的代理系統。機器人也算是一種代理系統。由於要設計具有高度自主性與協作性的代理系統並不容易，因此人們持續將心力投注在被稱之為多智慧體架構，這種更聰穎優秀的代理系統的設計方法上。

聰穎優秀的多智慧體架構在行動流程上與人類非常相似。「辨別」五感與藉由感應器所「感知」到的資訊，並「判斷」做出合適的行為，使身體、機器、程式「動起來」。隨著反應而產生「環境變化」後，又需要持續地感知並做出一連串的反應行動（圖 2-12）。這種設計的案例就像是自動駕駛車輛與無人機，比起過去，現在越來越能在日常當中看見它們的蹤影了。

圖 2-11 在所有領域都活躍著的軟體代理系統

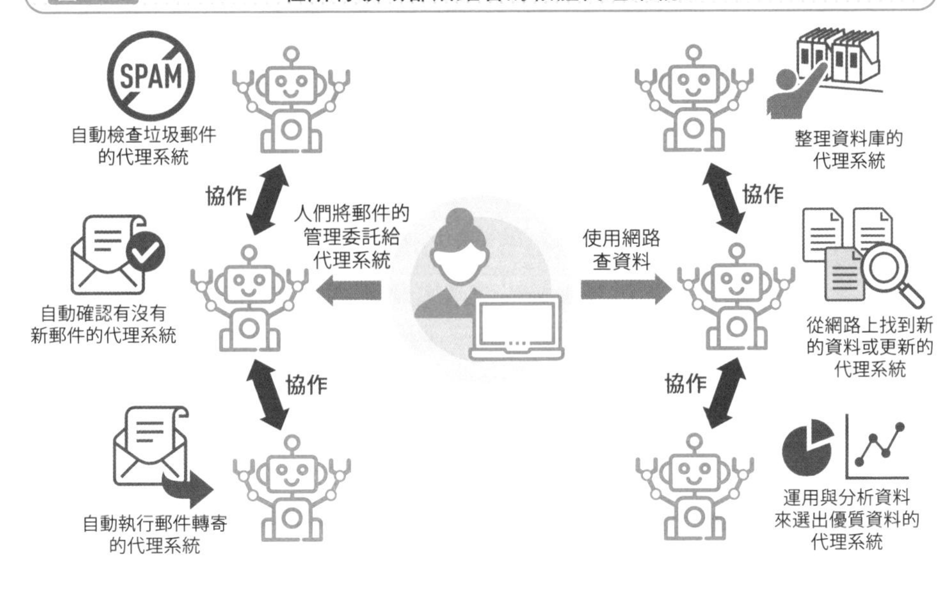

圖 2-12 多智慧體架構的範例

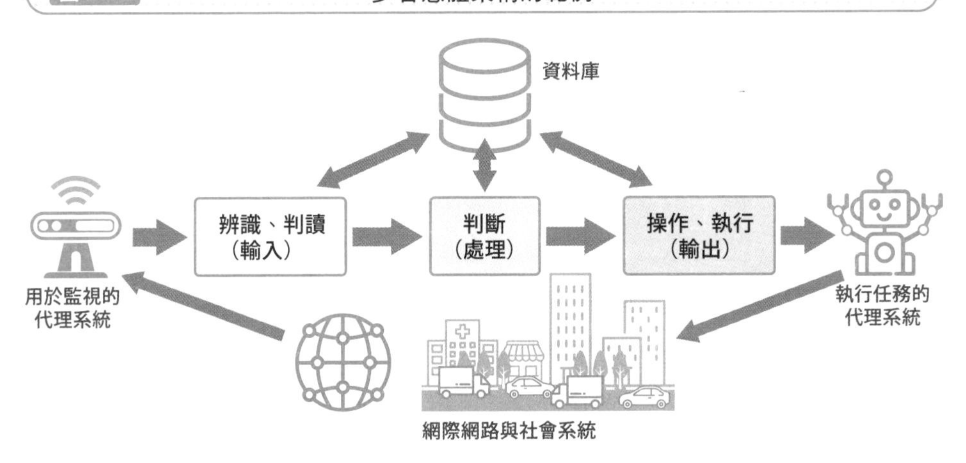

感知環境的變化，透過適當的判斷與行動來使環境產生變化，
再依變化去進行後續的判斷

➡多智慧體架構能自主且持續地進行運作

Point

- 能自主、持續、協作的程式，即為代理系統。
- 代理系統被應用在所有的領域當中。
- 為設計更聰穎優秀的代理系統而催生了多智慧體架構。

依照規則來進行思考與決策的 AI

訂定規則並遵守的規則型（知識型）

AI 或代理系統這種自主性較高的程式，會使用各式各樣的方法來思考與決策。要去用一個特定的框架來界定，現代的高度複雜 AI 是怎麼進行思考雖然有點難，但其決策還是有跡可循。幾乎大部分的程式與 AI 所使用的是規則型（Rule-based）或知識型（Knowledge-based）。這是將人類的邏輯思維轉化為規則（知識），讓程式依照訂定好的規則來運作的決策方式（圖 2-13）。

雖說從單純的思考到複雜的考慮都能夠透過簡單的方式描述出來，但缺點是不夠靈活、難以應對既定規則以外的事物。另外，來自經驗法則的模糊想法與感受上的判斷，也因為難以透過邏輯思維來描述，以致於無法重現於決策流程當中。不過換個角度來說，由於遵守了嚴格的規則，所以具備了足夠正確、可以重現的優勢，**用在需要高度可信度的機器與程式上，規則型的思考流程還是相當受到重用的**。

遵循已成定局狀態的狀態型

狀態型（State-based）是定義了多個「狀態（State）」，透過配合規則的改變狀態進而執行任務的方式來運作，相比剛剛介紹的規則型方式來說，是較多侷限的思維模型。使用這個思維模式來運作的程式與機器稱之為「狀態機（State Machine）」，舉凡家電、機器人、工業用機器等，用於我們生活所到之處當中各式各樣的程式。

跟規則型的差別主要在於思考的速度跟穩定度。由於程式已經處於預先決定好的「狀態」，除了容易掌握運作，也不會同時出現重複多個狀態，所以較為穩定。比方說，使用狀態機把「走路」與「滑手機」的狀態清楚地區分開來的話，原理上來說因為「無法邊走路邊滑手機」，因此就能專心走路安全抵達目的地（圖 2-14）。規則型雖然也能做到一樣的事情，但當我們想要在相對注重穩定度的程式上、抑或是希望能夠透過單純的方式來執行複雜的任務時，還是比較常用狀態型。

圖 2-13 規則型概念圖

逐漸遠離
目的地
知道
現在位置
不知道
現在位置
使用地圖確認
現在位置
使用智慧型手機
確認現在位置
選擇路徑
走路
跑步
搭計程車
抵達目的地

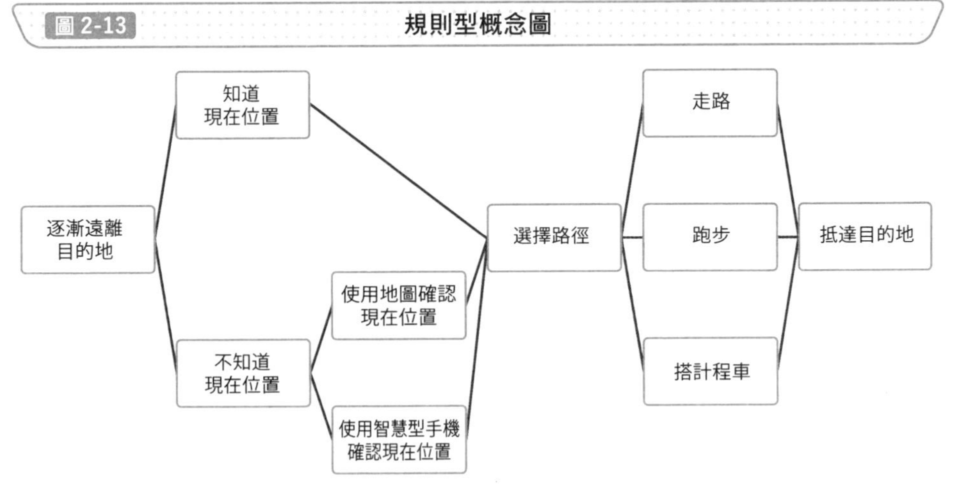

依據「如果 A 則 B」的規則進行運作。
即便是複雜的流程，也能簡單描述、易於修改
※由於並沒有既定的結構，故可以任何方式來展開

圖 2-14 狀態型概念圖

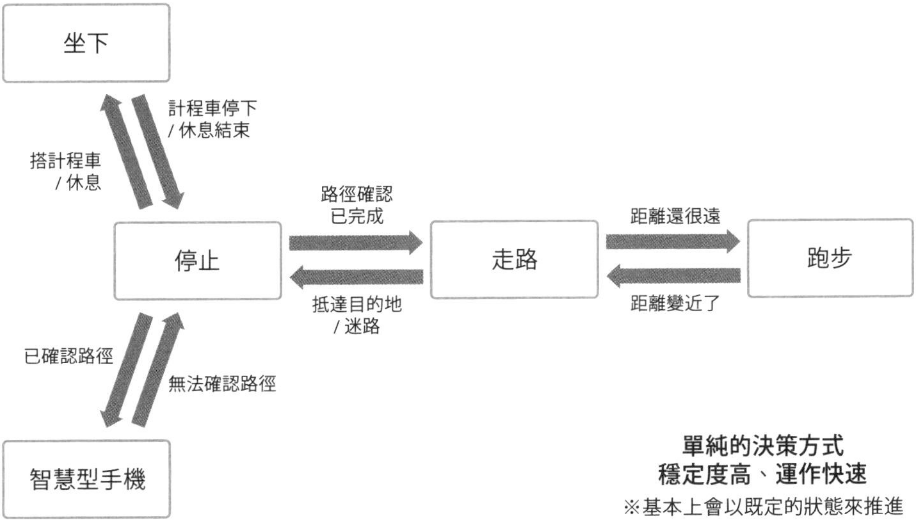

坐下
計程車停下
/ 休息結束
搭計程車
/ 休息
停止
路徑確認
已完成
走路
距離還很遠
跑步
距離變近了
抵達目的地
/ 迷路
已確認路徑
無法確認路徑
智慧型手機

單純的決策方式
穩定度高、運作快速
※基本上會以既定的狀態來推進

Point

- AI 的思考與決策方法不只一種。
- 訂定規則、依據規則來運作的稱作「規則型」。
- 決定狀態、配合狀態採取行動的是「狀態型」。

配合目標去思考與決策的 AI

從目標反推來進行規劃的目標型

AI 與程式都是為了達成某個目的而運作的。倘若無法透過單純的運作來達成目的時，就需要將必要的步驟逐一規劃，依序執行。這就是目標型（Goal-based）的思維。比方說，為了要「抵達目的地」，從目的地反推途經路徑後，先走路到車站、搭電車到距離目的地最近的車站，再轉公車前往目的地。這種規劃方式就是目標型的方法論（圖 2-15）。

如果更細膩地設定目標，還能處理更複雜的狀況。看是要以什麼樣的方式抵達車站、或者過程當中有無須要轉乘，甚至是設定回程的路線等，配合每個階段不同的目標來擬定最佳計畫，再也不是惱人的麻煩事了。

區分待辦事項並相互協調的任務型

在目標型的思維上再去加上獨立思考的代理系統，使得能夠更靈活地應對進退的就是任務型（Task-based）了。這時候已經不是單純完成原先的規劃，而是**可以在執行每個任務時靈活地變更、區分、調整任務，在某程度上被賦予了自主性**，是最大的特色所在。有些情況還能在任務之間加入層級的結構，讓層級較高的任務可以覆蓋掉低層級的任務，優先被執行。也就是說，有些任務甚至會具有可以更改目標的權限，使得像是配合塞車或延誤來變更行車動線，這種對目標型來說較為棘手的事情，在任務型身上得以勝任（圖 2-16）。

不過，任務型其實不是與先前所列舉的那些決策流程背道而馳，它們彼此之間也是可以相互組合搭配的。規則型 / 狀態型 / 目標型 / 任務型並非各自為政，僅僅是因為方向性不同而賦予了不同的名稱罷了。即使以整體來說是屬於任務型，但將任務細分的話，同時也有可能變成是目標型或狀態型。無論 AI 也好、人類也罷，都沒有辦法很斬釘截鐵地去區分思考究竟是歸屬於哪個類型。

圖 2-15　縝密規劃的「目標型」

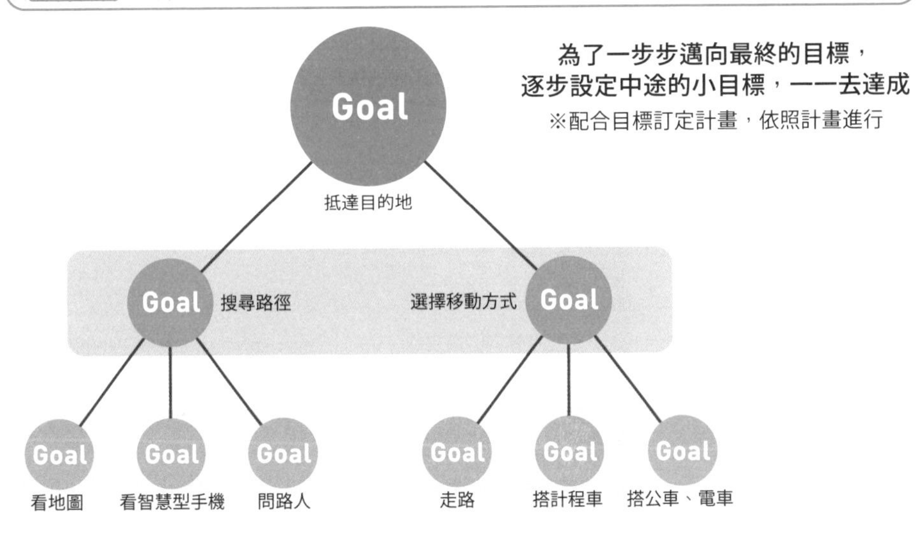

圖 2-16　相互協調遂行待辦事項的「任務型」

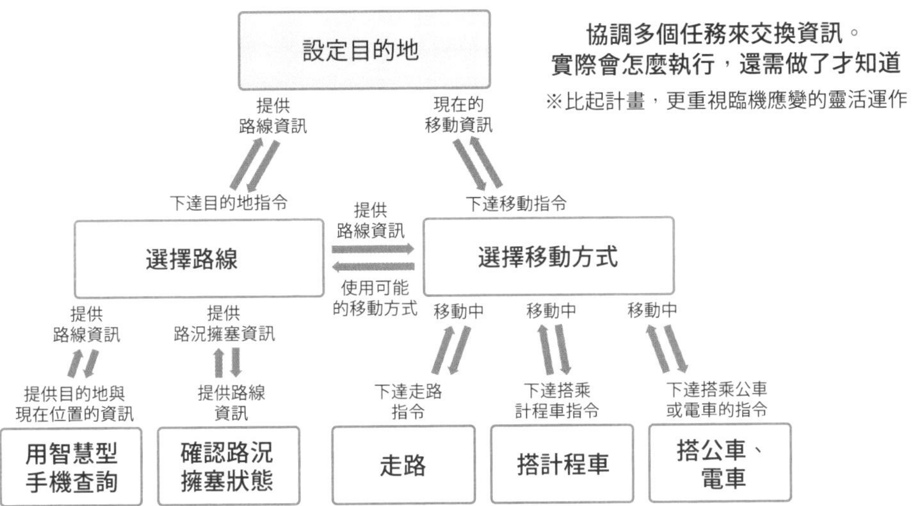

Point

- 配合目標一步一步來思考。
- 訂定計畫，照計畫進行的「目標型」。
- 區分工作事項，靈活應對的「任務型」。
- 這些方法都是代表思考的「方向性」。

從實際案例學習思考與決策的 AI

參考案例來進行判斷的案例型

嘗試解決問題、卻遇到無法用邏輯去順利解決時，「參考案例」的案例型就是蠻有效的方式。這可以是將以前的案例化作知識形態來處理，也可以將過去龐大的案例建構成資料庫，以統計學的模式來找尋適合的解決方案。機器學習上也可以考慮運用案例型的解法，**遇到難以透過邏輯方式解決的感受型的問題，也會是相當有效的方法**（圖 2-17 左側）。

不過，案例型僅是參考了過去的案例而已，如果過去的案例是錯的，那麼 AI 也會犯下相同的錯誤。正因為判斷與思考的依據僅仰賴「因為之前就是這樣」，完全無法應對全新的問題。

設想狀況的模擬型

模擬型是與案例型類似的方法，它並非是參考實際案例，而是在 **AI 自己所模擬出的世界當中去思考「什麼判斷是最佳的？」**（圖 2-17 右側）。經過無限多次的模擬，在當中看出某種「模式」，這時候思考的方式就會轉化為案例型，因為模擬出來的情況已經成為了過去有效的案例了。其實不太需要去嚴格區分，只要把模擬型想成是當我們去設想未來的樣貌，腦海裡浮現「應該選這個會比較好喔」的情境，就可以了。不斷重複去想像、或者實際經歷了「這種時候要這樣做才是最好的」，就會轉變成案例型。反之，完全忽略案例是否實際存在，依照所設想的步驟去安排好「這情況就是這樣做」，則是規則型的做法（圖 2-18）。

這麼多的思考方式與決策方法雖然在程式上呈現的設計方式都不盡相同，但彼此之間在性質上還是有著相當多不謀而合的部分。就跟人類一樣，表面上看起來理性的人，實則是依照自己的經驗在行動罷了；或者原本是個主張理性派的人，卻在耳濡目染之後讓感性凌駕於理性之上。即便思惟與判斷的依據有所差異，AI 在做的事情，其實跟人類是非常類似的呢。

圖 2-17 案例型與模擬型

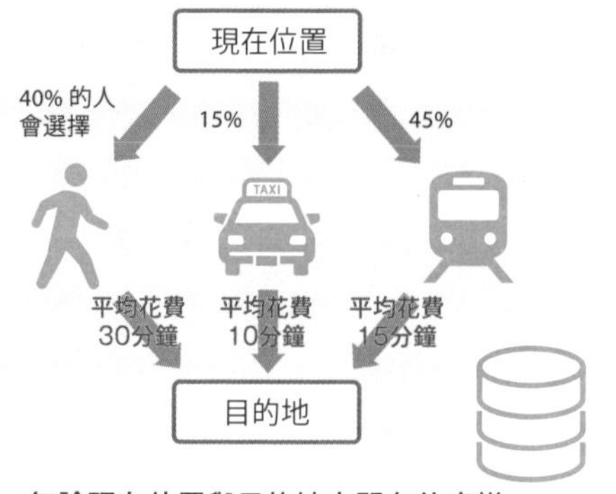

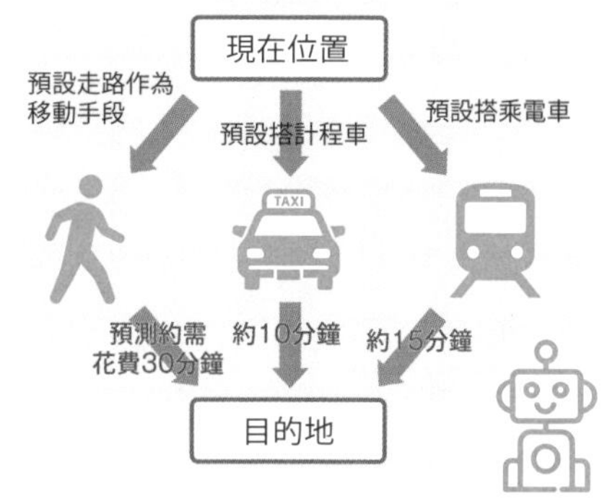

圖 2-18 AI 如何建立判斷的流程

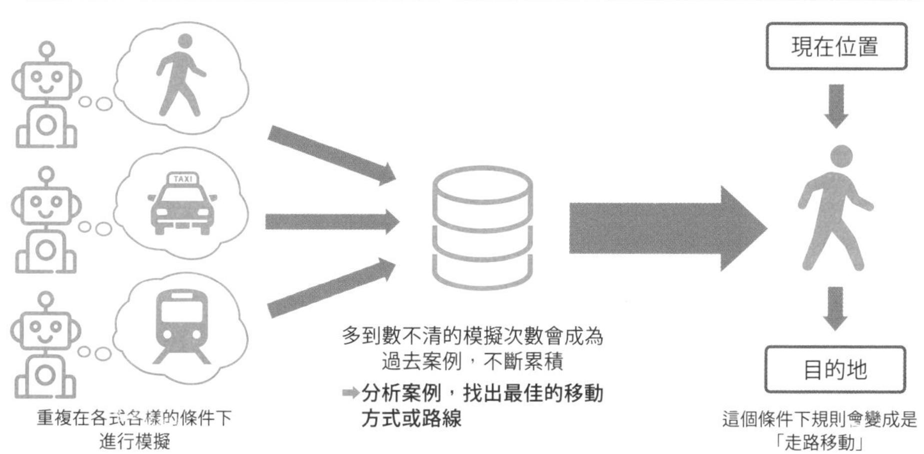

AI 會使用許多的思考方式，以靈活且正確又迅速的
流程做出決策、採取行動

Point

- 難以訂定規則的問題，也有可以參考過去案例的「案例型」方法可選。
- 「模擬型」是想像未來的情境，從中找出最適合的方案。
- 透過搭配不同的思考方式，有時候也能找出並訂定規則。
- 有些看似理性的決定，實則是來自於依據過往經驗的判斷。

靈活思考的敲門磚

統計與機率對思考的影響

統計與機率對現代 AI 思考帶來了莫大的影響，尤其是與規則型蔚為主流的過去數十年間相較而言，**越是採納了統計與機率的理論去應用在機器學習上，其應用的廣泛程度就越高，好好運用的話能讓 AI 的用途大大拓展**，因此造就了研究熱潮。

話又說回來，其實不僅限於人類的社會活動，就連絕大部分的動物行為跟自然現象都不是「邊計算邊採取行動」的。我們只不過是嘗試透過數學算式與邏輯來理解社會活動與自然現象，大多數的行為舉止還是依循著經驗法則、感覺，這些近乎隨機產生的事物的關聯性而得以成立（圖 2-19）。

人類運用智慧採取行動看似理性，實則為仰賴模稜兩可的感性作為驅動力，這些很難用程式的邏輯思維好好地描述。就算是日本將棋的棋士，除了將死的部分以外，亦是本於經驗仰賴著感覺去做出判斷。因為人腦無法去思考連 AI 也無法判讀完的棋局步數，才會選擇不仰賴理論，而是採透過經驗與知識來作為找出強而有力的方法。

機器學習是讓 AI 具備宛如人類經驗的技術

AI 當中的機器學習，就是使 AI 具備如同人類經驗的技術。面對無法以邏輯解決的問題，就要像人類依據經驗來判斷那般，讓 AI 能運用透過機器學習所培養出的經驗來判斷事物。這種透過機器所培訓出的某種特定經驗，大多是由「統計與機率」所組成，且那些統計與機率來自於龐大的「資料庫」作為後盾，因而得以確保具備足夠的可信度（圖 2-20）。

統計與機率本身就是身處具有邏輯性體系的學術領域，無論是資料、還是數值都是非常具體的資訊。**讓 AI 運用資料，以邏輯性的方式去學會那些人類憑藉著感覺，讓身體所記住的技能**。

AI 透過包羅萬象的思維來進行分析、思考，然後判斷，不過當我們抽絲剝繭深入最深處一窺究竟時，其實會發現依然是最極致的邏輯運作。嘗試了解本質上只能理性思考的 AI，究竟要如何面對我們身處的變化多端、無所謂一定為何事的世界，是理解 AI 時相當重要的一個環節。

圖 2-19　無法用邏輯描述的事物就轉化為資料

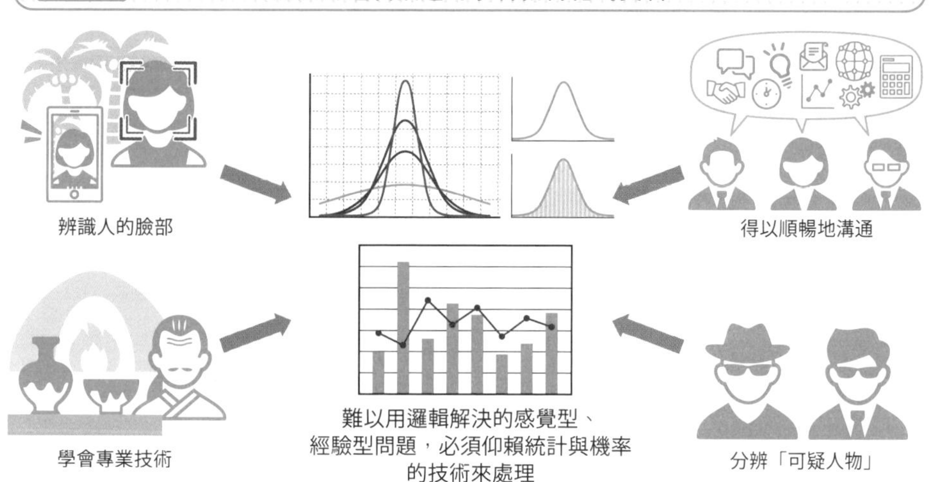

➡所有事物都運用統計與機率來呈現

圖 2-20　蒐集資料進行分析，成為 AI 的「經驗」

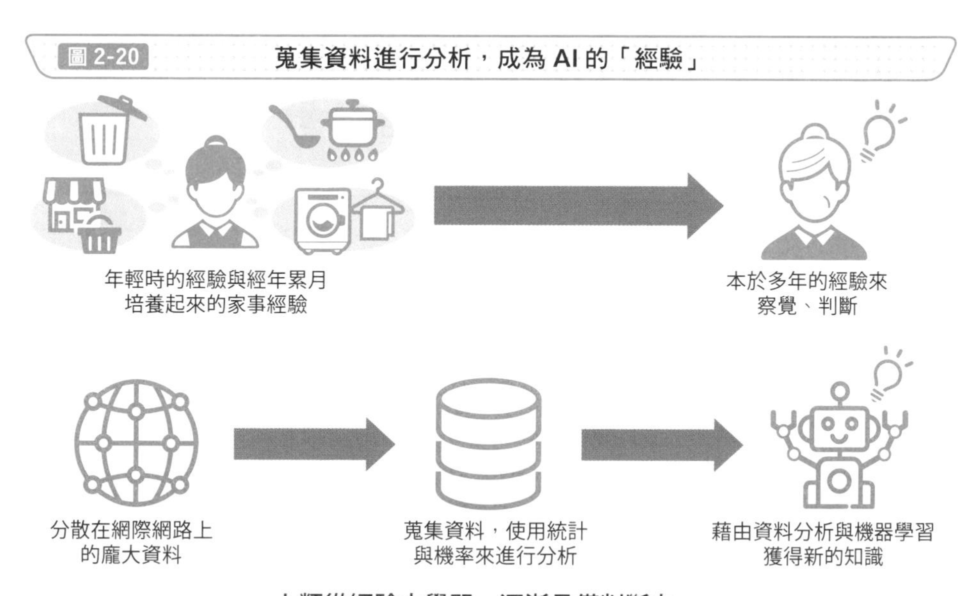

人類從經驗中學習，逐漸具備判斷力，
AI 則是拿資料來進行機器學習，獲得判斷能力

Point

- 模稜兩可的問題無法使用邏輯解決，需要仰賴「統計」與「機率」。
- 人類透過經驗學習，AI 則是將其轉化為資料來進行學習。
- 託機器學習之福，AI 的應用層面大為擴展。

請你跟我這樣做

一起想想搜尋引擎的架構

想必在座各位的日常當中，都充斥著使用 Google 這類搜尋引擎的時候，在搜尋欄中輸入關鍵字、出現搜尋結果。在這理所當然的情況下似乎從來沒有認真去想過，在背後運行的其實是各種大大小小的程式。這次就讓我們來想想看，當輸入欲查詢的關鍵字，按下查詢，到出現查詢結果為止的這段過程中，究竟背景中執行了什麼樣的處理呢？

實際案例

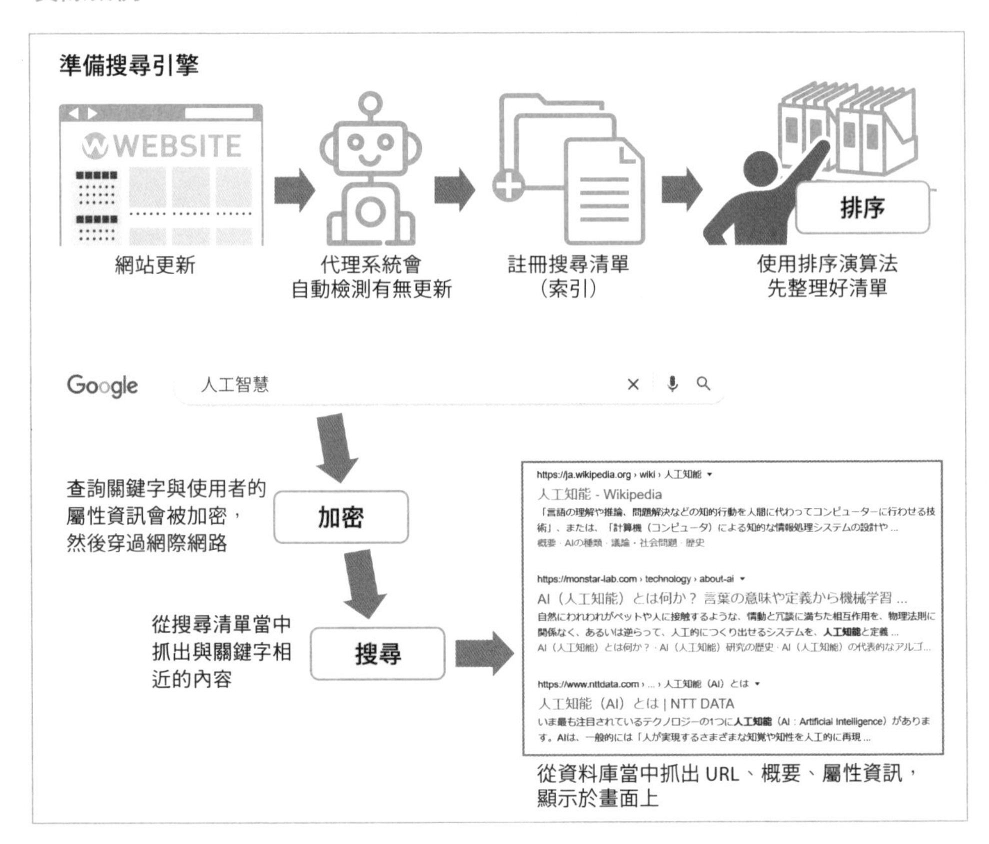

除此之外，社群網站與 Office 軟體也內建了搜尋引擎。相較於將全世界的網站都列為搜尋清單的 Google 來說，這些搜尋引擎的運作方式其實有所不同，感興趣的同學們可以自行研究看看喔！

第3章

AI如何處理資料

～想要讓AI進步時有哪些絕對不可或缺的資訊～

AI 需要的資訊

AI 裡的資訊（資料）是指什麼？

AI 技術需要處理的資訊量與日俱增，讓 AI 越能成為我們的得力幫手。不過，要了解此時所說的資訊與資料究竟所指為何，還真有點難度。之所以這麼說，是**因為相較於以往單純的程式，AI 所處理的資料種類增加之外，甚至連以前人們認為電腦無法處理的資料也變得能夠處理了**。

並且，不同類型的 AI 所能處理的資料也不同，就算是能處理的資料也不見得就是剛好符合我們目的需求的資料。如果讓癌症影像診斷的 AI 去看血液檢查的資料不但沒意義，原本專門用來判別有無罹患癌症的 AI，也無法透過查看血液檢查的資料來建議正確的癌症治療方案（圖 3-1）。所以我們需要了解，AI 當中所指的資料，**通常都是會因狀況、脈絡而無法被賦予明確定義、且是涵蓋甚廣的用詞**。

再進一步談資料之前還有哪些需要知道的事

即使是 AI 專家之間要討論 AI 可以做到哪些事情之前，也會需要先好好地了解接下來要說明的內容。打算交給 AI 去處理的資料是透過什麼樣的來龍去脈所獲得的？當中包含了什麼類型的資料、而這些資料又會被以什麼型態來處理與運用？資訊的精確度有多高？「在預計使用的這個 AI 當中所指的資料所謂何事？」。

倘若不先針對資料所謂何事預先建立好共識，隨後的討論就會淪為雞同鴨講。舉例來說，就像是遊戲當中的故事會建構起獨特的時空背景，縱使我們沒有即時地正確理解，故事裡的對話還是能發展下去，但總會在某個關鍵點選錯而導致後續劇情產生歧異。知曉**資料是「透過什麼樣的流程蒐集而來？」**尤其重要，甚至只需要知道資料怎麼來，就可以推測資料當中包含哪些類型的資訊與精確度高低了。與此同時，也因為已經大致掌握了資料量有多大、彼此之間能相互幫忙的事情有哪些，事情討論起來就會更為順暢（圖 3-2）。雖是聽起來雖然是蠻單純，然而這部分其實是要更深入去了解處理資料的 AI 時，非常重要的部分。

圖 3-1　同為醫療領域的 AI，但能處理的資料其實不同

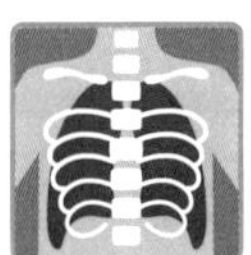

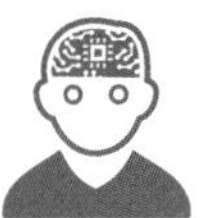

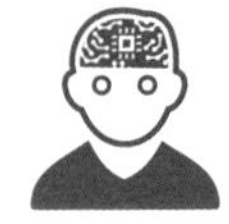

每個情況都是「某種資料」，但處理方式與能處理的 AI 都有所不同

圖 3-2　了解資訊產生的過程

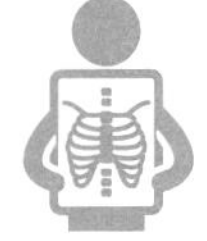

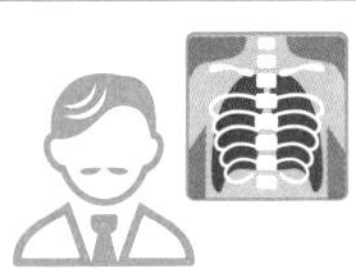

了解資料從何而來的過程，有益於善用資料

Point

- 不同的 AI 處理不同的資料。
- 正確了解資料所代表的含義。
- 為能了解資料，先要了解資訊從何而來的過程。

知道處理資料之後，就會面臨好處理與不好處理

易懂的資料結構

當我們去想，對 AI 來說什麼樣的資料比較易懂時，有一個指標可以作為參考，那就是資料是否具有結構性。所謂結構性，**指的是針對資料裡的細部數值、文字、圖像所代表的含義，去建構起易於理解的資料結構**。比方說，歌曲的檔案當中最重要的不外乎就是「音檔」，但歌曲的歌名、歌手、專輯、時間長度等相關資訊通常也都會包含在檔案裡。有些時候甚至還有歌詞的資訊在裡面（圖 3-3）。哪些部分屬於歌名、哪些部分屬於聲音、歌詞等，若都能夠非常明確地辨別的話，就可以說是結構易於理解的結構性資料。

另外，要將資料結構化有著許多的方法、類型（格式），不同的方式所建構起的資料結構也會不同。當在大多數的案例中都有著共通的「標籤（Tag）與標記（Label）這類足以辨識資訊的訊息」時，也就是元資料，只要有賦予元資料在上頭，基本上就比較會有可以將資料轉換為好處理的資料的方法。

沒有結構化的資料

反之，沒有結構化的資料，就稱為非結構性資料。**剛錄音好的音檔、或是手邊的麥克風剛錄下的內容**，就屬於非結構性資料（圖 3-4）。假設在歌曲的錄音時只有口頭告知歌名與歌手名字，無論再怎麼想辦法說得淺顯易懂，只要不是任何形式的格式來使得資料可以結構化，就沒意義了。不過，隨著科技進步，現在通常在錄音時，可以透過錄音工具來賦予時間點與播放時間這些元資料，而如果是演講的話，則可以透過 AI 自動將演講內容聽寫成文字檔。

透過 AI 自動來將非結構性資料與結構性資料，去進行結構化的情況也與日俱增，有無結構性的邊界也是越來越模糊不清了。

圖 3-3 結構化之後的樂曲資料

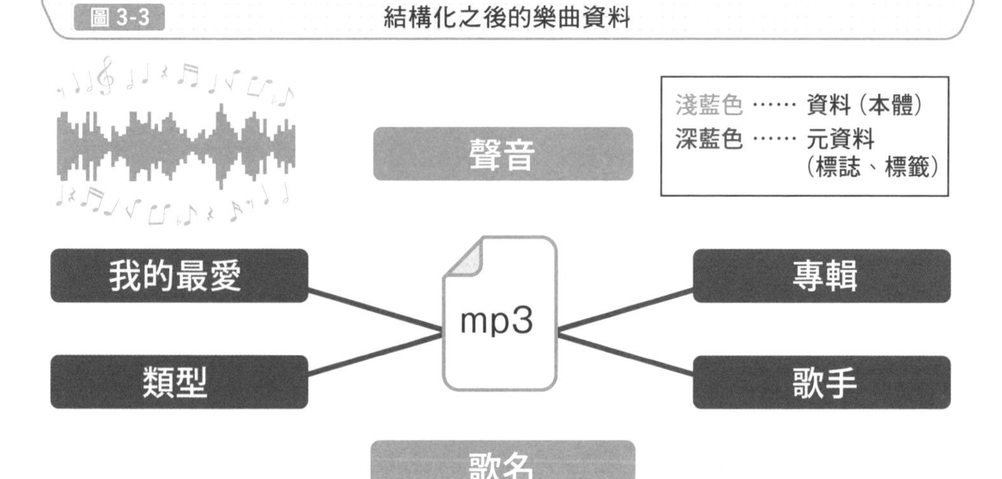

結構性資料會針對當中的每一個元素去賦予元資料

社群網站或影片上標注的標籤（Tag）與標記（Label）也屬於元資料的一種。
只要配合某些規則去貼上標籤，就能變成特定的結構性資料

圖 3-4 沒有結構化的樂曲資料

剛錄音完成的資料屬於非結構性資料

就算我們可以聽得出音檔裡有加入了曲名與歌手的資訊在內，但如果無法讓資料
本身足以分辨從哪裡到哪裡是歌曲本體，從哪裡到哪裡是歌名或歌手名字，就沒意義了

Point

- 對電腦來說結構性資料指的是易讀、被妥善整理好的資料。
- 非結構性資料，就是沒有整理的資料。不過，有些時候是我們人類可以解讀，但電腦無法判讀，這仍屬於沒有整理的資料。

傳達知識與概念的做法

資料與知識的微妙差異

透過將資料結構化的方式，雖讓 AI 有能力處理資料了，但卻還不足以促成 AI 獲得與人類同等的處理能力。與 AI 有所不同的是，人類可以處理「知識」，這跟 AI 所處理的資料的型態有點不同（圖 3-5）。**資料雖然與知識相似，雙方都代表了純粹的「資訊」，但知識當中還同時包含了「辨識」與「理解」的元素在內。也就是說，知識包含了怎麼分辨資料、進而理解的處理方式，因此在能夠處理資料之後，下一個要做到的就是處理知識。**

人類無論是在音樂還是寫作上，都會去思考資訊是否有存在的必要、要賦予什麼含義，並且透過理解來加以活用。可是，大部分的 AI 都還僅是將資料當作運算處理時的數值罷了。這是人類與 AI 之間的一堵高牆，對在應用資料的潛力上有著巨大的影響。

運用本體論（Ontology）做到可以處理知識

本體論（存在論）是其中一種能讓 AI 學習知識的方法。原本是哲學上的論點，可能會容易混淆，不過在資訊理論當中所說的本體論其實單純許多。**基本原理就是怎麼去解釋知識才能讓 AI 也能懂**。其衍生的結果就是出現了知識表示這樣的方法。把原本在結構化資料時認為只要「AI 能處理就差不多了」的層次，提升到「讓 AI 可以將資料作為知識來運用」（圖 3-6）。

知識的類型不同、表達方式也不同，而最常用的則屬語意網路。概念像字典，知識與知識彼此具有關聯，找出知識之間的聯繫有何「含義」，不斷地銜接串連直到最終成為巨大的網路。這就好比是只要順著 Wikipedia 當中的連結不斷去延伸閱讀，就會注意到那本質上就是個巨大的知識網路。倘若可以善加利用，AI 就能處理更廣大的資訊了。

圖 3-5　AI與人類收到歌曲資料時的反應

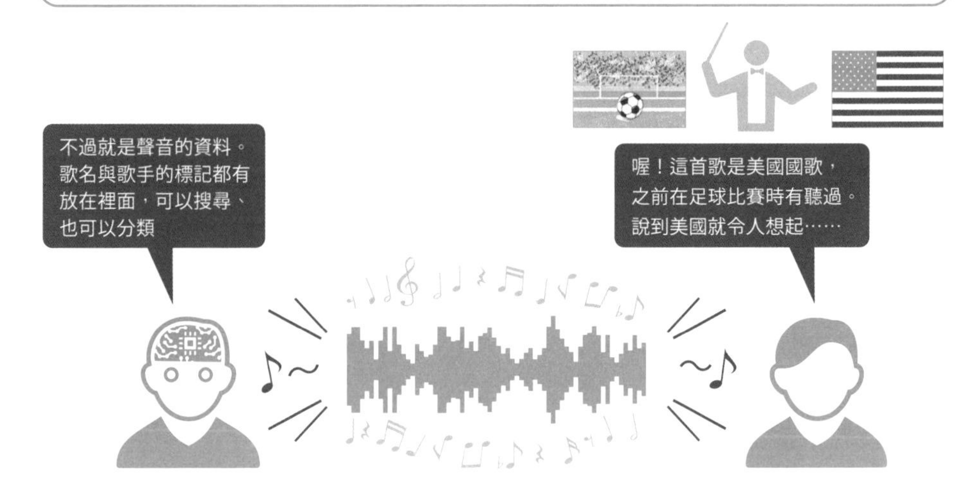

能將資料當作知識來處理的人類，可以從歌曲當中抓取出許多資訊

圖 3-6　美國國歌的知識表示

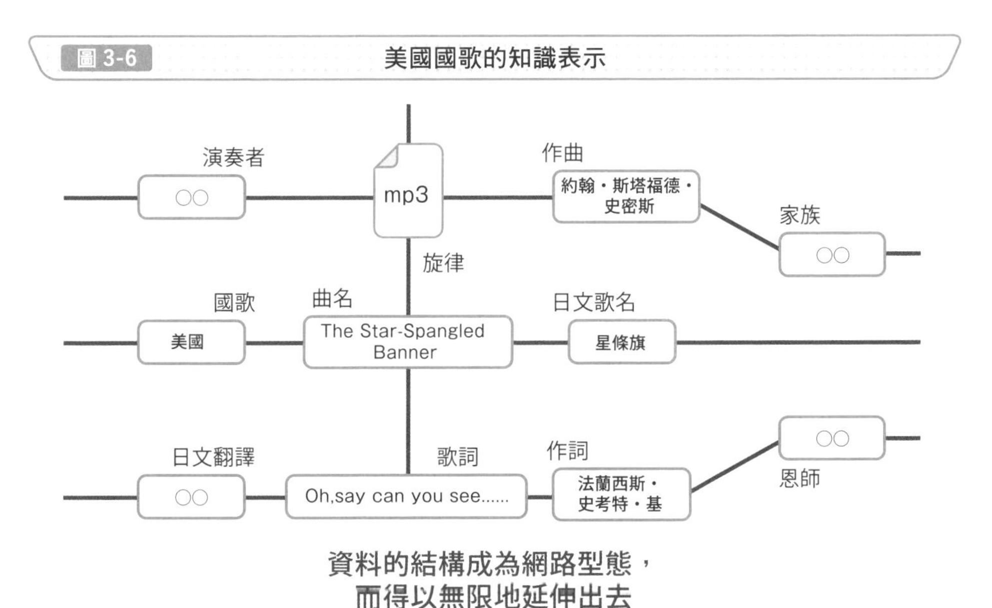

資料的結構成為網路型態，而得以無限地延伸出去

Point

- 人類可以處理知識型態的資訊，這跟電腦處理資訊的方式有些不同。
- 「知識表示」是種讓電腦也能把資訊當作知識來處理的一種技術。

» AI 裡的資料科學與統計

理解資料時不可或缺的統計學

就算已經可以處理資料與知識了，AI 的價值還是遇到了玻璃天花板。該怎麼樣使用資料、進而得到什麼呢？如何有效地運用資料這件事，是打從電腦與網際網路普及以來，就存在於這個資訊化社會的大哉問。於是乎，拯救亂世的天選之學，就是統計學。

統計恰好是一門處理資料的學問。不過，**統計只能說是思考「如何解讀資料」的學問**。也就是在「從這角度去解讀時，資料也有這層含義」、「這樣整理的話資料就會比較好懂」、「為了獲取正確資料，必須要這樣做」的層面上，能透過站在數學的立場來提供建議與看法，但並不會告訴我們要怎麼去使用資料。

思考如何應用資料的資料科學

對此，為思考如何使用資料而生的就是資料科學。與統計學不同，資料科學不單單僅是如何解讀資料，**而是串連了統計學當中的資訊理論、經濟理論等多方論點，將其拓展到解釋資料、應用資料的範圍**。所以說，深入地去探討「資料具備什麼意義、該怎麼用」、「該賦予資料什麼價值才能更有效利用」這類資料應用方式，都是屬於資料科學的範疇（圖 3-7）。

AI 可以說是「如何活用有用的資料的方法」，所以跟資料科學算是相見恨晚，一拍即合。商業上可以用來預估營業額，這些直接關乎收益的分析都能看見資料科學的蹤影，也讓資料科學的需求一飛沖天，時至今日相關人才依舊炙手可熱，供不應求（圖 3-8）。

另外，在機器學習中，資料科學還貴為足以左右機器學習的成效的因素，使得 AI 工程師與資料科學家之間的界線是越來越模糊了。當然並非是所有的 AI 都有用上資料科學，但說到 AI 與資料科學的關係，還真可以說是密不可分。

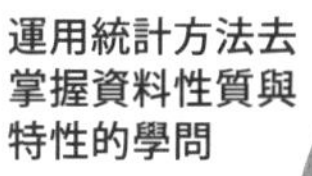

資料科學、統計、機器學習彼此之間有何關聯

運用統計方法去掌握資料性質與特性的學問

使用統計方法的同時，透過學習來持續提高分析精確度的技術

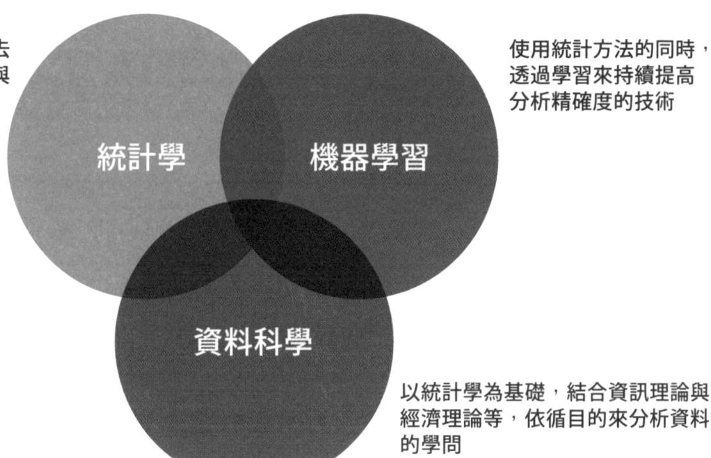

以統計學為基礎，結合資訊理論與經濟理論等，依循目的來分析資料的學問

彼此之間關係既緊密，卻各自在目的上、領域上有所差異

圖 3-8　資料科學的應用範圍

透過網際網路來有效利用與日俱增的資料

大數據、
資料探勘

人工智慧與機器學習會因為資料的處理方式，而展現不同的精確度與性能

人工智慧、
機器學習

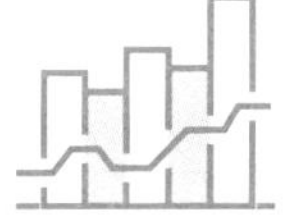

資料科學

預測營業額與需求，進行直接與收益相關的分析

金融、行銷

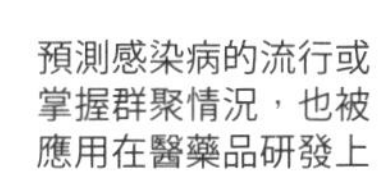

預測感染病的流行或掌握群聚情況，也被應用在醫藥品研發上

醫療、流行病學

Point

- 統計學是了解資料的學問。
- 資料科學是應用資料的學問。
- 與 AI 有著緊密的關係，界線模糊。

分析資料，找出價值所在

從資料裡挖掘資訊

資料的運用方式中特別受到關注的是資料探勘。資料探勘是從資料當中挖掘（Mining）出有價值的資訊的技術。從找到的資料當中，主要會著眼於「資料的關聯性」，並運用找出的關聯性去「預測是否會發生特定的情況」，與「分類各種的資料」來解決相關問題。不過，由於資料探勘這個用詞並非意指特定技術，也導致了當我們所要分析的資料或是想要的資訊不同時，選用的方法也不盡相同，而這些方法可能同時涉及到統計學、資料科學、機器學習。另外，**依據目的不同，還分成用於找出龐大且未知事物的「發現型」、與驗證假設的「驗證型」**。比方說，打算找出會因為熱銷商品的地區與時期、營業額等受到連動的其他商品時，透過先假設再分析的流程，近一步剖析出主要的因素為何，就是其中一種應用情境（圖 3-9）。

雖然是個有點歷史的專有名詞了，但受到網際網路發展而帶來的資訊量暴增，連帶也陸續研發了許多資料探勘的工具，使得資料探勘更廣泛地深入我們生活當中。而那些工具裡，也包含了 AI。

針對文字來挖寶

隨著社群網站普及，也出現了將目標限縮在文字內容的文字探勘技術。由於文字探勘的對象是自然語言（人類的語言），所以用法上也會與分析數值的資料探勘有所不同。在掌握資料關聯性的本質上是一樣的，只是對電腦來說要理解自然語言實在難，**因此與其說是分析文章語句，不如說「分析用詞來找出價值」的特徵更為強烈**。

具體來說，例如透過社群網站或是問卷，從用詞出現的頻率與關聯性去嘗試掌握商品或服務的評價，用於促銷或研發、甚至是儘早發現有無缺失。其他應用場合例如像是分析客服中心、聊天機器人的對話紀錄，來達到提升客戶服務品質的目標（圖 3-10）。

圖 3-9　資料探勘的使用場合

發現型資料探勘　　驗證型資料探勘

發現明明應該冬天賣比較好的暖暖包，在夏天的時候也賣得不錯

將條件限縮在都會辦公大樓區與郊區來驗證

➡ 郊區的暖暖包銷量不佳

因為賣得好的是可以改善手腳冰冷的暖暖包，都會辦公大樓區因為有販售熱飲的關係，也帶動了暖暖包的銷售

圖 3-10　文字探勘可以為我們做哪些事？

運用文字探勘從社群網站、問卷、客服中心的對話紀錄，來挖掘出商品與服務的評價

文字探勘

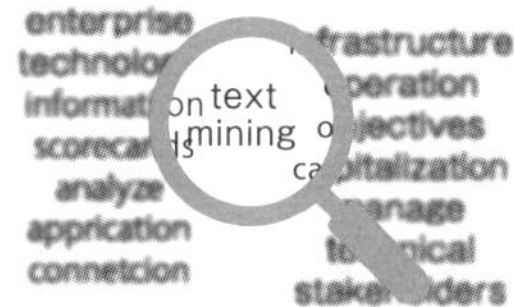

從關鍵字可以具體地去篩選出商品與服務獲得好評、差評的因素

儘早找出重大的缺失與問題

Point

- 資料探勘有分為發現型與驗證型。
- 資料探勘會從資料的關聯性來引導出有用的資訊。
- 文字探勘則是從社群網站等地方的貼文來找出商品與服務的評價，強項是可以量化。

不可不知的分析方法 ①
～找出資料的關聯性～

用算式表達關聯性的迴歸分析

資料分析有許多方法。就以使用 AI 進行分析的例子來說，當中也不乏以資料分析方法作為基礎，去搭配機器學習以求提升精確度、拓展應用範圍的廣度，發揮更大作用的案例。在這之中，迴歸分析是相當具有代表性的方法之一，也是我們的感受上最能夠理解的分析方法。原理很簡單，類似國高中做實驗時，**會在座標上標記點位，將點連成線，再透過算式來呈現資料彼此之間的關聯性**（圖 3-11）。

商品價格與營業額的關聯性、廣告費與成交比例的關聯性等，都包含了如果裡面有任何數值產生變化，其他的數值也會隨之變動的相關，而這些數值的相關都能透過迴歸分析來有效確認。只要能夠用算式計算出來，無論是遙遠的未來的數值、抑或是想要找出資料當中的缺漏數值為何，都是易如反掌，但倘若無法推導出正確的算式，那就很難期待結果能有多精準。當明確知道具有相關時。也能拿來計算用於參考的數值。

找出關係所在的關聯性分析

當我們手上有著各種資料時，就得從找出哪個與哪個是有關聯性開始著手。這正是關聯性分析要做的事情。關聯性分析就是在 A 商品賣得好時，B 商品也跟著賣得好的情境下，把資料與資料之間的「關聯性找出來」（圖 3-12）。接著再進一步去分析「具有多少關聯」時，就需要搭配用上迴歸分析或是其他的方法了。

網路商店與影片串流平台的推薦內容也會用到關聯性分析，就算找不出像迴歸分析那般足夠明確，以致於能將相關具體地以算式呈現的地步，光是在找出「或許有關聯也說不定」的時候也是相當有效的。除了購物之外，關聯性分析在是否容易出現缺失、錯誤、客訴等情況的風險分析領域也相當受歡迎，所以在我們日常生活當中，說是「若提到資料分析，就令人想到關聯性分析」也不為過呢！

圖 3-11 迴歸分析（線性迴歸）

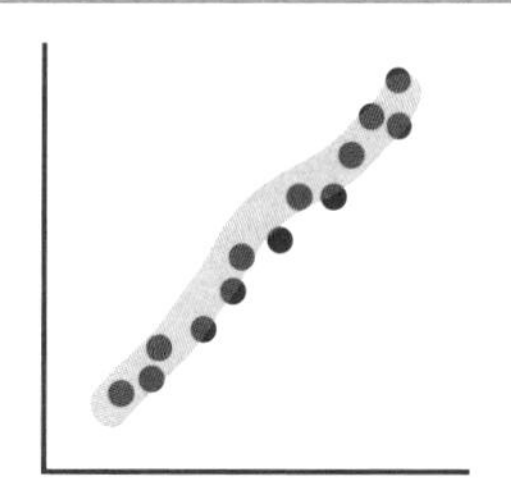
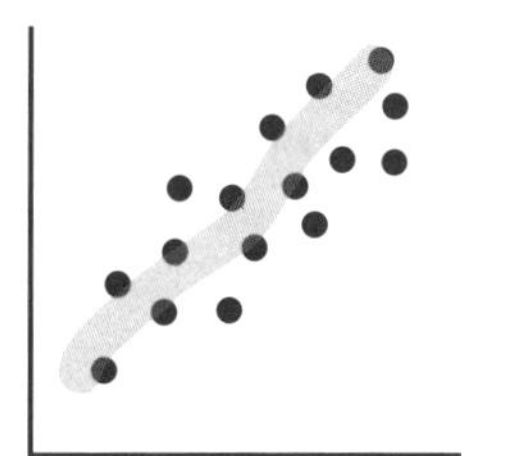
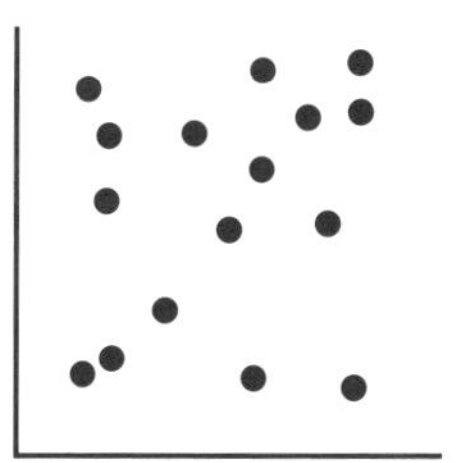
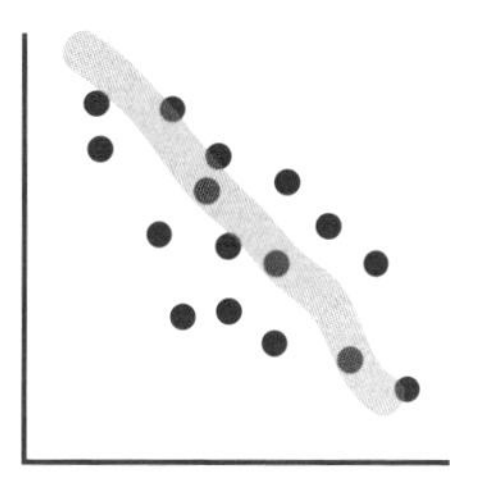
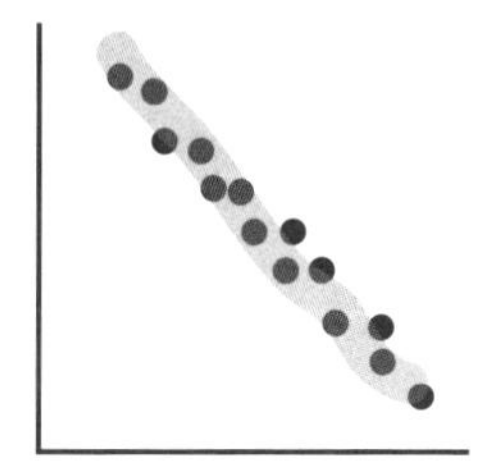

將資料以點位方式匯集於座標上，找出相關（直線或曲線）。
不過，相關的數值的種類（座標的軸線）越多，就越沒辦法成為顯而易見的圖形。
（很難去呈現四維與五維的圖形）

圖 3-12 集群分析（Clustering）

購買資料

	蘋果	洋蔥	紅蘿蔔	咖哩
A 先生	○			
B 小姐		○	○	○
C 小姐		○		○
D 先生	○	○	○	○
E 小姐		○	○	

關聯程度

	蘋果	洋蔥	紅蘿蔔	咖哩
蘋果	N/A	50%	50%	50%
洋蔥	25%	N/A	75%	75%
紅蘿蔔	33%	100%	N/A	66%
咖哩	33%	100%	66%	N/A

➡ 明顯看出紅蘿蔔與洋蔥，咖哩與洋蔥的關聯性極高

當購買資料積累得越來越多時，
商品的關聯程度就會越來越趨於正確

Point

- 迴歸分析用於找出相關。
- 迴歸分析擅長用在能以算式呈現的分析對象上。
- 關聯性分析用於找出有無關聯性。
- 關聯性分析廣泛被應用在商業領域。

不可不知的分析方法 ②
～先分類、再分析～

分類資料來執行集群分析

為了釐清數量龐大的資料，需要分類、也需要整理。舉凡如客戶屬性、商品性質、問卷結果、甚至是分類圖片等，**替琳瑯滿目的資料來建立群組、分門別類，就是**集群分析。Cluster 是叢集的意思，將類似的資料彙整在一起，形成一個群體，稱之為集群（Clustering）。集群分析的特色是沒有固定的群體標準，任何形式的分類都行，就是將我們認為是類似的夥伴們彙整在一起，建立起多個群體的概念。

在不考慮年齡與性別的情況下，將購買、搜尋紀錄有類似傾向的客戶統整為一個群體，又或是把在社群網站上曾經發佈類似貼文、看似具有類似想法的人們整理在一起。面對這類令人感到瑣碎繁雜的資料時，抱持著「雖然不確定究竟會產生什麼樣的群體，就先統整看看吧」的想法來試看看集群分析，有時候會蠻有用的喔（圖 3-13）。另外，集群分析裡面因為有許多理論與方法來界定「該如何定義類似的標準」，所以也就必須要配合我們的目的去選擇最佳的方式。

決策樹分析

決策樹分析是**一邊回答問題、一邊分類分析對象的方法**，常用在性格測試與心理測驗（圖 3-14）。與集群分析有所不同，決策樹分析有著明確的判斷標準，故最大的魅力就在於可以基於特定理由進行分類。這不僅是單純好懂的架構，還可以靈活地調整判斷標準為「YES/NO」、「複選」、「數值」等，並且一邊篩選分析對象的同時來調整問題內容。如果存在著為何而分類的明確理論，就能依據該理論來執行決策樹分析，做出複雜且高精確度的分類。不過，由於也有可能因為單一的失誤而導致精確度大幅降低的問題，所以究竟是該建構成單純的結構、還是複雜的結構，就得要審慎評估考量。

圖 3-13 集群分析

集群分析的概念

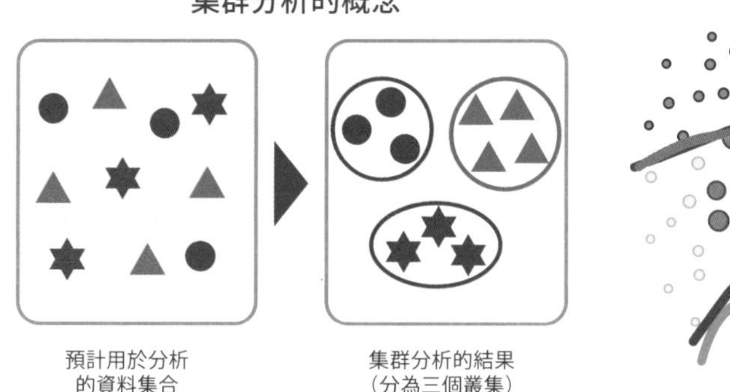

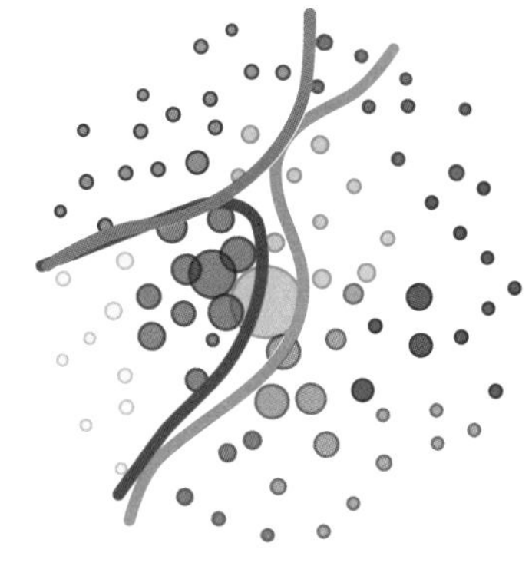

透過集群分析將參雜
許多不同類型的資料分門別類

更複雜的集群分析，
大群體當中還有小群體

圖 3-14 決策樹分析

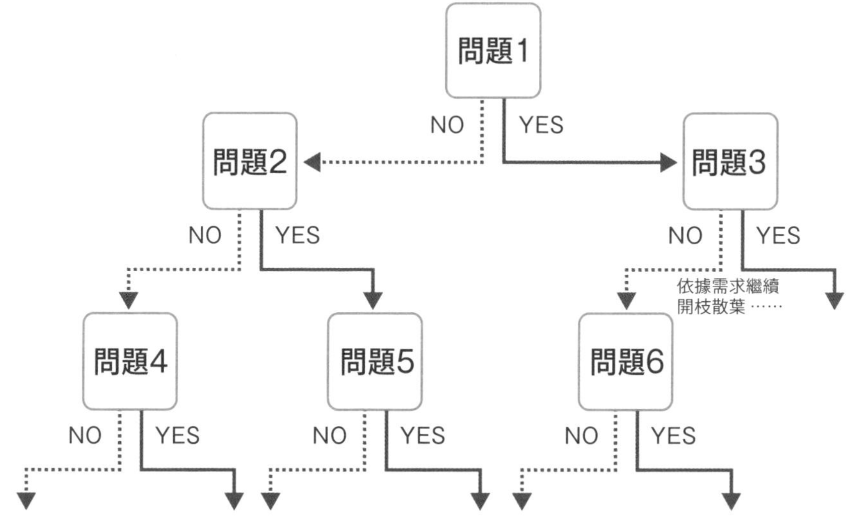

運用決策樹分析，即便分類對象相當棘手，
也能整理為便於分析的情況

Point

- 集群分析用來將資料分門別類。
- 因為集群分析沒有固定的分類標準，可用於繁瑣的資料。
- 決策樹分析具有易於理解的分類標準。
- 妥善運用決策樹分析，有機會做到高精確度的分析。

為了理解模糊世界所使用的理論 ①～資訊的呈現方式～

將模稜兩可轉化為理論的模糊邏輯

我們日常中接收到的資訊，例如炎熱、寒冷、稀少、繁多等，都是包含了模糊地帶在內的訊息。縱使人類可以透過感覺來體察言語中的意涵，但對電腦來說難免過於模稜兩可。模糊邏輯（圖 3-15）**正是讓電腦具有能處理模糊的資訊的技術**。對人類來說要去感受模稜兩可的資訊並不難，但電腦則需要藉由模糊邏輯去搭配各式各樣的算式與方法才能呈現。這不是 0 或 1，是連 0 到 1 之間的內容也可以處理。例如將炎熱與寒冷的中間用 0.2 與 0.6 來呈現，透過將模糊不清的資訊數值化，更能有利於電腦進行處理。

說起來簡單，但要讓機器能夠好好呈現其實比想像中的還要繁瑣。假設我們打算將舒適度以數值來呈現時，究竟該以直線、還是曲線來呈現好？是否要加入日照與濕度作為變因？要以類比方式還是數位方式顯示？考量不同，最佳的呈現方式也會不一樣。一旦要用嚴謹的算式去呈現模稜兩可的結果，事情就會變得很複雜，因此也才會出現了專門用來解釋模糊邏輯的理論。

支持向量機

支持向量機**正是能夠俐落地來分辨模稜兩可資訊的技術**，為了分辨資料而劃下一條界線，與機器學習相互搭配的話還能調整界線、進而提升精確度。專門用來應付那些沒有分辨標準的分類問題、以及難以明確界定的問題，在深度學習問世之前，支持向量機一度是相當強而有力的辨識技術。

另外，支持向量機與數學上的神經網路也有幾分相似，同樣可以用在辨識相關的任務上。搭配上能夠靈活地創建分界線的核函數（Kernel method）的話，最初還一度贏過神經網路，成為用於處理複雜現象的技術（圖 3-16）。相較於深度學習，支持向量機的架構單純且好使用，理論層面來看也有類似的部分，是機器學習的初學者們大多會學習的一項技術。

圖 3-15 **模糊邏輯**

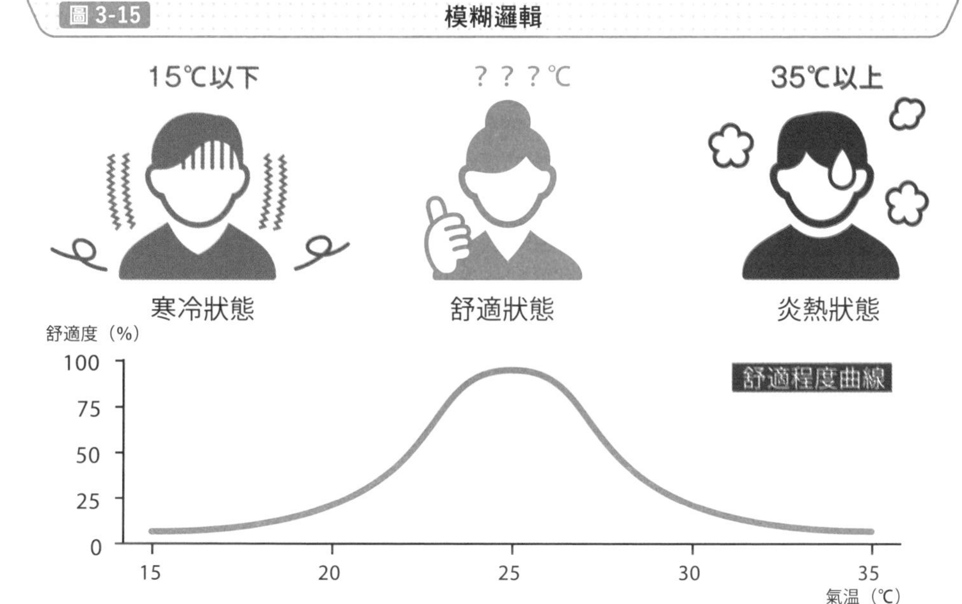

「舒適度」是難以透過明確的溫度與數值來量化的模糊資訊。
定義寒冷狀態與炎熱狀態之間的中間值，思考如何才能好好表達舒適度的方法

圖 3-16 **支持向量機**

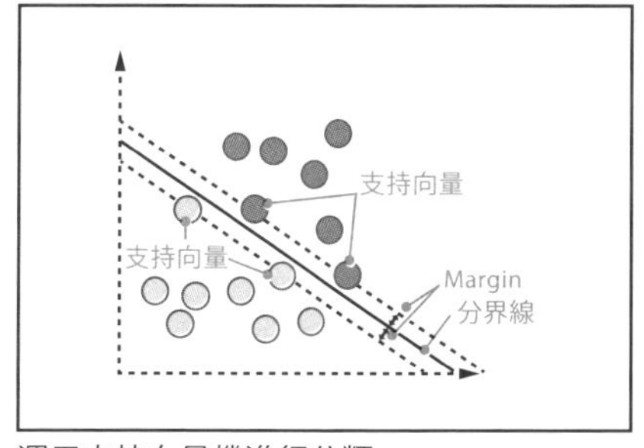

運用支持向量機進行分類

針對想要分辨的資料，透過拉出「用來界定分界線的基準線」支持向量的線條，以利更容易確立分界線

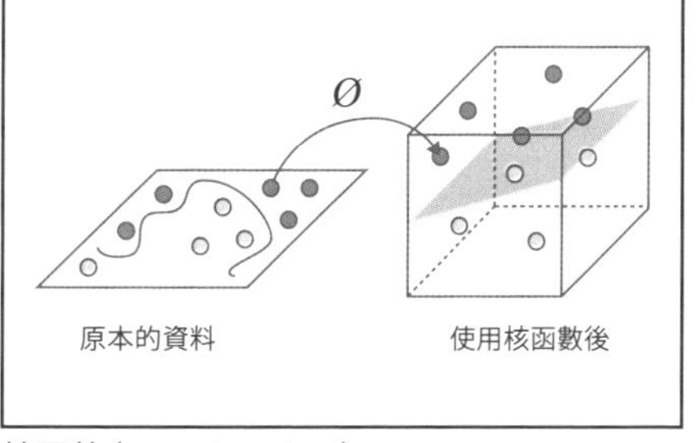

核函數（Kernel method）

透過核函數而得以分類為直線以外的型態，上圖是把二維資訊轉換為三維資訊的範例

核函數是增加資料本身的維度（資訊量），使其轉變為容易畫出分界線的結構。在分辨時尤其重視資料彼此之間的距離（差異），因此增加維度並不會造成問題

Point

- 「模糊邏輯」可以將不清楚的模糊狀態轉化為數值。
- 「支持向量機」以統計方式描繪出分界線。

為了理解模糊世界所使用的理論 ② ～預測未來～

在諸多不確定因素當中勇往直前的貝氏推論

當手上只有模稜兩可的資料時，最令人頭大的就是預測未來了。所有的資訊都很清楚時，當然有機會正確地進行預測，但也不是件容易的事。而貝氏推論**就是為了要處理事物的「相似度」**而誕生的方法。感覺上有點類似「機率」的思維，專門用來處理存在太多不確定因素的情況下去，嘗試得出正確機率的情境（圖 3-17）。比方說，當我們自己砍樹、並將木材削成一顆骰子時，因為骰子並不是平整的立方體，因此骰子出現點數的機率就不會是 1/6。可是只要持續擲骰子，就能得出「大約差不多是這樣的比例吧？」的數值了。貝氏推論就是讓我們能夠將具有「相似度」這種不確定的未知事物，變得更易於思考的方法。

透過這樣的思維，就算不知道精確的機率，電腦也能像人類一樣透過「雖然不知道理論上會是什麼情況，但以經驗來說這樣做應該比較好」的方式來思考，某方面來說，電腦也變得可以推估出大概了。

以邏輯思維預測未來的馬可夫過程

貝氏推論要提升精確度時需要充分的資訊，但如果手上資訊不夠時要怎麼辦呢？即便僅有模稜兩可的資訊，應該也可以知道當下的狀態才是。於是，**忽略過去的條件與外部因素，單從當下的狀況去預測接下來會發生什麼事的一連串假設流程，就叫做**馬可夫流程。比方說，骰子有六個面，無論什麼時間點擲骰子都會是六分之一的機率才對，這個思考過程就是馬可夫過程。相較於此，貝氏推論則是會因為擲骰子出現了很多次 1，而預估接下來「還會出現 1」（圖 3-18）。

如果骰子的形狀是歪斜的，或許貝氏推論會比較正確，但如果不知道骰子有無歪斜，自然會以馬可夫過程的思維來推估，對吧？馬可夫過程的強項在於，就算存在其他的變因也會被忽略，因此就不會被模稜兩可或是有所偏頗的資訊誤導，而得以專注在現有的資訊來進行思考。

圖 3-17 貝氏推論與馬可夫過程的應用範例與特色

●貝氏推論

參考過去資料，「以經驗上來說主觀地」進行分析的方法。適合在面對諸多不確定因素，而想要掌握狀況的時候來使用

不確定因素較多的「自動駕駛」，透過貝氏推論來預測有無遭遇危險

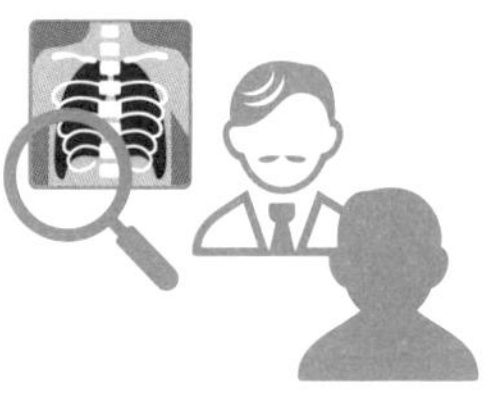

面對可能隱藏了許多不確定因素的「醫療診斷」，透過已知症狀來假設病因，進行診斷

●馬可夫過程

忽略過去資料與外部因素來進行思考。面對過於複雜的現象可以使其單純化，幫助思考。前提是當下的狀況必須非常明確

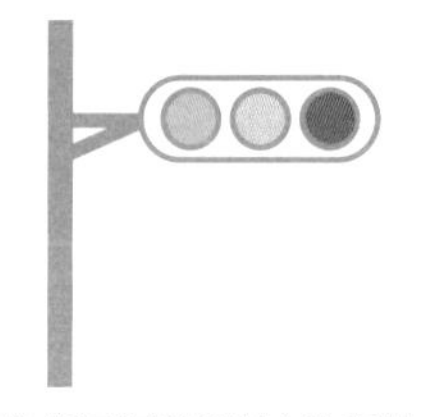

紅綠燈這類遵循既定流程的「機械性運作」

要正確分析氣象需要相當龐大的資訊，忽略絕大多數的訊息去做出單純的「天氣預報」

圖 3-18 兩者在想法上的差異

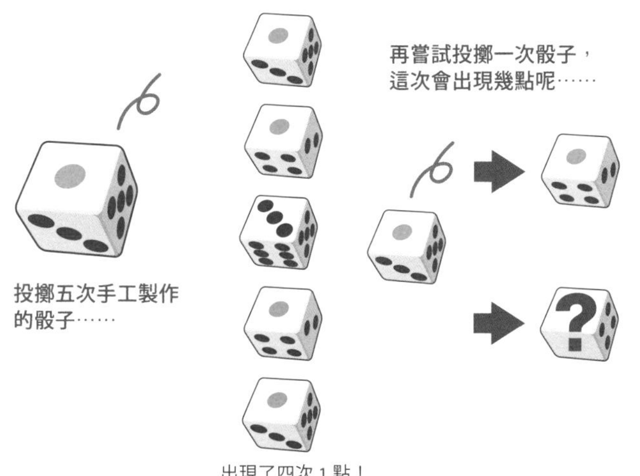

以貝氏推論來說，會假設這顆骰子是容易投出 1 的骰子，因此會預測接下來也很有可能出現 1

➡**資料越充分，精確度越高。反之則越不正確**

馬可夫過程的想法，會認為過去的情況毫無關聯，骰子有六個面，機率就是 1/6，不會有偏頗

➡**蒐集再多的資料也不會影響精確度，而就算資料不夠也還能保有一定的正確度**

出現了四次 1 點！
但骰子有點不工整，不曉得這結果是偶然、還是因為骰子歪七扭八而導致的

Point

- 「貝氏推論」是從不確定的資訊當中去預測未來的相似度。
- 「馬可夫過程」捨棄不充分的資訊，專注在明確的當下狀態來推估未來。

正確處理資料有多難

理解資料代表的意思，偽相關有何危險性？

或許我們已經擁有了可以有效率地處理資料的工具，然而若是搞錯了資料所代表的意思，就會走向錯誤的答案。大部分的錯誤都可以透過技術來修正，不過要特別注意的是，當我們沒有正確理解資料的意義時，很可能就無法發現隱藏的偽相關。**偽相關顧名思義是「看似有相關、實則毫無相關」**，本質上毫無相關的資料卻令人看起來好像有關聯。就舉個常見的啤酒與雪糕的例子來說，「啤酒熱賣的時期，雪糕也會一併賣得好」。這並不是買啤酒時順便拿個雪糕當作下酒菜，而是恰巧兩者都是人們在天氣炎熱時會想買罷了。

像這種偽相關所導致的誤會，有時甚至會牽扯到致命的失誤。例如有個 AI 只學習了若是高危險病症就採取優先治療，以致於最終降低了死亡率的病患資料，很可能就會出現誤判「由於死亡率較低，所以不是高危險病症」而延後治療的情況，可就一點都不奇怪（圖 3-19）。

別把找出因果關係的任務丟給電腦

處理資料時真正重要的事，莫過於因果關係。**找出潛藏在相關當中的因果關係，並將其納入演算法或預測流程裡是最根本的目的**。要運用資料分析工具或技巧去找出因果關係相當有難度，遑論最終還得要將相關透過某種形式的算式與流程來呈現，找出當中具有什麼意義，轉換為我們所認為有價值的資訊。問題就在於事物的「意義」之於人類來說「究竟具有什麼意義」，也正因為如此，找出因果關係的任務必須得由人類來完成（圖 3-20）。

AI 也一樣，就算 AI 知道在資料分析與機器學習當中，隱含了人類所無法找出的資料與關聯性，在後續人為進行判斷之前，AI 並不會知道那些它所找出的東西具有什麼價值。本質上來說，統計學的學者專家與資料科學家的工作也是在於「賦予資料意義」。這不僅僅只是找出資料當中的關聯性，而是得要觸及其背後所隱含的真正意義，才稱得上是資料分析。

圖 3-19 偽相關與其危險性

購買「雪糕」和「啤酒」的關聯

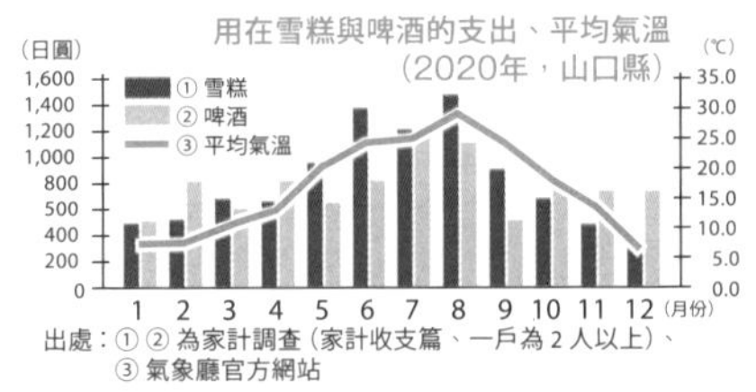

出處：①②為家計調查（家計收支篇、一戶為2人以上）、③氣象廳官方網站

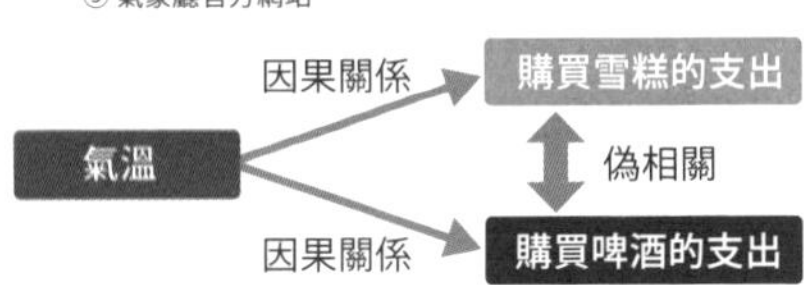

單看資料的話，會認為雪糕與啤酒的數值具有相關，但實際上兩者是跟「氣溫」有所關聯，才湊巧呈現了雷同的走勢變化

另一方面，「啤酒」與「下酒菜」的消費雖然看起來也有相同的關聯性，從「喝啤酒時會想要吃點下酒菜」的脈絡來說，無庸置疑確實是具有因果關係

治療的「優先順序」和「死亡率」的關聯

A疾病

- 不立刻治療
  ➡ **死亡率 90%**
- 立刻治療
  ➡ **死亡率 5%**

不立刻治療就會致死的危險病症
➡ **透過最優先採取治療，算出了「死亡率5%」**

B疾病

- 不立刻治療
  ➡ **死亡率 20%**
- 立刻治療
  ➡ **死亡率 10%**

病程進展緩慢、沒有特別有療效的治療的病症
➡ **由於優先程度較低，因此出現了較高的「死亡率10%」**

單看資料的話，會認為「B 疾病」比較危險。治療的優先順序對醫院的醫療資源管理來說是相當困難的問題

圖 3-20 由人類來找出因果關係

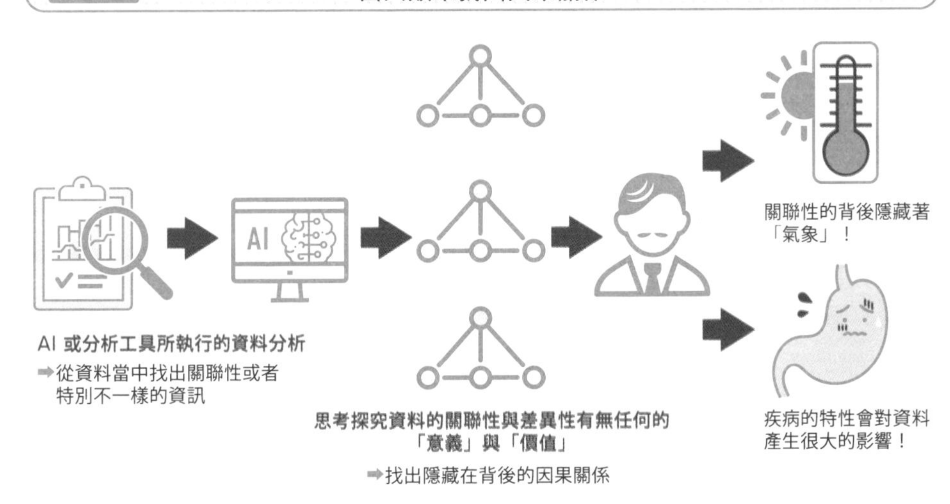

AI 或分析工具所執行的資料分析
➡從資料當中找出關聯性或者特別不一樣的資訊

思考探究資料的關聯性與差異性有無任何的「意義」與「價值」
➡找出隱藏在背後的因果關係

關聯性的背後隱藏著「氣象」！

疾病的特性會對資料產生很大的影響！

資料分析實為挖掘出具有價值的資訊的一項工作，為求有效運用而必須要釐清因果關係

Point

- 偽相關指的是「令人誤以為有相關」的事物。
- 因為偽相關而造成的「誤會」可能導致致命的失誤。
- 資料分析中，找出「因果關係」至關重要。
- 找出資料所代表的意義，是理解資料分析目的為何的人類的工作。

從知識與統計來建構起 AI 的樣態

若能處理好知識與統計資料，就能創建出 AI

巧妙地將資料處理好的話，就有機會創建出較為聰穎的機器。這並非是指如同搜尋引擎般，依照關鍵字去列出我們可能想要找的查詢結果，而是如果可以回答專業問題的話，似乎就能名正言順地稱為 AI。再說，當 AI 做得到運用統計資料來預測未來，將資料整整齊齊地分門別類，以及提醒資料當中潛藏的未知關聯性等事情，應該看起來會是挺聰明的對吧？

這些技術**能夠透過巧妙地執行知識表示的資料庫、或具備了統計分析技巧的程式來實現**。倘若機器能夠從問題當中所包含的關鍵字，抽絲剝繭直至觸及到透過知識表示所建構的語意網路的話，不僅可以推導出正確的答案，還能透過加上迴歸分析與貝氏推論，來針對人類難以知曉的複雜現象預測未來。

用來處理專家的知識的專家系統

專家系統就是在這樣的背景之下出現的。初期的專家系統只單純用來處理知識，當**人們依據專家的知識表示的格式將知識輸入到系統，藉此建構了資料庫，以致於專家系統得以處理智慧型任務**（圖 3-19）。即便是資料庫並未直接展示我們看的資訊，搭配統計的方法，就能抓取出關聯性較高的資料，而得以處理模稜兩可的資訊。而能做到這點之後，專家系統就幾乎能像是人類的專家一樣來為我們解惑了。回答困難的問題、做出高準確度的預測，甚至門外漢只要聽從這樣的 AI 的指示來辦事，也能勝任原先只有專家才能做的任務。**至此，專家系統所呈現的舉動，就有符合我們心目中所想像的 AI 的樣貌了**。又或者該說，是專家系統建構起了 AI 的樣貌也說不定（圖 3-20）。

近年來，在與機器學習的相輔相成之下，已經進步到不需要人類監督教導，也能夠自己成長了。AI 已經具備了能自己找到方法去妥善處理資料的智慧了。從這點也不難看出，處理資料對於 AI 來說是有多重要的事了呢！

圖 3-21　能靈活運用知識與統計的專家系統

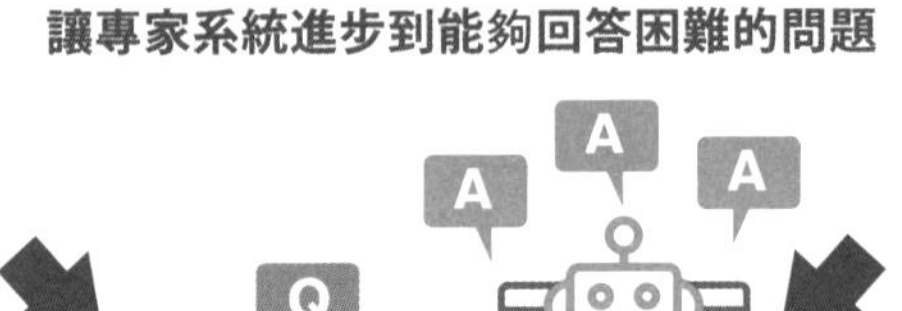

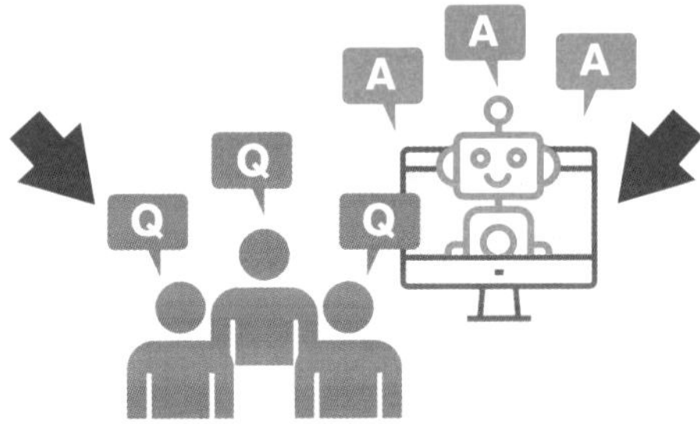

圖 3-22　專家系統的進化

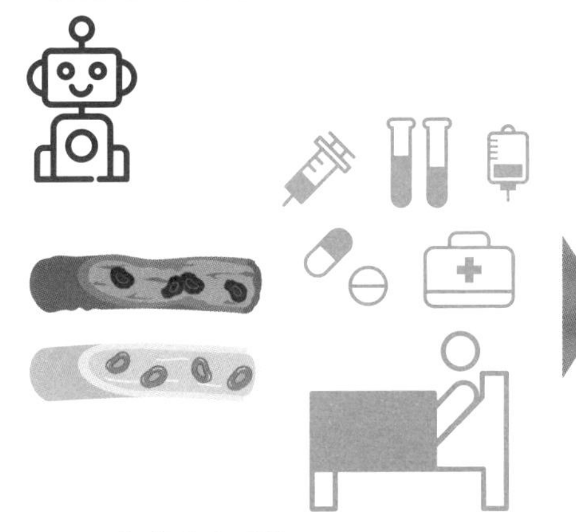

最早期的專家系統

➡陸續回答問題，可以鎖定某些傳染病，並只能提供處方箋

現代的專家系統

➡不僅能察覺病症與癌症，舉凡如股價、金融、電影、料理技巧，乃至於登上機智問答綜藝節目與人類一較高下的知識也都已經具備

Point

- 導入了知識表示與統計分析的程式，就有可能成為 AI。
- 專家系統替代了人類的專家。
- 透過結合了機器學習等最新技術，不斷成長進化。

請你跟我這樣做

將生活周遭的知識用本體論來呈現看看

本體論的概念其實非常簡單，可以應用到所有的知識上。就讓我們來試看看在生活周遭找尋事物的關聯性，嘗試與本體論搭上線吧！這樣一來，知識不僅能夠無限地拓展，原本以為僅僅是單一獨立的知識，也可能會與大大小小的事情扯上關係呢。

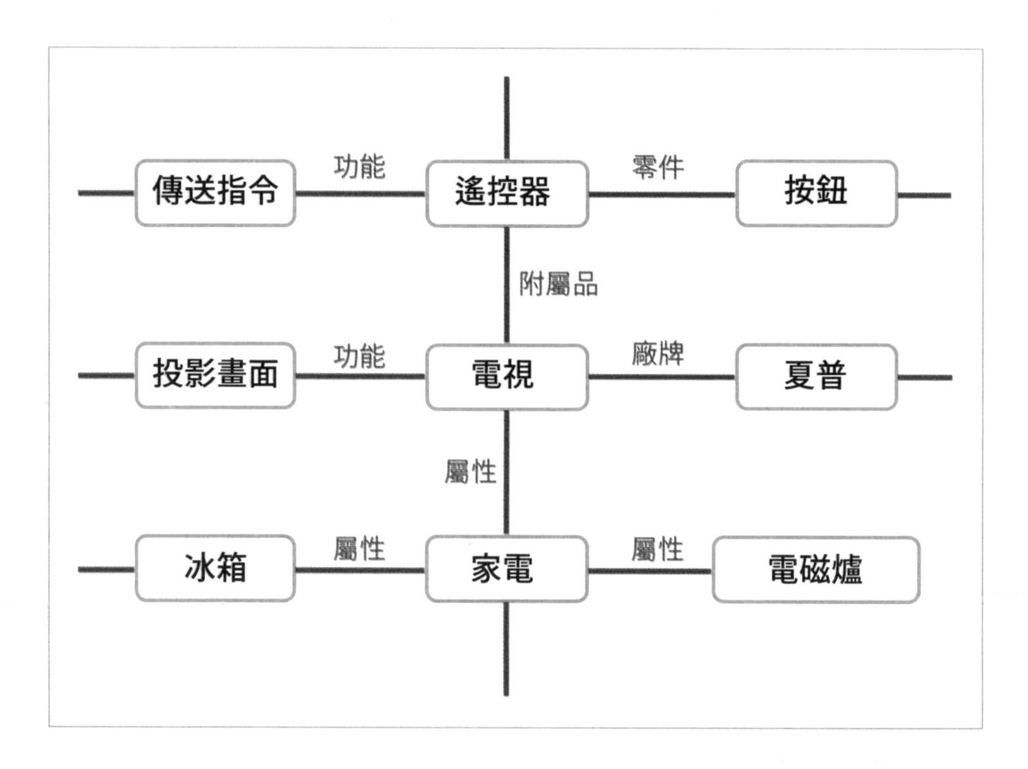

一旦盡其所能地去延伸，或許就能察覺到想要透過寫在紙上的二維平面方式來呈現本體論，還是有其極限所在。就算改以立體空間呈現，也許能表現出稍微複雜的型態，但依然還是不太夠用。

要呈現實際的知識，肯定會需要幾十幾百幾千個維度來無限擴充連結，最終成為難以用繪圖與圖形去描繪出的困難資訊架構。一想到人腦當中可能也是這樣的知識架構，就不難理解要讓電腦學會這些事情究竟有多難了呢！

第4章

機器學習相關技術

~AI透過各式各樣的方法來學習成長~

運用統計來建立判斷標準

機器學習背後的統計

機器能自己學習，得歸功於背後的統計跟機率。機器學習主要會用在那些沒有明確答案與方法論的問題（圖 4-1）。若能依照邏輯推導出明確的答案，就不需要學習了，不過當問題沒有答案、或者是解答問題太花時間時，就會變成「不試看看不知道」，因此才需要有學習的過程。

以結論來說，**人類依據經驗法則來學習怎麼做才會順利，在需要客觀呈現答案時則透過統計來找出成功機率較高的方法**。機器學習也是一樣的，對機器而言，思維與想法就相當於是數學理論與參數，搭配上資料來進行調整，盡可能地找出最接近答案的最佳解方。

統計方法與機器學習的關聯

實際上，從統計理論當中所誕生的分析方法如「集群分析」、「支持向量機」、「迴歸分析」等都屬於機器學習的方法之一，且廣泛被使用著，另外像是貝氏推論與馬可夫過程也是與機器學習的根基、主幹至關重要的理論（圖 4-2）。倘若以微觀的視角去檢視神經網路，統計與機率也是被用在很多地方的。

只是，真實存在的 AI 裡所用到的統計理論其實並非僅有一個或兩個。如果要問「與 AI 助理有關的統計理論有幾種」的話，答案應該會有幾十種。在 AI 的世界裡，運用統計理論的學習方法與演算法都是理所當然的存在，不太需要在創建 AI 時刻意提醒自己要記得使用統計理論。就好比一個軟體是透過無數個演算法而得以建構一樣，**當開發人員決定「就用這個演算法吧」的那一瞬間，就已經在應用涵蓋在演算法裡的統計理論了**。宛如拼圖般地來組裝多個演算法，創建出能勝任多種角色的程式，並透過學習而終於成為 AI 時，可能就連開發人員也難以明確掌握，究竟裡面包含了什麼樣的統計理論在內也說不定。

圖 4-1　機器學習會用來解決哪些問題

圖 4-2　統計與機器學習難分難捨

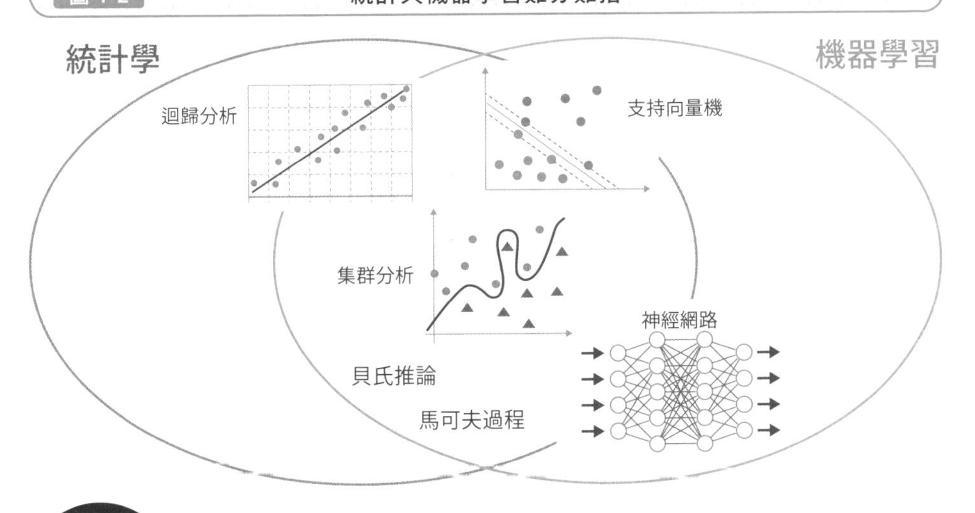

Point

- 統計與機率在機器學習當中扮演著重要的角色。
- 為數眾多的統計方法都應用在機器學習上。
- 演算法當中包含了許許多多的統計理論。

使用網路的機器學習

透過學習來解答問題的神經網路

説到機器學習，應該沒有人不會想到神經網路吧！或許認為神經網路是關乎深度學習、近年來才出現的機器學習的人不在少數，不過事實上神經網路是早在 AI 研究的最早期就已經出現的其中一種機器學習技術。細節會在第 5 章講解，基本上來説**就是透過調整網路與網路之間的參數處理，針對人們所輸入的資料（問題）去提交合適的輸出（答案）**（圖 4-3）。

由於參考了人類神經的網路架構，神經網路得以透過調整網路的架構與參數，來處理各式各樣的問題。另外，多層感知器發展為深度學習之後，還令神經網路具備了從龐大的資料當中，去抓取出我們所需要的資訊的高度提取能力。

呈現資料關聯性的貝氏網路

深度學習之外，也存在著其他的神經網路相關的機器學習方法。例如以貝氏網路來説，雖然名稱當中同樣有著網路二字，不過跟神經網路卻是以截然不同的方法來進行學習。貝氏網路並不使用網路來處理資料，而是**將資料的結構本身轉化為名為有向無環圖結構（章節 2-2）的網路型態**（圖 4-4），藉此來運用「貝氏推論（章節 3-9）」去估算「相似度」。

這方法可以在因為資訊不足而無法求出正確機率的情況下，去顯示資料之間具有多少程度的因果關係，跟機率是很類似的判斷指標。也就是説可以用數字來呈現「A 資料與 B 資料的關聯性大致是這種感覺」，而這些數字所串聯起來的網路就是貝氏網路。數字的部分可以透過學習來調整，提升精確度。用於資料分析、預測，決策時都相當有效，長年以來人們投入了相當多的時間，至今持續研究著。

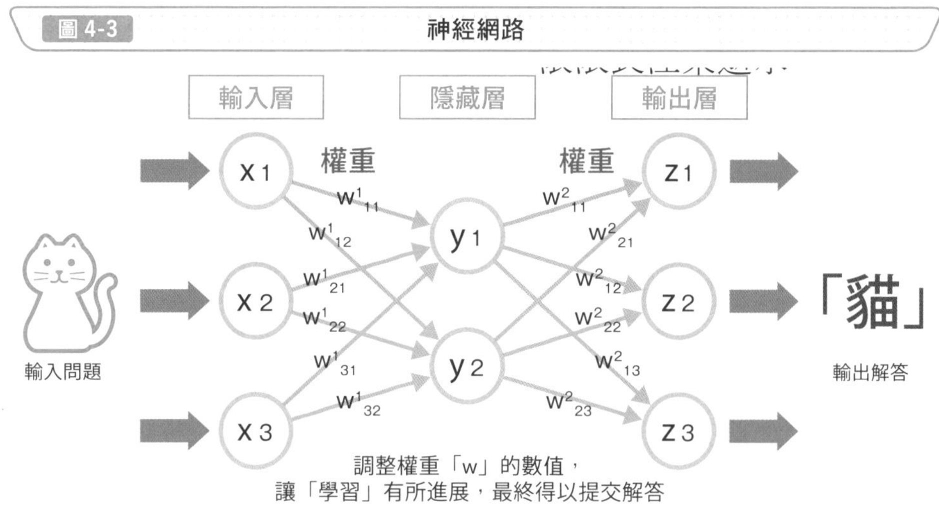

處理問題、用於思考的網路，稱之為「神經網路」

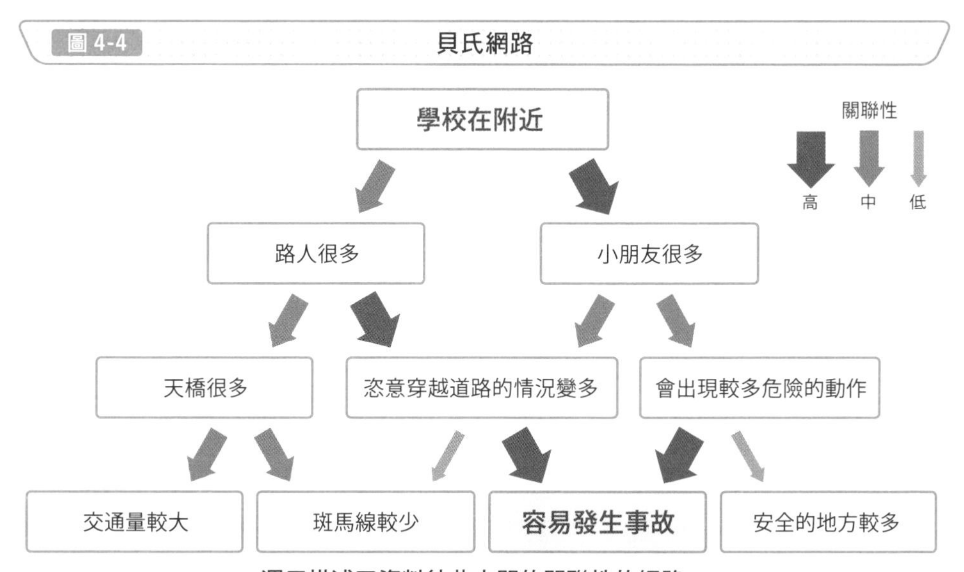

運用描述了資料彼此之間的關聯性的網路，
進行預測與判斷狀況

Point

- ✐神經網路其實在機器學習的早期就已經出現了。
- ✐神經網路運用網路來處理資訊。
- ✐貝氏網路可以表現出資訊本身所具有的關聯性。

最為常見的學習型態

有預先準備好答案的監督式學習

機器學習的方法，大範圍劃分的話可以分成預先準備好答案的監督式學習、不準備答案的非監督式學習，以及不準備答案、只提供目標的「強化式學習」。其中最常用的就是監督式學習。

雖然先前才剛剛提過機器學習是運用在沒有答案與方法論的問題上的技術，不過這裡**所謂的監督式學習裡的「沒有答案」所指的是「提交正確答案的方法」，因此已知答案的問題也能使用**。貓咪的圖像辨識就是很好的例子，就算已經知道所有的圖片都是貓咪，但要如何判斷「那張圖是貓咪」就不曉得了對吧（圖4-5）？像這樣人類透過感覺在執行的任務、或者運用經驗法則來判斷的問題，最適合用監督式學習。

如何使用監督式學習

在機器學習（資料分析方法）當中，迴歸分析與支持向量機屬於監督式學習。就算已知問題與答案，但因為不知道該怎麼去寫能夠提交答案的算式、以及不知道怎麼去劃出用來分類的分界線，所以會需要用到機器學習。

迴歸分析的目的是透過算式來呈現數值彼此之間的關聯性。比方說，門市來了100 位客人，當天的總營業額是 1 萬元，則可以算出每一個人花了 100 元在購物。雖然實際上不會是這麼工整漂亮的數字，有可能是從有 5 個人花了 1000 元、有 10 個人花了 700 元這種零散的數據當中，邊預測「一個人是不是大約花了 85 元？」，並**邊盡可能地蒐集資料，來靠近正確答案**（圖 4-6）。此時，客人的數量與營業額的數值已經有了，還不知道用來呈現關聯性的算式。如果知道了關聯性算式的話，就可以預估來客量、評估預算，所以人人都希望能夠推導出正確的算式。

這種一邊蒐集問題與答案的資料，一邊同時持續學習如何正確理解資料的方法論與解方，就是監督式學習的特色。為了能讓答案可以「更正確、更簡單地」被提交出來，使用方法與學習所需的資料淺顯易懂，是監督式學習的強項。

圖 4-5 運用監督式學習來進行圖像辨識

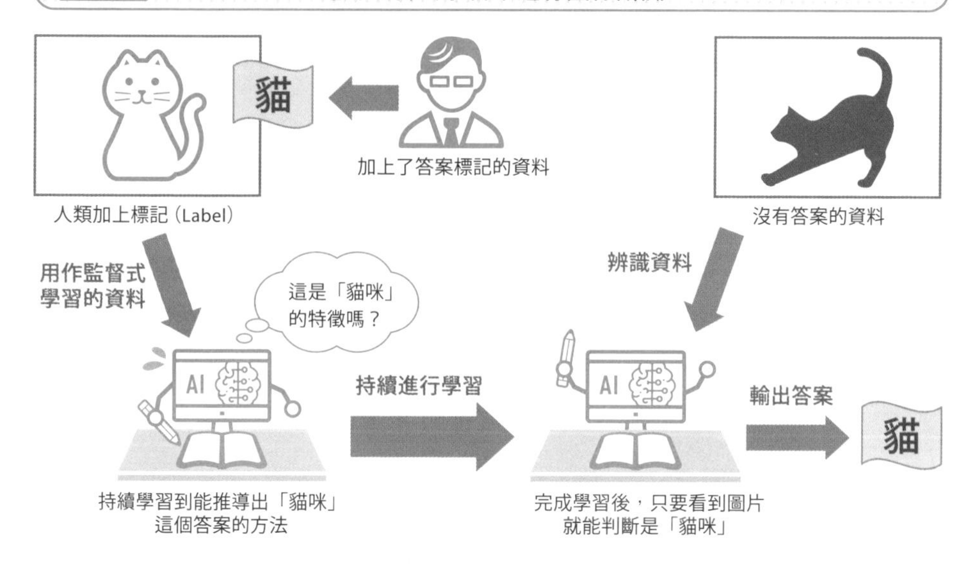

圖 4-6 使用迴歸分析進行監督式學習

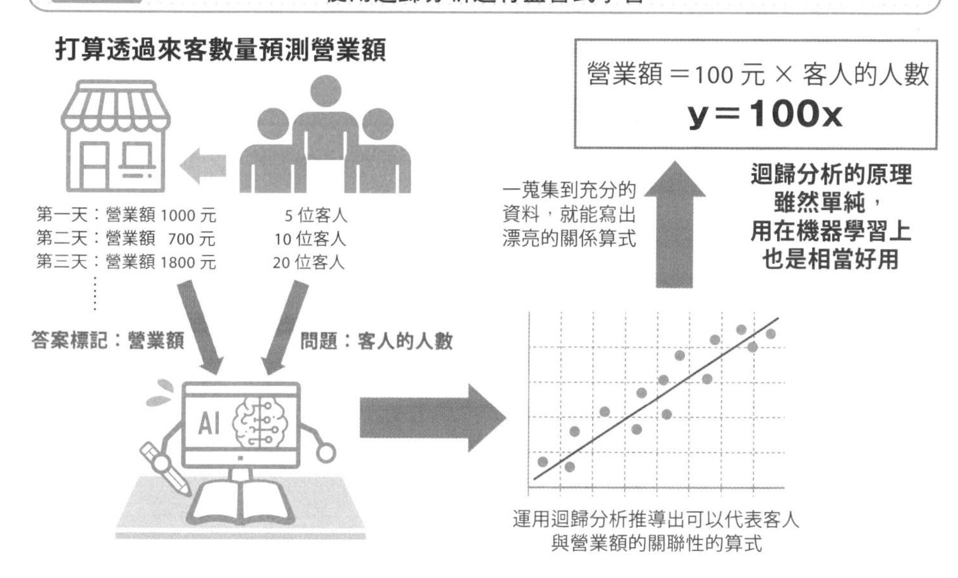

Point

- 機器學習分為「監督式學習」與「非監督式學習」、以及「強化式學習」。
- 監督式學習會使用附加了答案標記的資料。
- 透過學習，就算沒有答案，也能從問題來給出答覆。

潛力巨大的學習型態

沒有答案的非監督式學習

相較於已知答案、不知道怎麼提交答案的時候會使用的監督式學習，非監督式學習是用在根本就不知道答案的問題上的技術。或許會有點難以想像怎麼去詢問一個連答案都不知道的問題，但這其實並不是沒有最佳解方或方法論，概念上可以說這只是人類還不知道答案、或是用在人類需要找尋新的方法論的時候。

具體來說，有點類似資料探勘，可以想成是**從眾多的資料當中去持續學習「找出不一樣的東西」與「找出共通的部分」**。這時候機器就能透過非監督式學習，訓練成能夠區分存在於資料當中的「特別的特徵」與「相似的特色」（圖 4-7）。

非監督式學習的使用方法

在與非監督式學習有關的分析方法與理論當中，除了資料探勘之外，還有本體論與集群分析等。在本體論與知識表示的領域當中，雖有必要將知識轉換為機器可以理解的結構，但字詞的意義在監督式學習上能夠教給機器的還是相當有限。於是，就需要透過非監督式學習讓機器去自動將類似的字詞分類、串連，**讓機器學會可以懵懂地去掌握字詞的意義**。集群分析也一樣，將資料分門別類到彼此相似的叢集，令資料的結構與性質可以更容易地解讀（圖 4-8）。

持續去發展非監督式學習當中「分類類似的對象」的部分，最終 AI 就能透過判讀圖片，學會我們現實世界的知識，也就是「貓咪跟其他的動物是不一樣的生命體（動物的種類）」。人類其實也是透過一點一滴學習「相似的東西」與「不一樣的東西」，慢慢地研究一件事情發展成一門學問。與監督式學習相比，雖然非監督式學習比較困難些，但可以說是比較具有潛力的一項學習技術。

圖 4-7 運用非監督式學習來進行圖像辨識

給機器看動物的圖片，
但不告訴它「這是什麼動物」，
就只是提供大量的圖片給機器看

持續去找出動物當中看得出
「相似的特徵」與「不同的特色」，
逐步區分為相似的群體與不同的群體

**就算沒有標準答案，非監督式學習在「找出人類也沒發現的分類方式」
與「人類執行分類之前，先做好前置作業」時，可謂幫上大忙**

圖 4-8 運用本體論與集群分析來分類

本體論

圖片　老鼠　簡單
小狗　貓咪　魚類　料理
寵物　馴養　酒款

串連頻繁出現的相關字詞，
懵懂地去逐漸掌握字詞的意義與類別

➡ **若在此連結上透過人為手動附加含義，或是運用字典讓機器記住字詞的使用方式，就能讓機器讀懂整篇文章**

集群分析

先嘗試隨性將蔬菜與
水果進行集群分析看看

用顏色區分的話會分成三個叢集

用蔬菜與水果來作為分類的話會變成
兩個叢集，且西瓜剛好卡在中間，
無法明確進行分類

Point

- 非監督式學習是為了找出「特徵」的技術。
- 找出共通點、差異處、關聯性，進而靈活用在分類上。
- 資料探勘、集群分析、本體論領域會使用非監督式學習。

能跟上現實世界變化的學習風格

被戲稱為馴養動物般的學習技術

沒有明確的答案，單就給予方向性與目標來讓機器學習的技術叫做強化式學習。**這個技術宛如有著馴養動物般的特色，「越接近目標，就能獲得報酬」**（圖 4-9），可應用在「不知道該怎麼找出正確答案的方法」的監督式學習的情境，也能運用在「沒有正確答案」的非監督式學習的時候，是相當通用的學習方式。不過跟那些方法相比，卻稍微有點繞了遠路。

強化式學習的風格是透過試錯來不斷進步，讓這次的結果可以做得比之前還要好，也因此需要暫定一個中途的目標與方向性。然後在重複某些動作的過程當中，一邊檢視自己的結果是「比上次做得好」或「根本沒有進步」，再依據需求來調整做法。設定目標的技巧會影響強化式學習的效率，就算最終沒有達成目標，但只要過程當中有慢慢進步為人類所期望的樣貌也無傷大雅。這就是強化式學習。

Q 學習因為原理單純而得以廣泛應用

強化式學習有許多的做法，當中有個將報酬稱為「Q 值」的參數設定 Q 學習，**這是個如果能夠無限多次地去進行試錯，就一定會成功的演算法**。放在人類身上來說就是「當我們有無限的時間，就任何事都辦得到」。Q 學習主要是針對機器的選擇與行動，在每次行動時隨之變更設定好的 Q 值報酬，並配合一時一時的優良作動來提高 Q 值，藉此找出最佳的行動方針（圖 4-10）。

這方法會隨著能選擇的行動與身處的狀況越來越多，Q 的種類也會不斷增加，宛如置身擁有無限多項選擇的現實世界裡，強制去執行「把無限多項的選擇拿去進行無限多次的試錯，就能找出最佳的行動」。看來要想遵照演算法去學習，還得先有一台性能極為強大的電腦才辦得到呢！重複挑戰來不斷提升最佳行動參數的方法，在某種意義上也可以說是，直接了當地為我們體現了強化式學習理論究竟厲害在哪的技術呢！

圖 4-9　強化式學習的概念圖

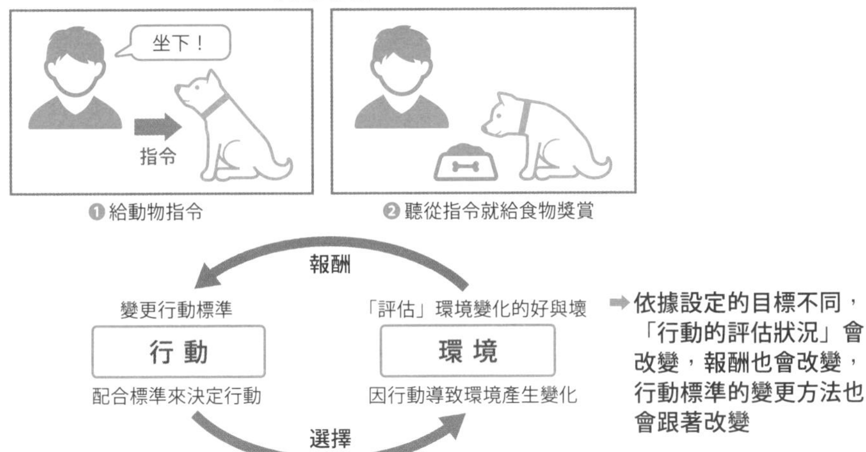

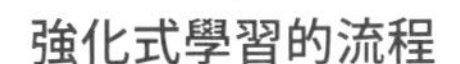

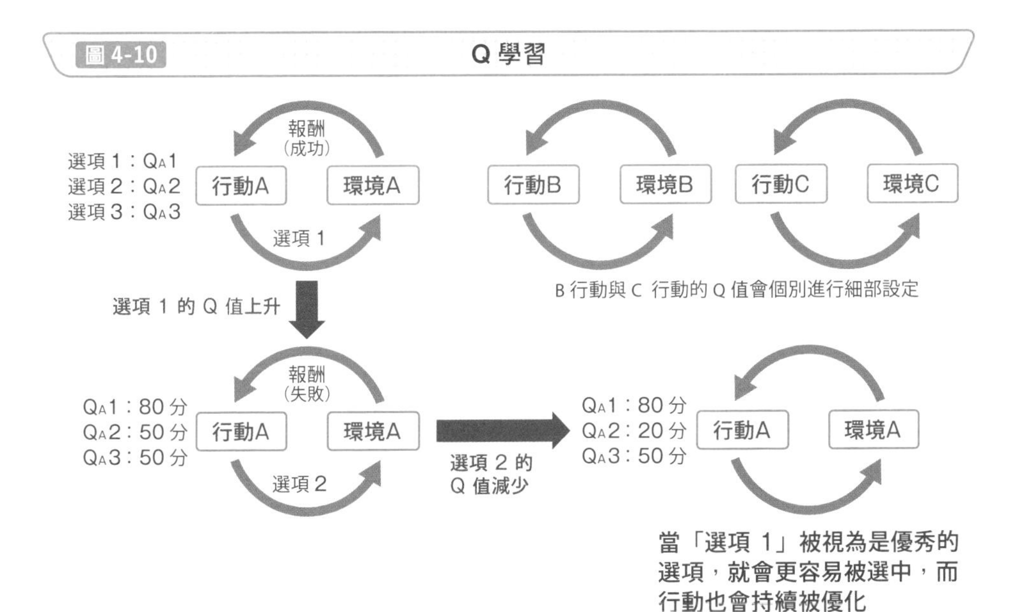

Point

- 強化式學習是透過試錯來做出更好結果的學習方法。
- 強化優質的行動，減弱錯誤的行動。
- Q 學習會在行動上設定 Q 值，透過調整 Q 值來選擇行動。

日新月異的強化式學習

千錘百鍊感官後的深度強化式學習

強化式學習跟其他的機器學習彼此之間可以密切搭配，跟深度學習組合起來就能變成深度強化式學習。這是運用了神經網路善於發揮高度學習能力，去處理感覺型的問題的能力，進一步去應用在一般的演算法無法判斷孰好孰壞的案例上。

以考試的分數來說，有沒有更接近目標只需要去看數值就知道了，但是當場景換到單純只有 0 與 1 的勝負之分時，可能就無法獲得更細微的數值指標來進行判斷。此時就輪到神經網路的特徵提取登場了。**透過機器學習累積足夠經驗，神經網路會具備能找出哪些「有利的局面」是對靠近目標有所助益的特徵**（圖 4-11）。隨後再學習哪些行動可以趨近勝利，透過試錯來持續改善，最終得以學會最佳的行動。

學習目標的逆向強化式學習

雖說強化式學習是努力靠近目標的學習方法，依然會遇到不知道該怎麼設定目標才好的情況。比方說，我們都能感受到由老練的師傅所做出來的工藝品令人讚嘆，倘若無法確定是基於什麼理由去做出「好」的判斷，就無法設定目標來讓機器透過強化式學習學會。這時候讓機器去學習採取與師傅相同行動的報酬（目標）的想法，就催生了逆向強化式學習。學習師傅老練的動作，來**讓機器知道若要達到目標，則得透過哪些行為才能做到**（圖 4-12）。這說起來有點像是進到老師傅的視角，且因為不是學習行動、是變成去學習目標，也因此才稱為「逆向」強化式學習。

然後，只要學會了什麼樣的目標設定最為合適，接下來就可以運用學會的目標設定，再次採用一般的強化式學習了。最終如果能跟老師傅做到一樣的程度當然是值得嘉獎，搞不好還會青出於藍，機器自己想出超越老師傅的工藝技巧也說不定。這就是逆向強化式學習的厲害之處。

圖 4-11　深度強化式學習的優勢

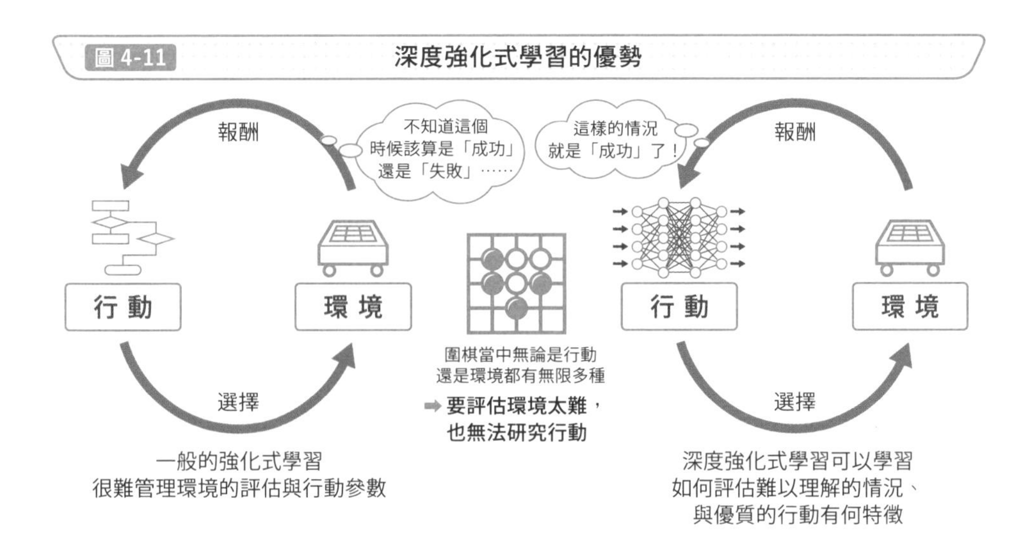

圖 4-12　逆向強化式學習與一般強化式學習的差異

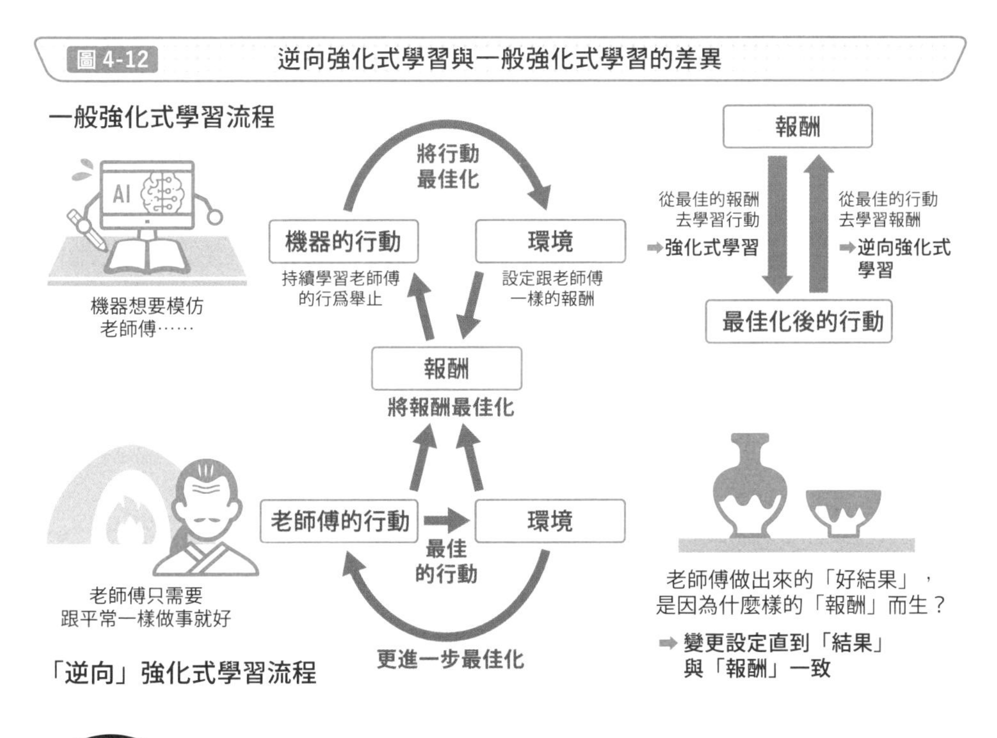

Point

- 靈活運用深度學習，拓展強化式學習的應用範圍。
- 使用逆向強化式學習的學習流程是「從最佳的行動通往最佳的報酬」。
- 如果能獲得最佳的報酬，「機器也能做出最佳的行動」。

兩個彰顯了機器學習所面臨的挑戰的定理

沒有一勞永逸的銀色子彈

運用機器學習來解決問題的做法不僅通用性高、還能應用在各式各樣的疑難雜症上，可是機器學習演算法並非萬能。這是沒有免費午餐定理，意思是說**為了要解決問題，必須要每次都去選出「最適合用來解決該問題的演算法」**（圖 4-13）。「搜尋（章節 2-2）」與「排序（章節 2-3）」正是最典型的例子，不同的資料結構，所需要的最佳演算法也不同。機器學習也是一樣需要因地制宜，並不存在著可以處理所有問題的萬能演算法。

深度學習之所以會受到這麼大的關注，最大的原因是「深度學習可以用在以往的演算法都難以處理的任務」上。反之，對於以往的演算法已經勝任的問題，倒沒有做出什麼亮眼的成績。重點就在於適才適所地將演算法應用在擅長解決的領域上。

所有的差異都是不平等的

醜小鴨定理是針對問題的相似性來倡議的定理，**為了要找出事物當中的相似點與相異處，就必須要抽絲剝繭去著眼在該看的特徵與重點**。之所以會取名為醜小鴨定理，是基於小鴨本身就形形色色各有不同，而從某些角度去看小天鵝時，看起來就像是隻小鴨。當然，小天鵝絕對不可能是小鴨，只是比較有特色。如果這不能撐得上是個體差異的話，那就是「毛色」這類特別會去注意到的特徵，令人覺得看起來特別不同（圖 4-14）。

電腦在辨識人類還是動物時也都需要抓重點。反之，找不出重點就會無法分辨。因此釐清重點是找出差異的重要流程，這其實與沒有免費午餐定理的旨趣不謀而合。在找尋相似點與差異處時，務必要選擇使用能切中要點的演算法與分析手法。

圖 4-13 沒有免費午餐定理

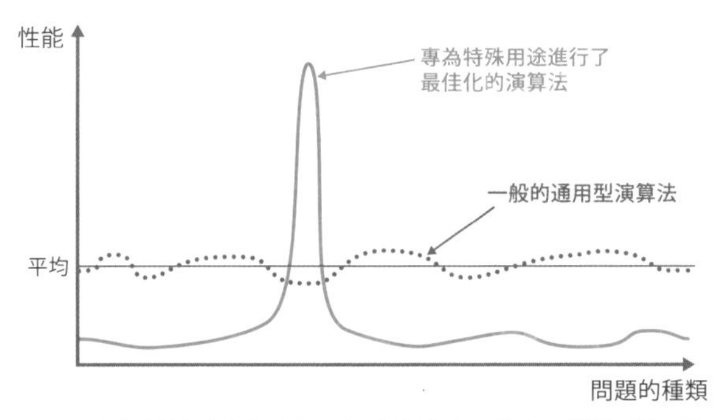

當我們去比較特殊演算法與一般演算法時，實際上從整體去看待平均性能來說差異不大

➡ **配合用途來選擇適合的演算法是重點。另外，真要說的話其實並不存在著，可以應用在所有問題上都能進行相當均衡運作的「通用型演算法」（也就是說實際上只會存在於某個特定的適用範圍當中）**

〈名稱的由來〉

看到店家打著「午餐免費」的招牌，實際上還是會從其他地方賺取費用。因此綜觀來說，付費的午餐與免費的午餐兩者的花費上其實是差不多的

圖 4-14 醜小鴨定理

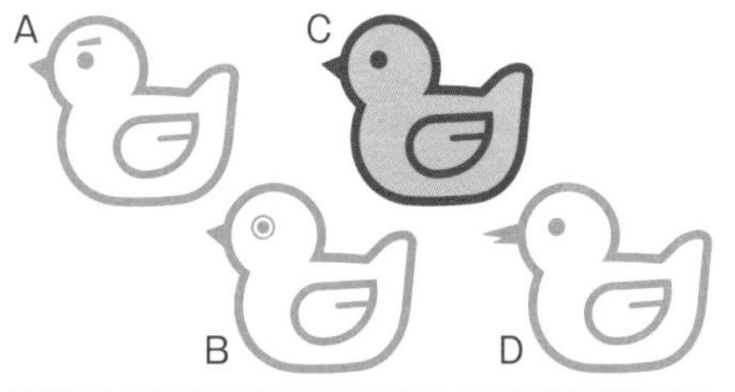

	小孩A	小孩B	小孩C（天鵝）	小孩D
眼睛	相同	不同	**相同**	相同
嘴巴	相同	相同	**相同**	不同
毛色	相同	相同	**不同**	相同
眉毛	不同	相同	**相同**	相同

顏色重要 ➡ **嘴巴與眼睛則無所謂**

仔細看就會發現小鴨們彼此之間都存在著差異。
並不是只有天鵝的小孩最特別、與其他小孩都不同

➡ **眼睛與髮型都無所謂**

重點是眼睛、鼻子、嘴巴的位置

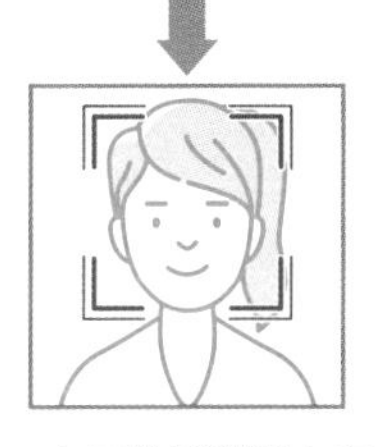

➡ **配色與大小都無所謂**

重點是樣貌、眼睛、耳朵

在圖像辨識當中存在著無限多的「相似」與「差異」。單純去看「差了多少？」的話，再怎麼分析也無法解決問題

➡ **在區分辨別事物時，找出「重要的差異」與「重要的相似點」非常關鍵**

Point

- 「沒有免費午餐定理」讓我們了解，沒有一個演算法可以解決所有問題。
- 在處理分類與辨識問題時，「醜小鴨定理」教會我們必須要抓出應該著重的特徵。
- 再怎麼令我們覺得萬能的強大機器學習也絕非萬能，最重要的是務必充分理解問題，再去選用最合適的演算法、釐清解決問題應著重在哪些重點。

類似強化式學習的學習方法

如同生物進化般的演算法

跟強化式學習很相似的機器學習方法當中，存在著人稱基因演算法的技術。顧名思義，**基因演算法參考了生物基因適應環境逐步演化的流程**，這項技術最大的特色就在於它將自然界當中的「自然淘汰（選擇）」、「突變」、「交配（交叉操作）」透過演算法重現（圖 4-15）。藉由不斷地去調整與行動、選擇有關的參數，而得以持續成長的部分，則與其他機器學習方法沒有不同。另外，透過試錯來保留下做出優良選擇的基因（參數）這點，倒是跟強化式學習很像。

不過，優良基因與劣等基因交配之後會相互局部混合、或是因為突變而使基因變成過去從未出現過的型態，則跟強化式學習有較大的差異。其實「不僅限於只留下優良基因」是相當重要的想法，後來強化式學習也導入了這樣的元素。

強化式學習的缺點

雖說強化式學習會不斷試錯來成長、以求最終能靠近訂定的目標，**但很大的缺點就是不會改變偶爾得到順利結果的行動**。在最佳化的問題當中這被稱為「陷入局部最佳解」。明明再稍微大膽地去改變行動就可以提升效率，卻因為害怕失敗而不願意嘗試改變（圖 4-16）。

在人類的歷史長河當中，越是擁有古老傳統的組織就越是保守，很難大刀闊斧進行改革。機器學習也會發生一樣的情況。遇到這樣的問題時，最重要的就是需要留下像是基因的「突變」與組織的「年輕一輩的員工」這類「能夠做出與過去截然不同的行動（數值）」的因素。也正因為有這一層面的考量，足夠實用的強化式學習一定會在內部某些地方去保留隨機與模糊的因素，巧妙地去規避掉可能陷入局部最佳解而致使成長過程止步不前的情況。

圖 4-15 基因演算法

自然淘汰（選擇）

透過自然淘汰（選擇），適應了環境（問題）的基因（參數）得以留存，無法適應環境的基因則會消失

交配（交叉操作）

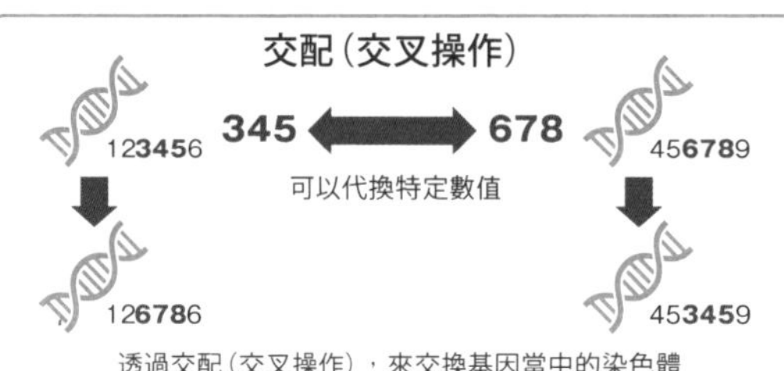

透過交配（交叉操作），來交換基因當中的染色體（參數中的一部分）。這與有性生殖當中基因合而為一的情況不同，機器學習會保留兩邊的基因

突變

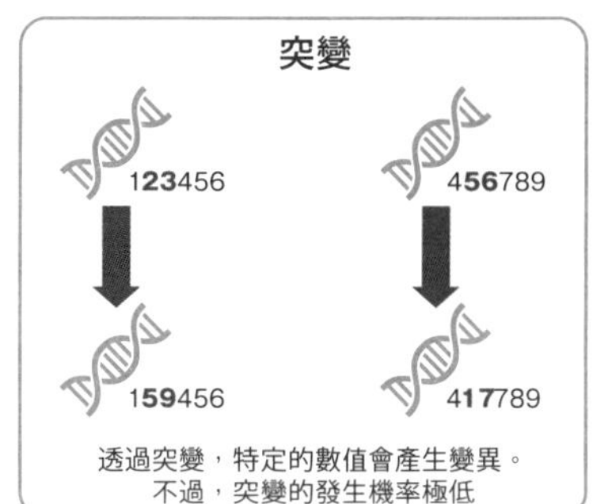

透過突變，特定的數值會產生變異。不過，突變的發生機率極低

機器學習能適應各式各樣的環境，持續進化

圖 4-16 什麼是陷入局部最佳解？

局部最佳解與整體最佳解

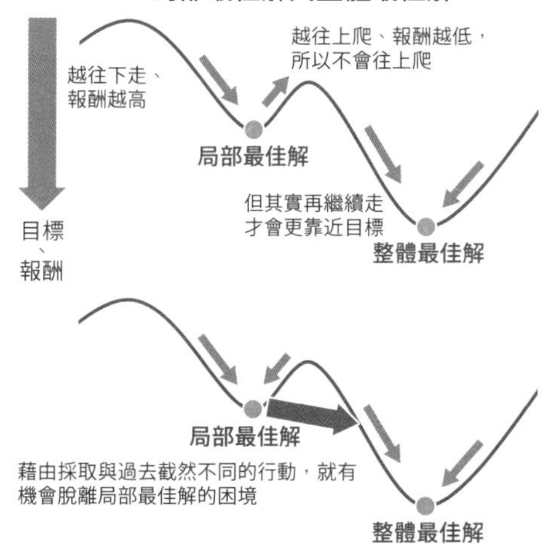

AI 玩上癮的將棋振飛車黨

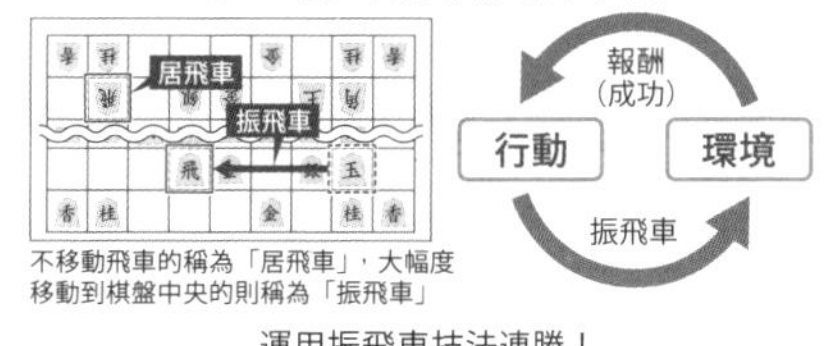

不移動飛車的稱為「居飛車」，大幅度移動到棋盤中央的則稱為「振飛車」

運用振飛車技法連勝！

偶爾敗陣，還可以在振飛車上多用點心思就又能贏

陷入局部最佳解

變得不使用居飛車技法，無法配合敵手的進攻方式來選擇最佳戰略

找出整體最佳解

配合敵手的進攻方式，斬釘截鐵地選擇居飛車技法贏得勝利。重點在於可以見招拆招，臨機應變

Point

- 基因演算法會執行「選擇」、「交叉操作」、「突變」。
- 配合環境的變遷，有時會出現大幅的進化。
- 一帆風順時偶爾會陷入「局部最佳解」困境。
- 藉由突變這類大膽的變化來逃離局部最佳解。

讓機器學習更有效率 ①
～補足學習資料的因應方式～

以虛擬資料來增加可學習的資料量

機器學習所面臨的最大挑戰就是如何蒐集到足夠的學習資料。拜網際網路之賜，比起過去的時代，資料雖然已經較好蒐集了，可還是沒辦法將蒐集到的資料直接套用到機器學習上。

監督式學習當中標記了正確答案的資訊雖然能用，卻相當有限。比方說，社群網站上有無窮盡的大頭照，但資料本身打從一開始並不會被標記上「這張臉是 A 小姐」，而是透過人為手動去逐一標記後，才成為能夠拿來學習的資料。就甭提個資保護的關係，有些資訊根本難以運用，所以要想蒐集到能派上用場的資料，真的不容易。

於是我們就需要虛擬資料（Dummy Data）。如果虛擬資料可以盡可能地看起來跟真實資料一樣，就能在真實資料當中混入虛擬資料，盡快湊齊機器學習所需要的資料量（圖 4-17）。

各取所長的半監督式學習

當手上持有的資料大部分都沒有標記答案時，可以運用看看半監督式學習。這是**結合了監督式學習與非監督式學習的技術，因為用在深度學習相當有效**而獲得不少關注。使用非監督式學習可以抓出沒有答案的資料中共通或差異的特徵，接著運用監督式學習從眾多特徵當中去預先篩選出與答案有關聯的重要特徵。**就算還不知道答案，但只要能抓住重要特徵，就可以再透過非監督式學習去鍛鍊抓取特徵的能力**。所以即便蒐集而來的資料無法被標註正確答案，也能先針對一部分的資料加上標註，用來學習（圖 4-18）。

當半監督式學習越發熟練，機器學習的技術層次就會進步到「只需要一個答案標記就夠了」的 one-shot 學習。當想要提升精確度時只要增加標記即可，是非常好用的學習技術。

圖 4-17 虛擬資料的效用

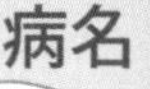

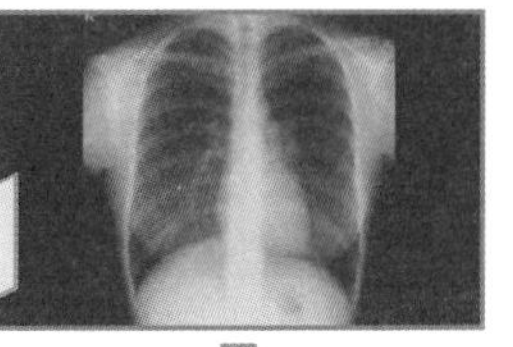

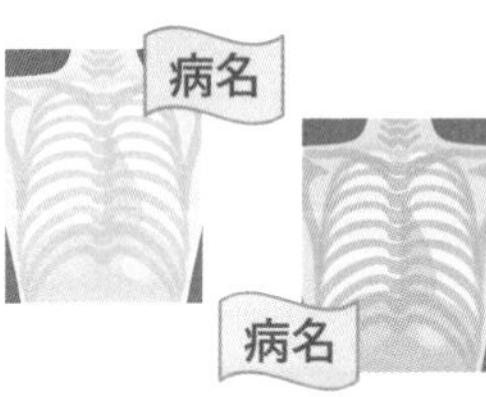

圖 4-18 半監督式學習的概念

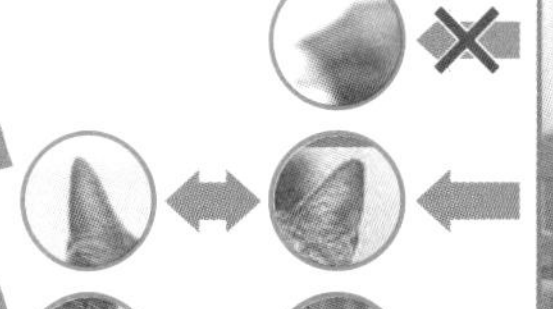

Point

- 機器學習首重學習資料的量與質。
- 當資料不夠時，可以使用虛擬資料。
- 結合了監督式學習與非監督式學習兩者優點，成為了半監督式學習。
- 半監督式學習能省下許多需要標記答案的資料。

讓機器學習更有效率 ②
～交互使用學習模型～

預先學好基礎與基本的預訓練模型

當課堂上我們面對的是小學生時，再怎麼努力把微積分闡述得淺顯易懂，他們也鴨子聽雷。機器學習在開始正式學習之前，也有需要預先學起來放的基本功。以分辨人像與動物來說，首先要能分辨直線與曲線的差異、顏色的不同以及陰影的特徵，如此一來在開始學習圖像辨識時就可以減少因為陰影而誤判的情形。

這種不直接開始解決問題，而是先學習些更基本的事物的方法，稱之為預訓練（Pre-Training）。與**機器學習時需要調整很多參數相比，預先載入「大致上應該差不多先這樣就可以了」的數值，到時候正式開始學習時就會比較輕鬆了**（圖 4-19）。越是複雜的機器學習場合，就越容易在學習時沒去注意到出錯的原因，所以如果在正式學習之前能透過加入預訓練模型去打好基本功，正式進入機器學習時就更能切中要點。

將學會的事物應用到其他領域的遷移學習

將已經預先完成學習的程式（學習模型），拿去放在其他目的上使用的方法不是只有預訓練。遷移學習（Transfer Learning）就是跟預訓練很像的方法，主要是**流用其他領域或問題上已實際使用過的學習模型，拿來進行新的學習，順利的話可以大幅度縮短學習所需的期間**（圖 4-20）。

以人類來說，有點像是當我們要學習新語言時，如果原本已經會說某些外語，在學習新語言時效率有時候會比較好。雖然無法把圖像辨識的模型借來用在語言辨識的問題上，不過如果我們試著把已經學會怎麼分辨貓咪的模型拿來學習小狗或獅子，看起來就蠻可行的對吧？如果已經可以分辨貓咪，就表示已經某程度學會了分辨動物的相關特徵，此時要在學習分辨新的動物就會更有效率。目前世界上有許多開源的圖像辨識模型可以使用，直接運用已經具備一定知識程度的模型來處理自己正在面對的問題，肯定能大幅減少機器學習所需要的心力與時間。

圖 4-19 預學習的概念

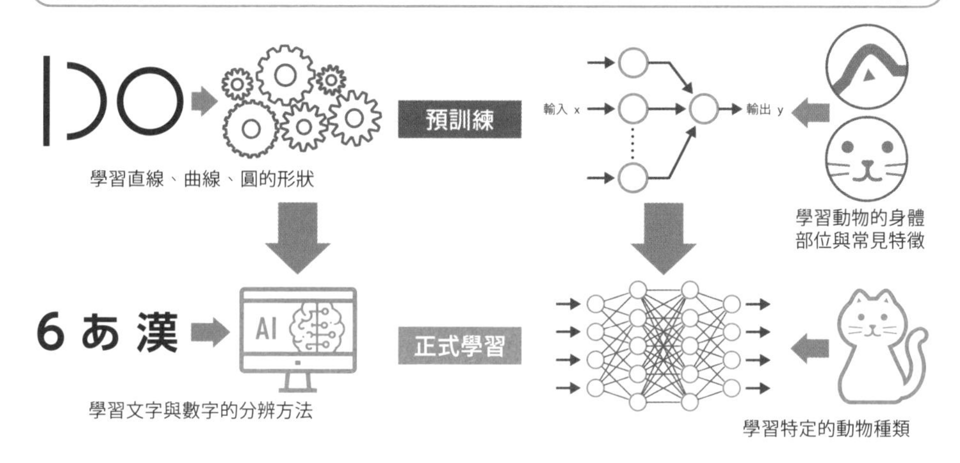

比起所有的事物都放在正式學習再來學，一次學習一點點，反而能讓正式學習時更有效率

圖 4-20 遷移學習的概念

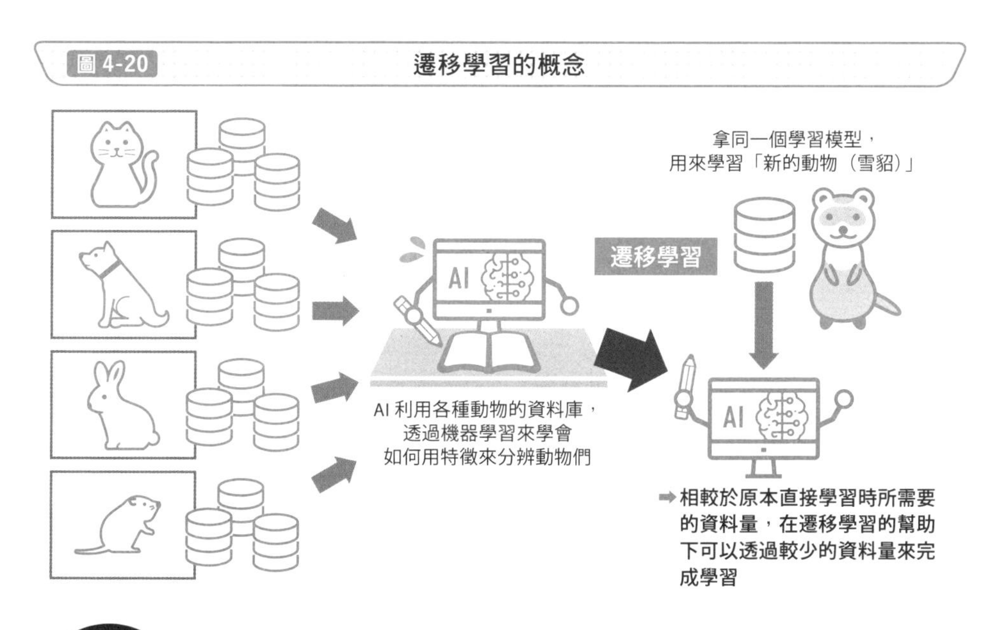

Point

- 在正式學習之前，先學習基本事項就叫做「預訓練」。
- 透過預訓練，可提升正式學習的學習效率。
- 「遷移學習」是將預先在其他任務上完成學習的模型拿來用在預解決的問題上。
- 使用已經透過龐大的資料庫完成學習的開源模型，可以大幅減少從頭學起所需花費的心力跟時間。

讓機器學習更有效率 ③ ～如何因應過度適配～

該怎麼避免過度適配

機器學習必定伴隨著過度適配（Overfitting）。所謂過度適配是過度學習單一事物的結果，導致電腦只要有看出一些些學到的特徵就會認為「正確！」、反之稍微與其特徵不同則會判斷為「錯誤！」的現象。

以人類來說，有點接近抱持著過度的偏見，會有偏見正是因為過度學習了相同類型的資料。看起來貌似提高了精確度，但只要資料的傾向改變了，精確度就會大幅降低，最終將導致 AI 無法處理未知、雜訊過多的資料（圖 4-21）。這會造成 AI 能否真正發揮作用的關鍵缺陷。該怎麼避免呢？雖然方法百百種，可是依然沒有一個能夠完美避免過度適配的萬靈丹。

尊重各方意見的集成學習

我們為了消除偏見，通常會「聽取他人的意見」，這也適用於機器學習。集成學習（Ensemble Learning）運用了多個學習模型來透過多數決的方式進行判斷。可以想成是機器人當中存在了許多個 AI，它們互相討論出最終的決議（圖 4-22）。**看是要透過多個 AI 來相互討論，還是只透過一個 AI 去針對一份資料提供許多不同角度的觀點也可以**。重點在於必須要針對一個問題去採納多個想法與看法。

集成學習透過擴充了模型的多樣性、導入了合議制的方法論，使得機器學習能夠處理原先應付不來的諸多問題。不過，相較於一般的普通學習來說，集成學習要提升精確度比較費時，演算法也較容易變得繁複。再說，並非是透過多個 AI 來判斷，就保證可以避免過度適配與減少偏見。**最重要的資料本身若打從一開始就是偏頗的資料，還是會衍生過度適配與偏見這類不樂見的問題。**

圖 4-21 過度適配會有什麼問題

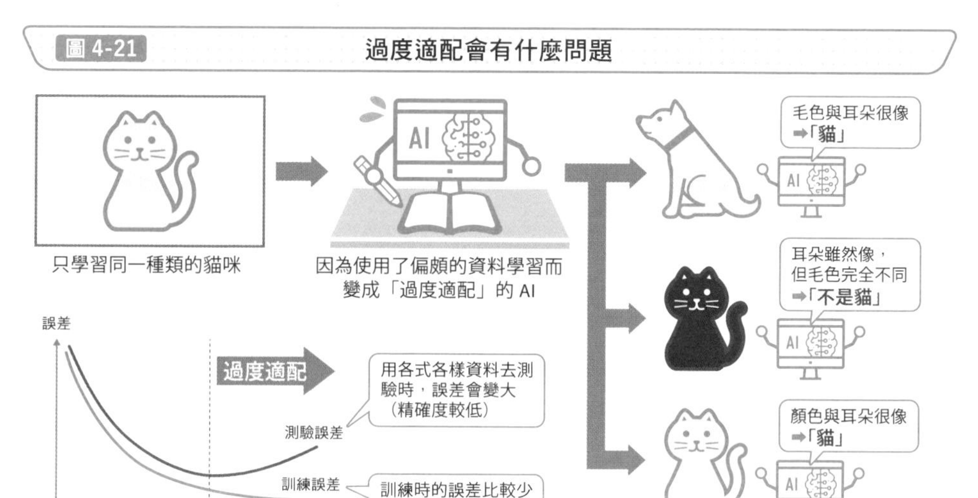

圖 4-22 集成學習的概念

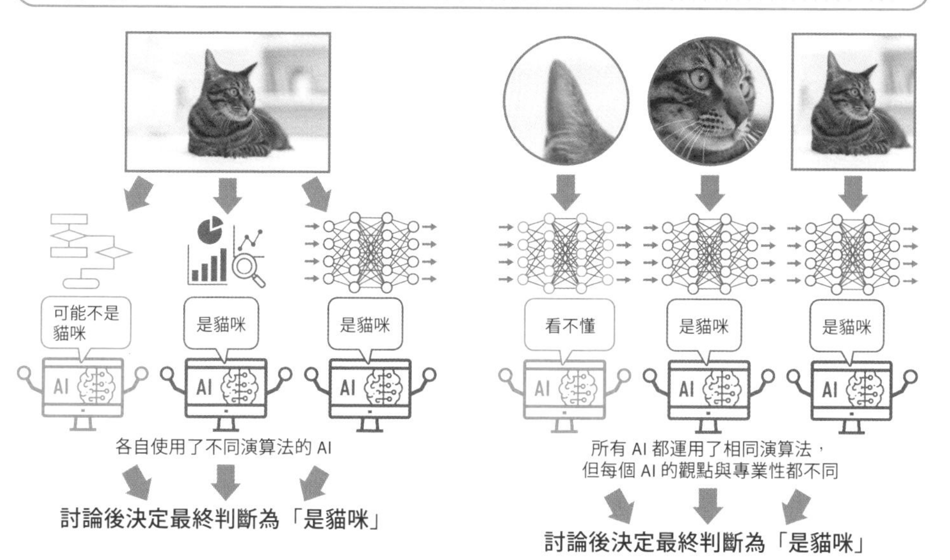

Point

- 偏頗的資料與學習方式會引發「過度適配」。
- 過度適配一旦發生，就算訓練的時候成績不錯，但是正式上場測驗時卻會失誤頻繁。
- 結合多個 AI 的意見來做決定，就成了「集成學習」。
- 為了避免過度適配，需要多樣化的資料與靈活的思維。

請你跟我這樣做

思考強化式學習的結構

強化式學習在機器學習當中扮演了極為重要的角色。強化式學習不僅在基本概念上相似於人類一直都在做的試錯，易於理解其運作機制也是一大特徵。

以在我們生活當中經常遇到的遊戲或運動作為例子，去思考如何設定適當的報酬嘉獎與參數，試著設計一套強化式學習看看吧！重點要放在設定報酬與注意有哪些是會變動的因素。動動腦筋思考將什麼東西作為報酬，透過改變哪些部分來持續進行試錯，才能讓強化式學習順利執行吧！

實際案例：將強化式學習應用到彈珠台

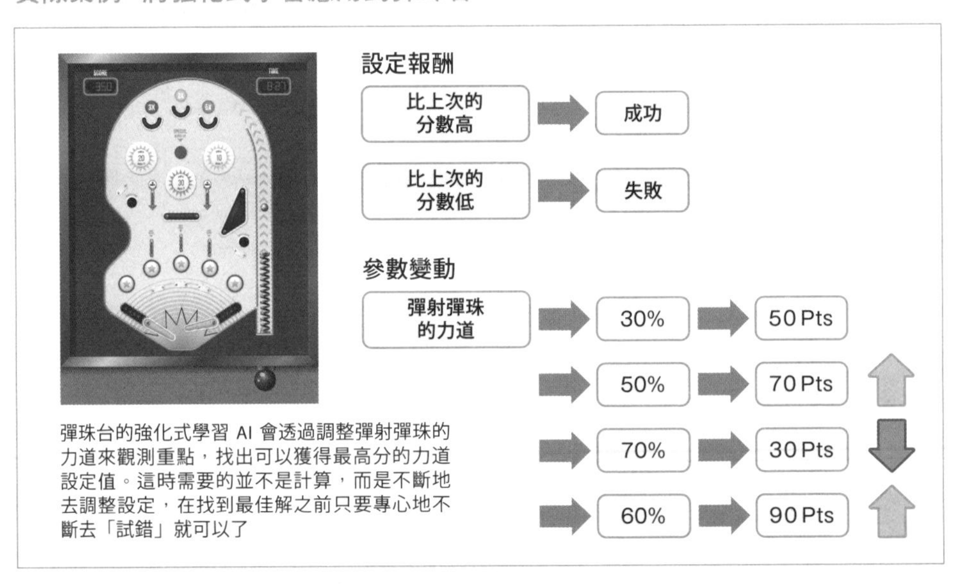

彈珠台的強化式學習 AI 會透過調整彈射彈珠的力道來觀測重點，找出可以獲得最高分的力道設定值。這時需要的並不是計算，而是不斷地去調整設定，在找到最佳解之前只要專心地不斷去「試錯」就可以了

像彈珠台這種單純的遊戲，變因可以限縮到只有一個，也因此比較簡單。如果要拿操作較多的單機遊戲或運動來思考如何規劃強化式學習的話，應該稍微可以預見難度會隨之提升吧。

另外，目前在自動駕駛技術當中也有應用到強化式學習，不過這就跟遊戲不一樣了，雖然自動駕駛技術在操作上相對單純，可是該如何設定報酬就顯得較為困難。當認真去考究什麼樣的駕駛技術算是「最佳優良駕駛」時，相信各位都能體會這時的報酬並不是設定一個或兩個就夠充分的，對吧？

第5章

深度學習

~引領我們進入新時代的高度通用型機器學習~

神經網路是何方神聖？

神經網路的核心

深度學習（DL：Deep Learning）是神經網路的學習方法之一。神經網路這項技術是參考了人腦神經細胞架構所誕生的演算法，**透過仿效人腦神經細胞的傳遞判斷網路形態來實現以「連結主義」為宗旨的智慧，並引發了研發的潮流**。特徵是使用演算法重現了宛如神經細胞的突觸（synapse）的學習能力，突觸在不斷地重複訊息傳遞的過程當中，傳達能力會越來越強。

神經網路透過突觸搭起了將神經細胞簡化而成的人工神經元之間的連結，並以權重數值來表示連結處的資訊傳遞能力，藉由調整權重來建構最佳的資訊傳遞網路、並獲得學習能力（圖 5-1）。搭建網路的連結方式、結構、學習時使用的演算法五花八門，深度學習也是眾多分枝當中的其中一項技術。

加權與學習能力

神經網路的學習能力完全仰賴持續不斷地去調整權重的加權的正確與否。加權可以是隨機的數值，雖然看似把重責大任交付給上天決定，但其實無限地隨機去代換權重數值，總有一天就會變成最理想的權重了。其實最剛開始的神經網路的權重也只能放入隨機的數值。

不過，當人工神經元越來越多，需要加權的連結也會變多，這時要找出最適合的權重就會相當費時，導致隨機權重變得不那麼實用。因此，人們開始嘗試開發能夠有效率地進行加權的演算法與算式（圖 5-2）。**進而致使人們越來越重視能否配合需要解決的問題，來找出最合適的加權方法**。加權方法的研發一點都不簡單，是神經網路之所以孵化期這麼漫長的原因。

圖 5-1 神經細胞與人工神經元

樹突
髓鞘
細胞本體
軸突末梢
細胞核
生物的神經細胞
輸入x
權重w
神經元
輸入x
權重w
輸出y
輸入x
權重w
突觸
人工神經元

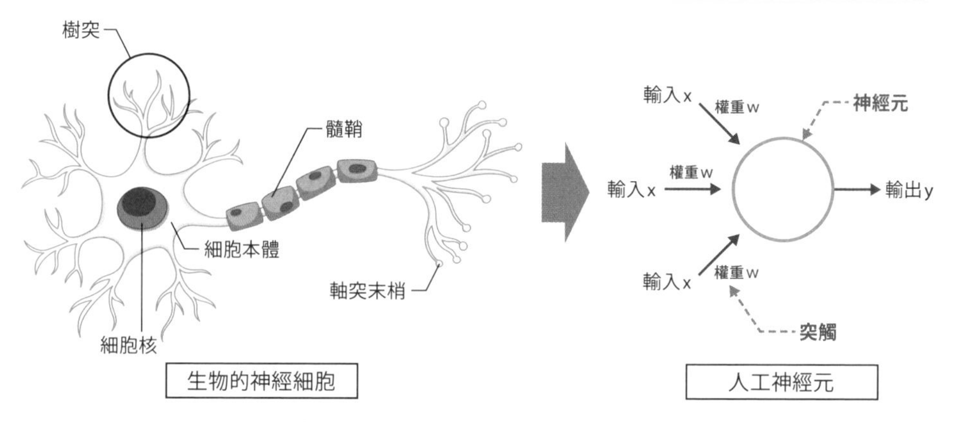

神經網路是將簡化神經細胞的架構，
運用演算法來模仿人腦神經網路的運作模式

圖 5-2 加權是什麼？

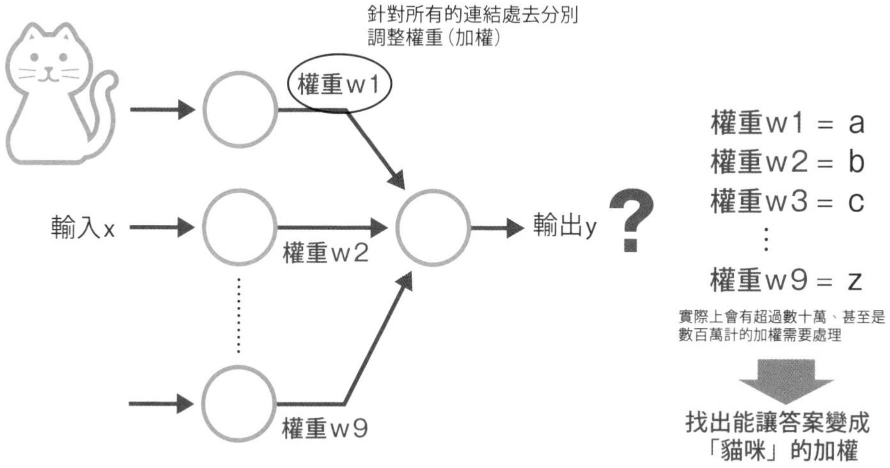

針對所有的連結處去分別
調整權重（加權）
權重w1
輸入x
權重w2
輸出y
權重w9
權重w1 = a
權重w2 = b
權重w3 = c
⋮
權重w9 = z
實際上會有超過數十萬、甚至是
數百萬計的加權需要處理
找出能讓答案變成
「貓咪」的加權

人們持續鑽研得以讓加權更有效率的方法

Point

- 神經網路參考了神經細胞。
- 以神經細胞作為思維發想的做法稱為連結主義。
- 網路連結的強度稱為「權重」。
- 調整權重稱之為「加權」。

通往深度學習的路

多層神經網路

我們都知道生物的大腦中存在著神經網路，**神經網路不僅複雜，且當其越趨龐大時，越能處理各式各樣的資訊**。神經網路也是一樣。神經網路分為用來將資料放進一群人工神經元排排站的輸入層、與佈滿了用來提交答案的人工神經元的輸出層。單靠這樣雖然就能處理資訊，若能在兩者之中放入隱藏層（中間層），則可處理更加繁複的資訊。

而這種追加了許多隱藏層、使得神經網路層層堆疊的做法，稱之為多層化、或稱深層化（圖 5-3）。深度學習之所以會叫做深度學習，就是因為運用疊加了的深層神經網路（DNN：Deep Neural Network）來進行學習的緣故。神經網路的多層化具有非常重要的意義。原本的神經網路只能理解「一條線」，在經過了疊加隱藏層之後變得可以了解何謂平面，繼續疊加層數後甚至可以知曉立體的世界。能應對的維度變多，能解決的問題也隨之大幅度的增長。

誤差反向傳播演算法（Back Propagation）

當連結越來越複雜時，加權也會變得繁複。因此才有了誤差反向傳播演算法。這是在當電腦透過神經網路提交出的答案跟理想的解答還有所差距時，藉由加權的方式來修改差距的演算法，算式一種監督式學習。技巧上來説是從距離答案較近的輸出層反過來針對問題去朝向輸入層依序調整加權。由於這跟解題時的資訊傳遞方向相反，因此才被稱作「反向傳播」（圖 5-4）。

當堆疊了三層左右的時候這方法還算有效，可是層數越多，靠近輸入層的地方就比較無法有效進行修正了。雖然這問題可以藉由深度學習與加權演算法來改良、獲得解決，不過卻仍舊是神經網路長年累月依然無法開花結果的原因之一。

圖 5-3 讓神經網路成為多層結構

最早期的神經網路
深度神經網路
輸入 x
輸出 y
增加層數來
「成為多層（深層）結構」
深層神經網路
進行機器學習
深度學習
（Deep Learning）
輸入層
隱藏層
（中間層）
輸出層

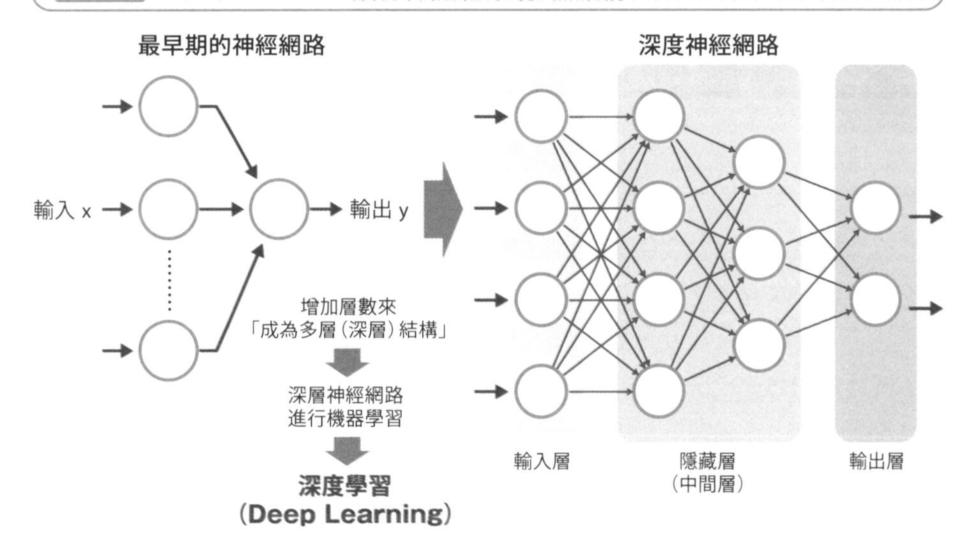

圖 5-4 誤差反向傳播演算法的概念

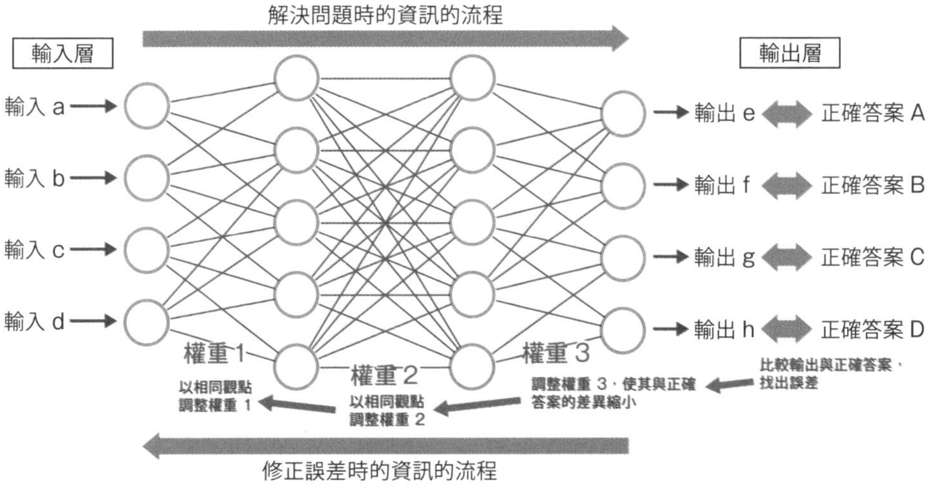

解決問題時的資訊的流程
輸入層
輸出層
輸入 a
輸入 b
輸入 c
輸入 d
輸出 e
輸出 f
輸出 g
輸出 h
正確答案 A
正確答案 B
正確答案 C
正確答案 D
權重 1
權重 2
權重 3
以相同觀點
調整權重 1
以相同觀點
調整權重 2
調整權重 3，使其與正確
答案的差異縮小
比較輸出與正確答案，
找出誤差
修正誤差時的資訊的流程

雖然可以正確調整較為接近輸出層的權重，離輸出層越遠則會越難調整

Point

- 將神經網路堆疊成多層結構，能提高性能。
- 多層化之後，需要調整的權重也會增加，加權會變得困難。
- 誤差反向傳播演算法是從輸出層往輸入層的方向去修正誤差。
- 誤差反向傳播演算法在一定距離內的隱藏層可以發揮作用。

深度學習的特徵提取能力

自動編碼器

多層神經網路當中的深度學習是相當受到關注的機器學習技術，不過多層神經網路不僅在普通狀況下就難以加權，更是存在著誤差反向傳播演算法也難以修正誤差的缺陷。自動編碼器就是為了解決這樣的問題而誕生的方法，它算是一種預訓練（章節 4-10）。將一部分的多層神經網路取出，施加特殊的學習之後再放回到神經網路當中。相較於預訓練經常被拿來使用，自動編碼器則有所不同。**自動編碼器會針對取出的神經網路的部分，在輸入與輸出都去施加相同的訓練**（圖 5-5）。

在這樣的預訓練當中要去教給電腦的其實是資訊的特徵。運用自動編碼器時，相較於輸入與輸出的人工神經元來說，隱藏層的人工神經元較少，故須進行資訊的壓縮。而壓縮這件事就必須得要先知道特徵在哪才能辦到（圖 5-6）。

特徵提取能力

在神經網路中，人們特別重視可以發現資訊有何特色的特徵提取能力。運用自動編碼器預先教導電腦單純的特徵，就能在進入到深層神經網路去處理複雜資訊時，不會因為很初步的問題而停下學習的腳步。然後，**透過誤差反向傳播演算法來修正誤差的時候也是，在已經理解初步的特徵為前提下去進行加權的調整**。於是，本來較難驅使誤差反向傳播演算法的深層神經網路，也可以藉此而順利進行學習了。

深度學習這方法本身並沒有比其他的演算法來得更有效率。只是，透過學習來提取特徵、並藉由分析特徵來找出解決問題的流程，不僅拓展了應用範圍，也在過去無法獲得解方的各種問題上，立下不少汗馬功勞。

圖 5-5 自動編碼器

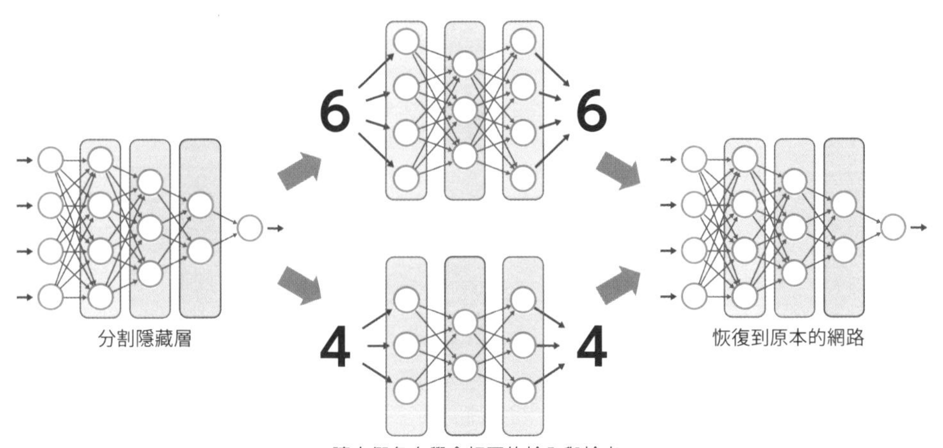

讓它們各自學會相同的輸入與輸出。
雖然單純，但卻是必須要預先掌握資訊的特徵才能辦到的事

圖 5-6 「了解特徵」所謂何事？

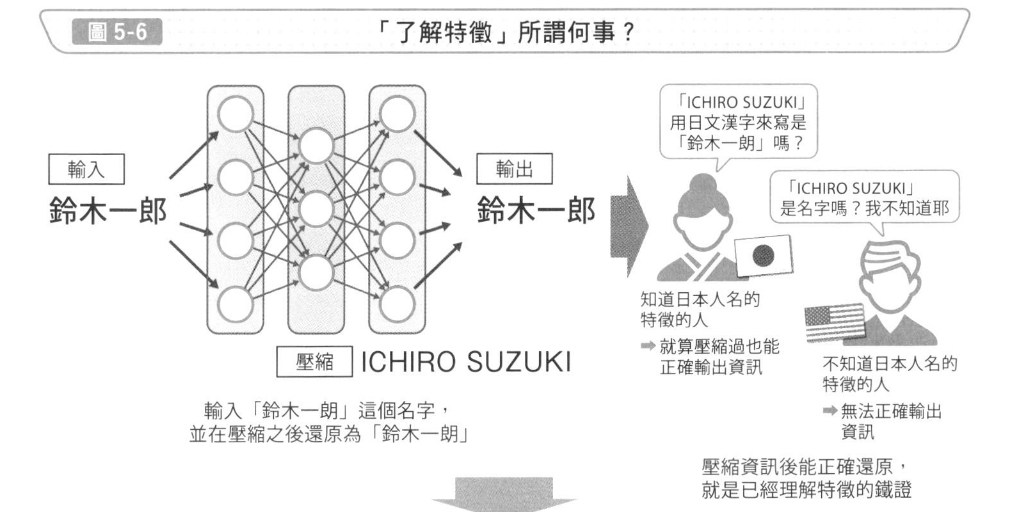

輸入「鈴木一朗」這個名字，
並在壓縮之後還原為「鈴木一朗」

壓縮資訊後能正確還原，
就是已經理解特徵的鐵證

**「了解資訊的特徵」指的是就算只針對有特徵的資訊也好，
去了解那些資訊的本質所謂何事**

Point

- 自動編碼器的加入，讓深度學習在真正意義上成為了完全體。
- 自動編碼器會使用相同數值讓輸入與輸出進行預訓練。
- 知道特徵，就能壓縮資訊。
- 特徵提取能力是神經網路的強項。

擅於圖像辨識、語音辨識的深層神經網路

卷積神經網路（CNN：Convolutional Neural Network）

在深度學習當中所使用的多層神經網路學習技術裡，關注程度最高的實屬卷積神經網路（CNN：Convolutional Neural Network），除了可以透過卷積來分割與合成特徵之外，還擁有可以簡化資訊的池化流程，使得圖像相關的特徵提取變得更為容易（圖 5-7）。

卷積神經網路不僅擅長圖像辨識，用在語音辨識上也不落人後，如果妥善使用還能活躍於語言處理上，是相當通用的技術。所以在相關的研究開發持續進展之下，也發展出很多樣化的進化形態。

強調特徵的巧思

卷積的做法可以説有點類似「用肖像畫來凸顯特徵」的概念。巧妙地去分割出正在辨識的物體的輪廓、色調、質地這些能凸顯特徵的部分，並只針對那些部分進行分析。**辨識物體時需要的並不是最真實的資訊，而是去思考「有哪些特徵就足夠了」**。只是，有時候我會遇到因為提取特徵的方式的關係，導致提取出的特徵當中還包含許多細碎資訊的情況。無論那些特徵是辨識物體時再怎麼必要的內容，含有太多的瑣碎資訊還是會讓分析處理變得棘手。

於是我們需要借助池化的力量，**在某程度上去簡化欲處理的資訊，巧妙地閃避掉那些可能因為細碎資訊而使得我們與電腦暈頭轉向的微小特徵差異**。至此，我們透過卷積與池化這兩種處理，提取了分析或辨識圖像資訊時所需的重要特徵，讓整個問題得以變得更簡單地處理好（圖 5-8）。強調特徵的分析技巧在圖像辨識以外的場合也能派上用場，還出現了運用卷積神經網路去分析圖形結構資料庫的 GraphCNN，解決問題的能力是一天比一天更強大。

圖 5-7 卷積處理的概念

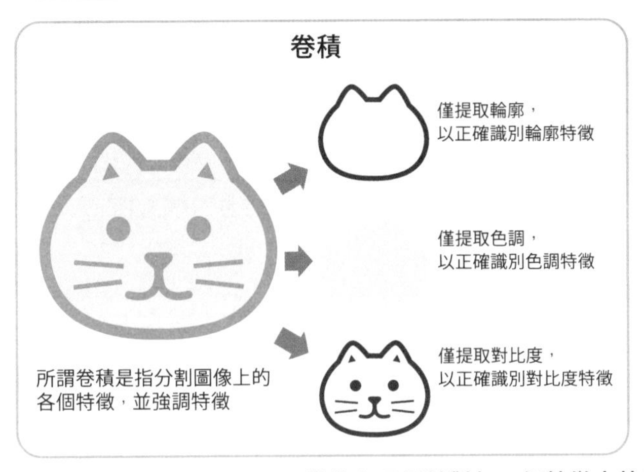

獨具特色的髮型與鬍子，
讓我們可以看得出這幅變形畫
是在畫「野口英世」先生

➡ **不需像照片一樣保留所有的資訊**

卷積處理是針對每一個特徵去執行，
而會提取出什麼樣的特徵則是仰賴神經網路的學習成效

圖 5-8 池化的概念

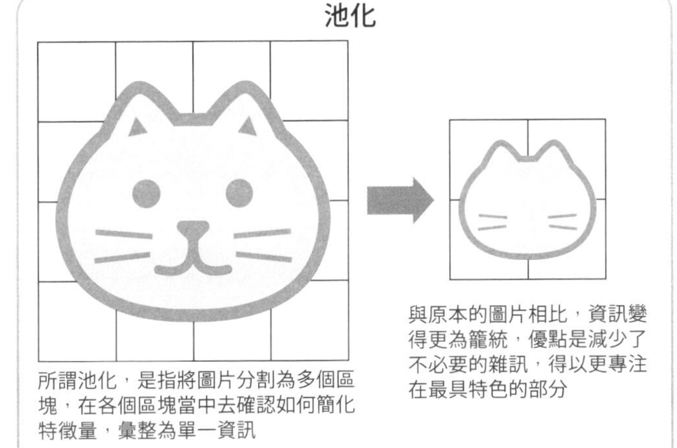

解析度變差時，成像本身
會變得比較不鮮明，可是
卻依然能夠清楚地分辨出
「耳朵」與「樣貌」是屬
於貓咪會有的特徵

➡ **可忽略過度細節的資訊**

Point

- 卷積神經網路擅長圖像辨識。
- 「卷積」處理可以分割出大大小小的特徵。
- 透過「池化」來割捨細碎的資訊，簡化資訊。
- 專門用來處理需要強調特徵的問題。

擅長處理語言與時序資料的深度神經網路

循環神經網路（RNN：Recurrent Neural Network）

循環神經網路（RNN：Recurrent Neural Network）的使用率完全不亞於卷積神經網路。Recurrent 意指週期性的，含義近似於循環、迴圈，事物的結果成為該事物起因，引發連鎖反應產生相同情形的狀態（圖 5-9）。

比方說，「雞生蛋、蛋生雞」就可以說是具備了循環性。只是，後面生出來的蛋與雞並非與最一開始是完全一樣的。由於營養狀態與基因變異的關係，後續生出來的會產生個體差異，而這些差異是經歷了過去的雞與蛋的變化而來的截然不同的個體。在循環的現象當中，或多或少都會**包含了後來的資訊因為以前的資訊而產生變化的因素在內，這是循環神經網路當中最具特色的動態**。

擁有記憶力的神經網路

輸出的資訊會在每一次的循環時產生些許的變化，**這變化源自於過去的資訊所遺留下來的部分，形成了宛如記憶般的運作**，使循環神經網路用在人類處理自然語言時獲益匪淺。我們說話當中包含了諸多曖昧成分，主詞、述語、修飾語的關聯性不同，使用的字詞的含義也會不同，甚至依據上下文脈絡可以帶出截然不同的意義。因此，單純仰賴文法去直譯字詞的話，絕對不可能成為最自然的翻譯。機器翻譯必須要建立在脈絡與意義的變化上去進行處理才行。

循環神經網路剛好為我們提供了有效的解決方案。從字詞的前面就開始閱讀，當句子與單詞不斷進來，先前載入的單詞與句子的資訊依然留存在神經網路當中不斷地進行迴圈，也就能顧及之前的資訊脈絡來處理成更完整的語意（圖 5-10）。因此，即便因為前後文的關係，使得同一個字的意思已經不同，某程度上也還有能力可以因應。循環神經網路用在需要同時處理影片與語音檔案這類具有時序性的資訊上也相當有效，與其他技巧相互搭配更能拓展應用層面。

圖 5-9　循環神經網路的概念

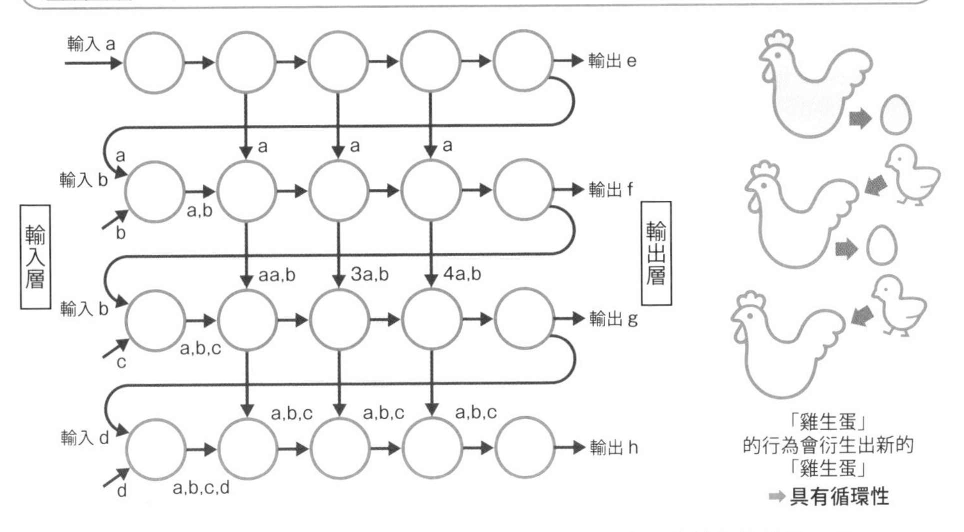

最初所輸入的資訊會重複出現，不過每次出現時都會跟先前有些微的不同。還能夠透過加權來進行調整

圖 5-10　擅長處理具有時序的資料

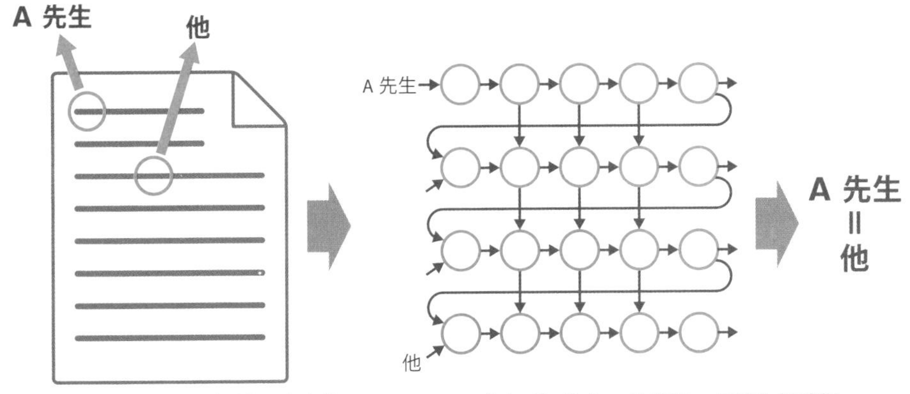

為了讀懂文章，必須了解前面文中的用字與文章的關聯性

含有「A 先生」的資訊一旦進入網路裡，就會持續存在著，並跟後來才輸入的「他」產生連結

Point

- 循環神經網路當中的資訊可以在內部進行循環。
- 內部循環中的資訊具有宛如記憶般的效用。
- 擅長處理語言根據有時序性的資料。

循環神經網路的應用型態

能高效留存記憶的演算法

在循環神經網路的應用類型當中，有個名為長短期記憶網路（LTSM：Long Short Term Memory）的演算法。顧名思義就是「長期、短期記憶」，**相較於一般的循環神經網路而言，長短期記憶網路的特色是更能高效地留存記憶**。普通的循環神經網路能維持住的記憶很有限，還會忘記重要的資訊。對此，長短期記憶網路專為記憶功能進行優化，透過建構靈活的模組來克服前述的缺點（圖 5-11）。

長短期記憶網路廣泛用在語言處理上，事實上當聽到在語言處理時要用「循環神經網路」時，基本上已經都是直指長短期記憶網路而來的了。

只將注意力集中在局部資訊的 Attention 機制

在處理自然語言時，Attention 機制是經常與長短期記憶網路搭配使用的方法。Attention 機制最特別之處在於不去全盤考量整篇文章，「只將注意力放在局部資訊」（圖 5-12）。聽起來跟卷積神經網路會去強調特徵的處理方式有點相似對吧。**閱讀整篇文章時，只要會抓重點，也能讀懂文章要表達的意思**。透過判斷每個字詞的重要程度，以重要字詞為中心來進行語言處理。

使用 Attention 機制的機器翻譯，會將心力放在重要的部分來進行翻譯，而「較不重要的部分就不翻譯」。雖然有缺漏部分原文，但仍能掌握文意，整體來說還算得上是自然的翻譯。這或許就跟我們在快速瀏覽文章一樣吧。這樣的做法可以確保每一科的考試都一定能拿到 70 分，雖然所有科目加總起來的最高分肯定是贏不了其他的方法，不過每一科都絕對有 70 分的成績不僅可以確保平均分數極高之外，還能在借助長短期記憶網路等其他技巧來提升平均分數。Attention 機制雖然不算是循環神經網路，不過卻是為了提升循環神經網路的平均分數時經常會出現的技巧。

圖 5-11 長短期記憶網路（LSTM）的概念

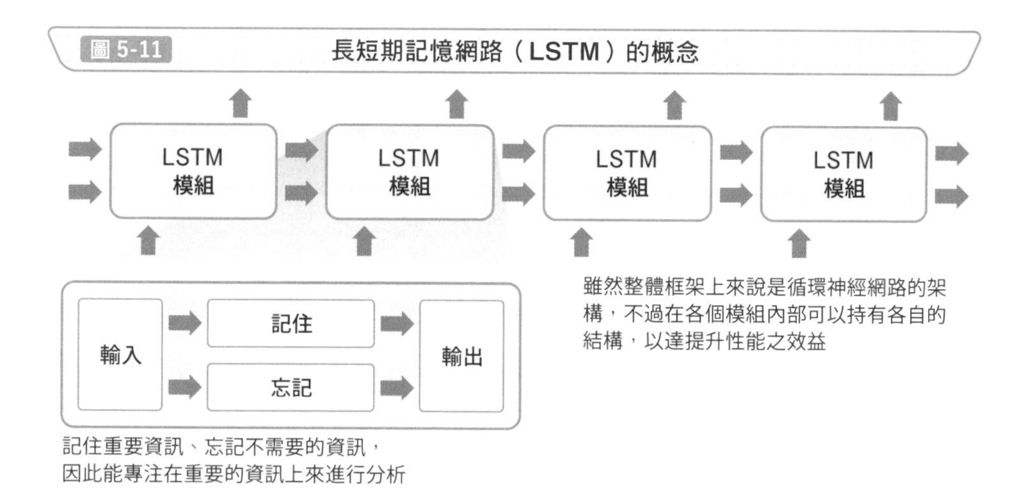

圖 5-12 Attention 機制怎麼用

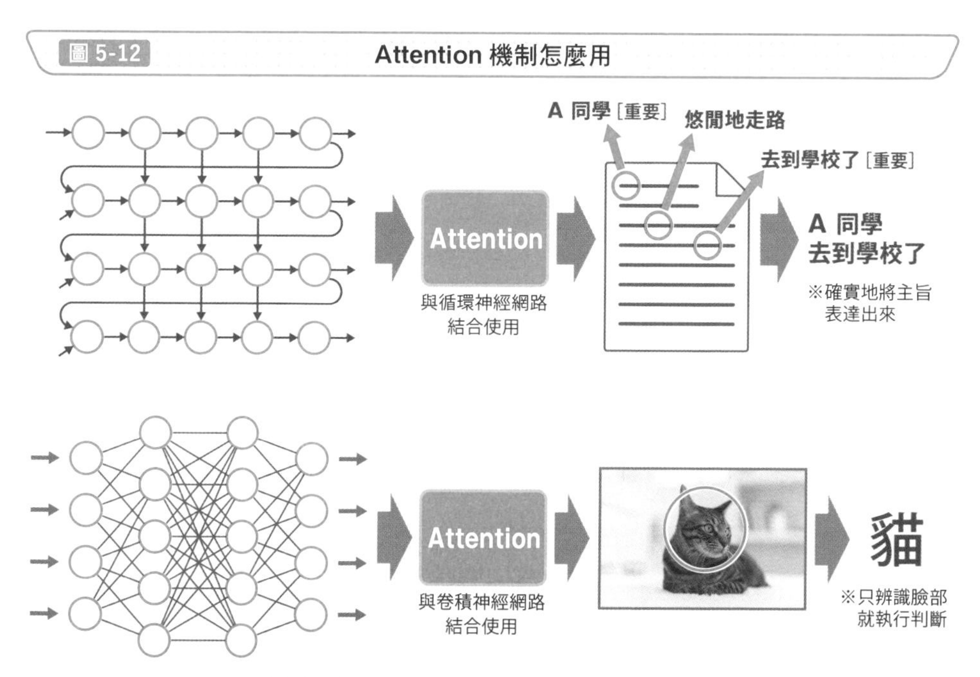

Attention 機制是為了提升神經網路特徵提取的效率而誕生的方法，可以與各式各樣的神經網路結合使用

Point

- 長短期記憶網路是增強了記憶效能的循環神經網路。
- Attention 機制是抓重點出來運用的機器學習方法。
- 讓 Attention 機制與其他技巧結合，才能發揮其真正的價值。

彌補深度學習缺陷的 GAN

製作虛擬資料的問題

基本上，深度學習需要極為龐大的學習資料，所以才會需要虛擬資料（章節 4-9）。可是，若要提到該怎麼製作虛擬資料，則又是另一個問題了。假如虛擬資料只是會出現隨機的數值、抑或是稍微加工真實資料來作為虛擬資料使用，倒還沒什麼疑慮，問題就在於這麼做卻依然不充分的情況，就相當棘手了（圖 5-13）。

在機器學習中，製作用來學習的虛擬資料的重要程度堪比機器學習本身。大多時候，**會用別的程式來產生虛擬資料，但即便如此也是相當費心勞神的事**。

生成對抗網路

產生虛擬資料的技術就是生成對抗網路（GAN：Generative Adversarial Networks），由產生資料的 AI 與明辨真假的 AI 這兩個部分所組成，互相抱持著「學習資料的製作方法」與「學習辨別贗品的方法」這等目的，透過彼此競爭來學習成長。

以臉部辨識為例，就會有負責製作假大頭照的造假 AI、與判斷真假的判斷 AI。前者就拼命製造假大頭照，後者則在已知假大頭照與真大頭照的情況下，持續進行辨別。在這過程當中造假 AI 會參考沒被判斷 AI 揪出來的假大頭照，嘗試去做出更多以假亂真的大頭照。而判斷 AI 也會卯足全力將先前無法正確踢除的假大頭照拿出來跟真大頭照做對照，提升自己的判斷精確度（圖 5-14）。最終會演變成造假 AI 與判斷 AI 的攻防戰，**不斷提升偽造假大頭照的功力的造假 AI 會成為優秀的「虛擬資料產生 AI」**，而判斷 AI 也因為可以判別真偽，得以應用到網路的圖像辨識上。

使用生成對抗網路而建構起的虛擬資料產生技術，不僅應用範圍廣泛，舉凡個資保護所需的臉部辨識或醫療，就連資料量為數不多的特殊工業領域上，也能窺見其蹤影。

圖 5-13 怎麼製作臉部辨識 AI 要用的學習資料

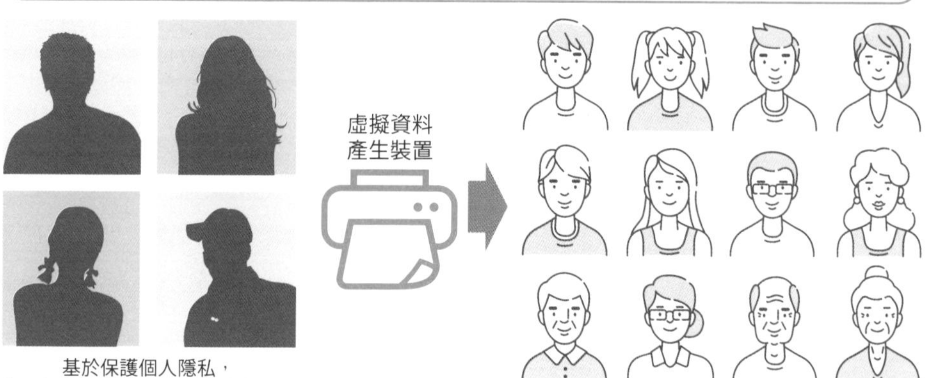

圖 5-14 GAN 的架構

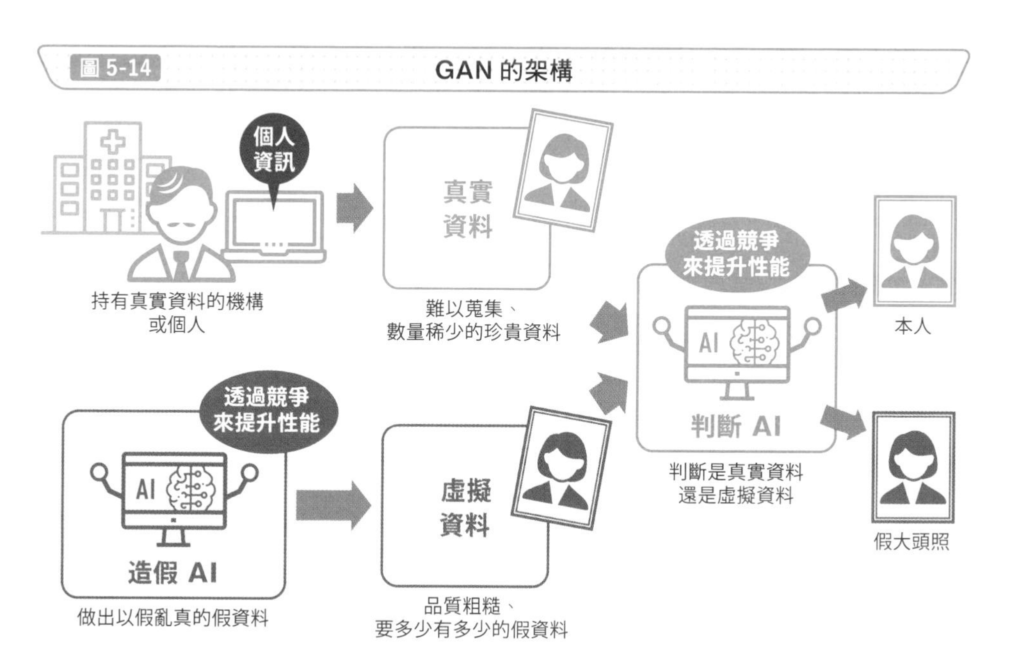

造假 AI 與判斷 AI 彼此相互競爭，提升自身性能。
➡ 假資料會越來越逼近真人，而判斷 AI 會巧妙地抓出假資料

Point

- 為了產生用來學習的虛擬資料，而開發了專用的程式。
- 生成對抗網路是指讓製作假資料的 AI，與用來明辨真假的 AI 相互競爭。
- 生成對抗網路既好用又通用。

神經網路如何處理資訊

運用張量來處理多個數值

神經網路的網路內部會有成群的龐大數值呼嘯而過，用來顯示那些數值模塊的其中一種方法就是張量（Tensor）。這是數學上的用詞，必較難去鉅細彌遺地講解，簡單來說就是**用多個數字來呈現一個資訊**（圖 5-15）。

感覺上來說其實跟遊戲當中的角色技能狀態差不了多少。像是「力量與體力較高的戰士」、「智慧與魔力較高的法師」，都是透過多個參數取得某種平衡，並藉此來呈現一個資訊，這就是張量的特徵。而要簡單呈現張量的方法有向量（Vector）與矩陣，相信各位不陌生。雖說張量不用指定參數的量（維度），跟向量屬於一維、矩陣屬於二維，在意義上還是有點不太一樣就是了。

張量用起來難在哪

全世界的張量格式都相通，即便是包含了龐大數值的圖像與統計資料，**只要定義好資訊當中的張量的參數量（維度的數量），「要以這樣的形式來處理張量」，再去透過神經網路進行運算、或是開發相關的程式就會比較簡單些**。但是，張量本身的計算與處理都是非常麻煩，如果對數學涉獵不深，要理解內部究竟在進行什麼處理也可能很難。對電腦來說，得在處理張量時面對不擅長的並行處理，負擔很重。因此，深度學習的處理上通常不會把這項任務交給 CPU，而是交給專門用來處理並行處理的圖像處理 GPU 來完成這重責大任（圖 5-16）。

隨著深度學習的潮流興起與日益複雜的結構，越來越多人將心力投注在研發專門處理張量的電腦與軟體框架上。若對張量的部分大致有些了解，也比較容易理解整體來說究竟在談些什麼。

圖 5-15　什麼是張量

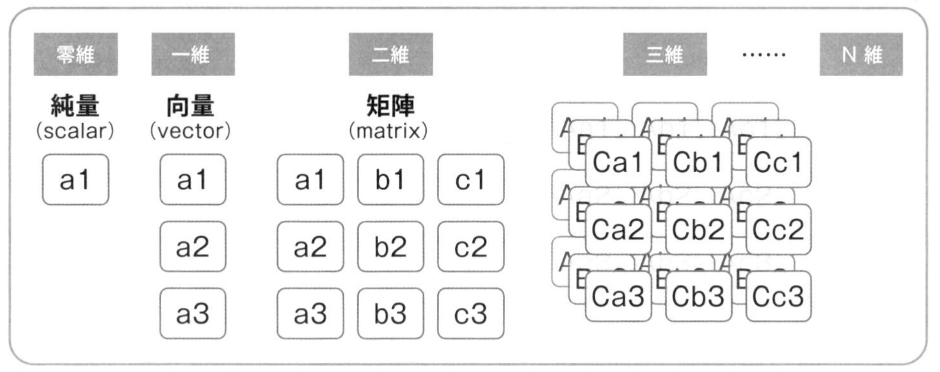

在張量的概念當中還包含了「向量」與「矩陣」等概念。
張量會將「Aa1…Cc3」為止的多個數值彙整成為一個資訊來呈現

圖 5-16　專為處理張量而生的系統

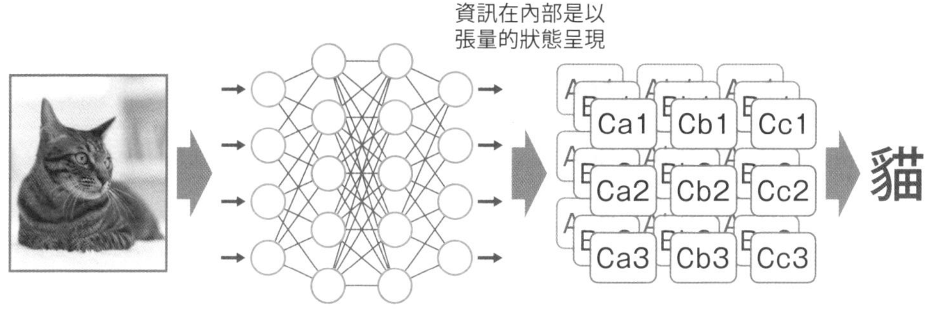

要處理張量很難。
已經存在搭載神經網路技術、
專門用來處理張量的「專用處理器」
與「軟體框架」可以選用

Point

- 深度學習會使用張量來呈現資訊。
- 張量是一個資訊當中持有了多個維度的概念。
- 張量計算困難，因此人們開發了專用系統來使用。

用數值來表達文字的意思

Word to Vector 是什麼想法

像張量這樣用多個數值來呈現一個資訊的方法，並不只存在於神經網路內部。在資料處理的更表面的地方也有這樣的用法，就是 Word to Vector，以向量來表達文字。向量屬於張量的一種，是最單純的一維顯示方式，可以用做單詞與文章的參數。

而這方法也可以說是一種「強調特徵」的做法。神經網路當中的資訊會被維度更為複雜的張量來處理，但那其實很難知道究竟哪些數值是比較重要的，因此**在文字上才會採用較為單純的向量來賦予參數，以便更好地掌握文字具有的特徵**（圖 5-17）。

讓數值跟語意一致

將文字轉變為參數後，電腦對文章的理解就海闊天空了。比方說，將國王設定為 [權力 1、男性 1]，女王設定為 [權力 1、女性 1]，在面對「現任國王喬治的女兒伊莉莎白被選為王位繼承人」的句子時，伊莉莎白原本的 [女性 1] 參數就會變成 [權力 1、女性 1]。倘若還能透過賦予「王位繼承人」與「女兒」各自持有 [屬性 1、繼承 1] 與 [子嗣 1、女性 1] 的參數，讓文章的脈絡得以透過參數來解析的話，就算沒有直白地闡明要旨，電腦也能夠理解「伊莉莎白成為了女王」（圖 5-18）。

藉由這樣的方式，自然語言的處理可說是大躍進。尤其在機器翻譯上更是實質地變成了「盡量靠近文章的參數」這般單純任務。即使有點語意不清的曖昧言詞，Word to Vector 可以做到「參數越接近、意思也越相近」，慢慢地也就越來越少以前那種，很像把字典裡的字搬出來組裝的僵硬用詞情況了。

圖 5-17　把文字用數值來呈現的「Word to Vector」

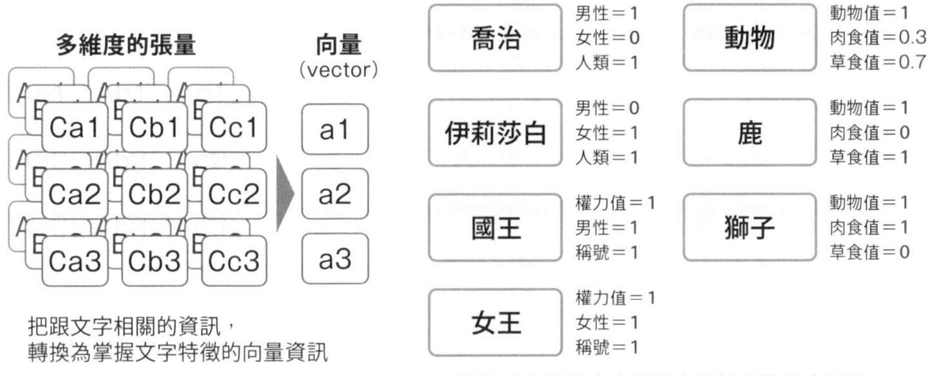

圖 5-18　Word to Vector 意思理解與機器翻譯

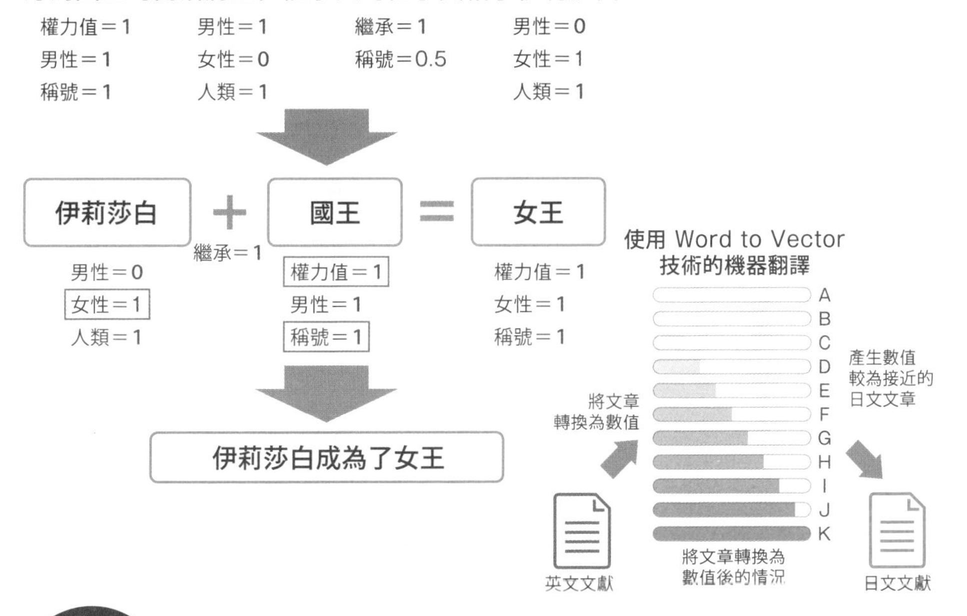

Point

- 「Word to Vector」是將文字轉換為向量數值來呈現的手法。
- 依據文章內容來判讀數值上的變化，讀懂文章要表達的意思。
- 透過趨近於文章所設定的參數，理論上就能轉換為其他語言的相同語意。

了解神經網路在想什麼

神經網路的可解釋性

神經網路處理的資訊非常複雜，且參數會透過機器學習自動加權，就連研發的工程師本人也無法熟知每一個數值及連結所代表的意思。甚至有時候數值會隨機地被變更，碰巧得到的數值就剛好發揮了還不錯的效果也說不定。就這點來看，其實透過經驗法則與直覺去解決問題的情形就跟人類沒兩樣，就算被指著鼻子要求「請說明為什麼會是這樣」，有時還真說不出個所以然來。

這種「AI 的思考是否易於理解的程度」，稱之為可解釋性。**可解釋性較低的 AI 因為不清楚其判斷的依據，令人覺得不太可靠、也難以找出問題的原因，在風險極高的用途上就較難委以重任**。所以在神經網路的研究當中，人們相當在乎能否創建出具有高度可解釋性的 AI（圖 5-19）。

了解 AI 在想什麼

要嘗試理解規則型的 AI 在想什麼並不難。人類會把各式各樣的條件加到演算法裡面，因此去看條件就可以知道「原來 AI 是對這個條件做出了反應」，立刻就能知道為什麼。

神經網路就不一樣了，神經網路會產生反應的條件並非是逐一列舉出來的，造成令人難以理解究竟是為什麼。但是，藉由使用「能告訴我們有關神經網路的反應的可解釋 AI」，以及研究不斷地進展，漸漸地越來越能夠理解 AI 究竟在想什麼了。

可解釋 AI 會一邊觀察神經網路的反應，檢查「當做出判斷時有哪些資訊產生傳遞」，藉此找出神經網路內的責任歸屬與架構，並依此來提交神經網路的判斷依據（圖 5-10）。這正是所謂的「分析 AI 在想什麼的 AI」。以人類的情況來說，大概就是能夠客觀分析自己吧。當 AI 越來越複雜，用來解釋可解釋 AI 的可解釋 AI 搞不好就會出現囉。

圖 5-19　AI 的可解釋性

特徵 A
特徵 B
特徵 C
特徵 A（耳朵）
特徵 B（樣貌）
特徵 C（臉部）

無法解釋（黑盒子）
➡ **不知道究竟在想什麼**

可解釋的 AI（白盒子）
➡ **可以理解在想什麼**

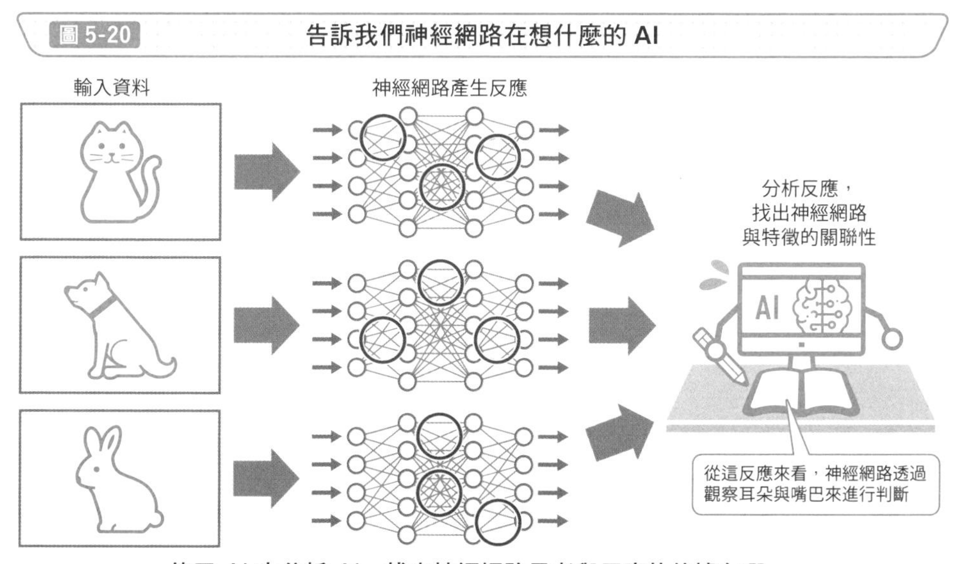

使用 AI 來分析 AI，找出神經網路思考與反應的依據在哪

Point

- 神經網路的思考很難懂。
- AI 的思考是否易於理解的程度稱為「AI 的可解釋性」。
- 為了理解神經網路在想什麼，持續研發「專門用來分析 AI 的 AI」。

逐漸奠定的深度學習大環境

越發普及的平台

深度學習如果需要從零開始學習、到能夠應用，就算現在已經是工程師的人，肯定也是相當心累。但是，**在神經網路的世界當中不僅遷移學習跟預訓練相當盛行，將同樣的機器學習流程用在解決別的問題上也不是什麼稀奇的事**。在這樣的時空背景下，誕生了為數眾多的機器學習平台，並在雲架構為基礎上提供給眾人使用，現在已經是只要有心、人人都能使用的技術了。

由知名科技巨頭所提供的 **Google Cloud**、**Microsoft Azure**、**Amazon ML**、**IBM Watson**，都是可以使用的機器學習平台，只要準備好學習資料，就能輕易地開始進行機器學習。另外，不單單只有學習，如果需要創建深度學習的 AI 時，還有「TensorFlow」、「PyTorch」這類的框架可供使用，當我們並非從 0 到 1、而是從 1 到 2 時，已經不再如以往那麼困難了（圖 5-21）。再說，政府、大學、企業都傾力供給用來學習的資料，雖然有些免費、有些需要付費，但當今儼然完全已是單槍匹馬就能開發 AI 的環境了。

學習環境的普及

不僅是平台跟框架，連專為學員從零開始學習深度學習跟機器學習的環境也是越來越完善。除了有書籍、有個人網站之外，還有像是「Udemy」、「AI Academy」這類**線上學習服務跟日本深度學習協會的資格考試都出現**了，在學習方法以及設定目標上，都變得越來越容易入門（圖 5-22）。但是，因為深度學習跟機器學習的技術本身進步得更為神速，在學校或是證照所認證的知識，能用的期間真的只是一小段時間。為了要能夠持續地在第一線活躍，無論是誰都必須持續抱持自學的態度、不斷提升技能才是。

話雖如此，在學習環境當中所獲的的基本知識還是很紮實受用的。如果您是需要管理工程師的角色、或者是跟服務提供息息相關的職位的話，現在也已經很容易接觸到學習深度學習的環境了。

圖 5-21　平台與軟體框架

圖 5-22　學習深度學習

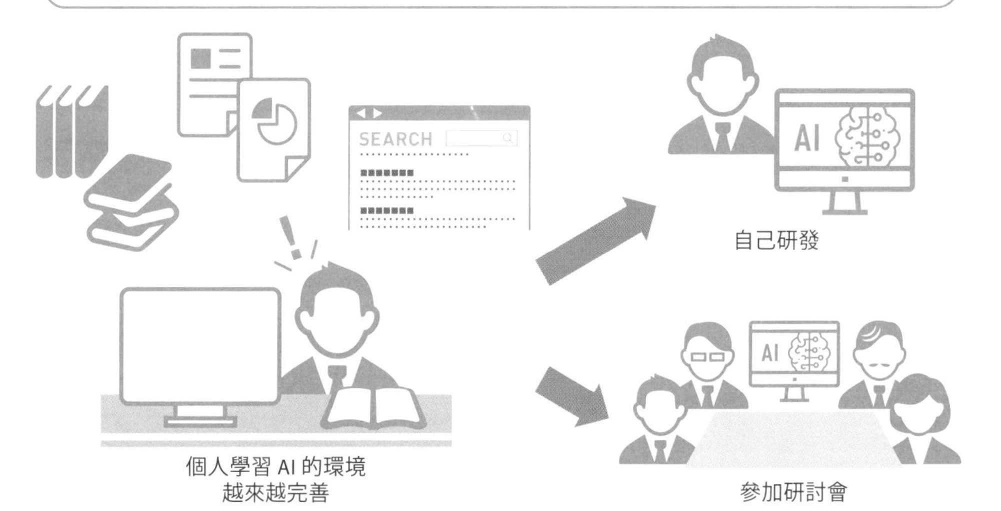

Point

- 連上「AI 雲端平台」就可以立刻使用優秀的 AI 進行開發。
- 運用「AI 框架」就能使用深度學習來研發 AI。
- 基本的 AI 技能已經可以透過加入學習服務、或接受資格考試來學會。

深度學習改變了機器學習

深度學習的通用性與發展性

至此所分享的神經網路與深度學習的特性，都還只是最基本的架構而已。重點在於以那些基本架構為立足點所衍生的高度通用性。人類獲得資訊的方法不外乎大多仰賴視覺與聽覺，交換資訊則靠語言。深度學習讓**電腦可以處理影像、聲音、語言，代表電腦幾乎已經具備了等同於人類處理資訊的必要能力了**。

深度學習之所以這麼受到關注，也是因為如此。人類的資訊流通上，幾乎就是分別隸屬於圖像辨識、聲音辨識、語言處理這三大類型，所以三不五時才會出現「AI 要取代人類了」的討論。以往只能單獨去處理「圖像」、「聲音」、「語言」的深度學習，現今已經來到可以綜合處理的階段，稱之為多模態人工智慧（Multimodal AI）。最少也**能同時處理前述三大領域的性能，讓 AI 第一次站上了跟人類對等的舞台**（圖 5-23）。

尚待解決的挑戰

不過，這並非人類末日、電腦稱王的時代已經到來。就算有了眼睛、耳朵、語言，但在「人類的思維」上卻還是天差地別。也就是說，即使看得見圖像，聽得到聲音，可以針對接收到的文字來做出反應，但如果無法跟人類一樣理解事物的意義，就表示產生反應的機制依然不同。

AI 雖然有在思考，但用的方法跟人類完全不同，就算真的跟人類做到了一樣的事情，也不表示 AI 就是用跟人類一樣的思維去執行的。單純只是要解決問題、完成任務的話，確實是不需要完全比照跟人類一樣的方法去執行，但**迴歸到最本質的部分，若真的要創建「取代人類」的 AI，光靠深度學習還差得遠呢**。深度學習確實為 AI 帶來了相當大程度的躍進，但這肯定不是最後一次（圖 5-24）。

圖 5-23 多模態人工智慧

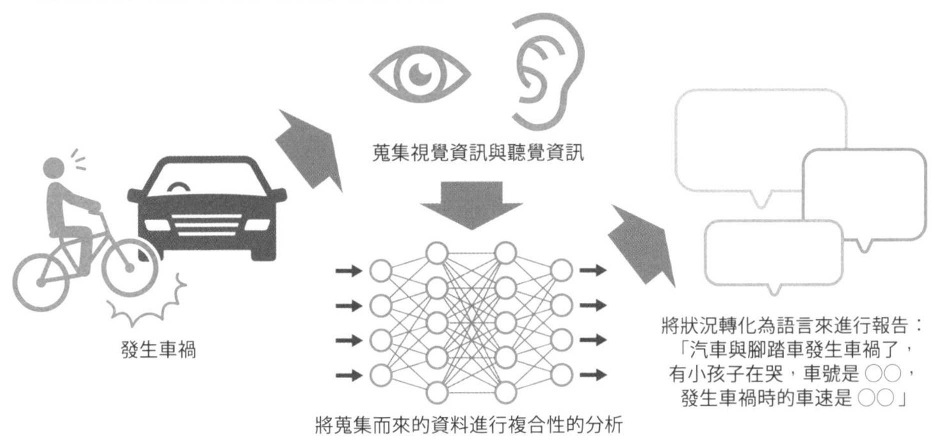

透過深度學習，電腦將能綜合地運用視覺、聽覺、語言，
做出近似人類能做到的情勢判斷

圖 5-24 AI 如果想要取代人類還需要什麼？

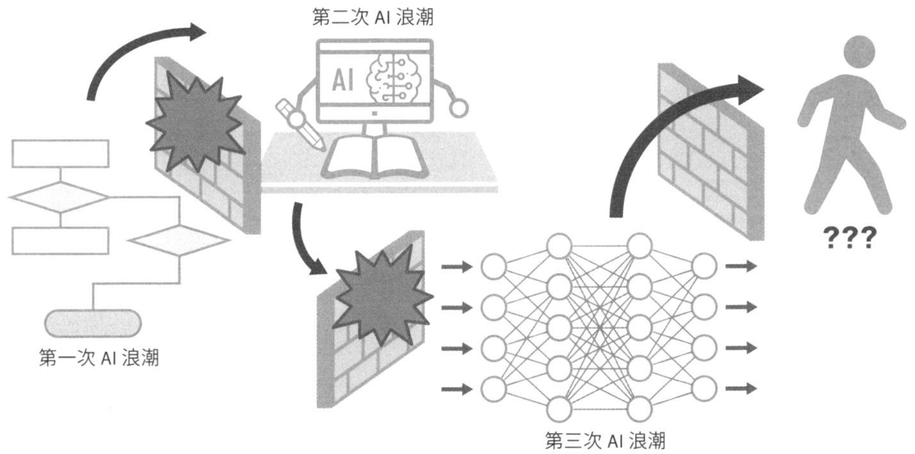

第二次 AI 浪潮

AI

???

第一次 AI 浪潮

第三次 AI 浪潮

綜觀來說，要達到「與人類同樣層級的智慧」，
還需要除了深度學習之外的其他大躍進

Point

- 深度學習擅長「視覺」、「聽覺」、「語言」。
- 「多模態人工智慧」能夠同時處理多種型態的資訊。
- 要做出「取代人類的 AI」，單靠深度學習還遠遠不夠。

請你跟我這樣做

使用看看自動產生文章的AI

每年都會出現運用深度學習自動產生文章的 AI。尤其是在使用了 Attention 機制的「Transformer」、與應用了大規模資料庫的「GPT-3」登場後，處理文字的 AI 的層次是攀升到了與以往截然不同的全新境界。

近年來「AI Novelist（http://ai-novel.com/index.php）」這種可以使用日文的模型也已經出現，現在每個人都能輕易地使用文章產生小工具了。產生文章的 AI 的技術等級有沒有兩把刷子，就讓我們來看看吧！

輸入的文章內容	產生的文章內容
[本書序言的第一行內容] 深度學習為我們帶來了第三次人工智慧（AI）浪潮……	[AI 所產生的後續的文章] AI 的學習能力獲得了劃時代地提升，時至今日已經進化到與人類沒有太大差別了。也就是說，我們已經迎來了「科技奇異點」。為了要了解「科技奇異點」，就不得不先從「量子電腦」開始涉獵才行。

嘗試輸入了本書序言的第一行後，AI 自動產生了「迎接科技奇異點之後的世界」這篇文章。量子電腦似乎帶來了某些影響，致使科技奇異點真正地到來了。會有這樣的發展應該是設定上比較偏向小說吧！雖然看起來暫時還無法立刻用在商業上，不過各位是不是稍微掌握到 AI 用起來的感覺了呢？

第6章

包羅萬象的AI與應用

～應用技術帶來的AI賦能潛力～

從辨別圖片進階到辨別「影片」

圖像辨識與影像辨識的差異

現實世界並非是時間停止流動的靜止畫面，影像隨著時間流淌而改變，最終成了影片。為此，**理想情況是需要讓影像辨識的辨別對象從「圖片」進階到「影片」**。透過結合擅長圖像辨識的「卷積神經網路（CNN）」、與強項是辨別時序資料的「循環神經網路（RNN）」，使得影像資訊辨別技術問世。概念上是針對每個影格產生影像的過程去逆向推進，將影像依據每個影格進行分割，組合與時間順序有關的資訊，並隨著時間持續推進的過程中去辨別哪些事物產生了什麼樣的變化（圖 6-1）。在這之上，去判斷影像當中的「變化」具有何種意義，就是影像辨識的技術。

影像辨識可以做到哪些事情

舉例來說，在運動過程中，人的手腳的擺動角度、位置會呈現某些特定類型的變化，而在車禍事故現場時，車體骨架與被衝撞的牆壁也會產生撞擊、變形。這就是影像辨識要去捕捉的「變化」。

對人類來說很簡單，但**當電腦可以理解搭配時間概念去辨識「產生變化的狀態」的現象時，可就意義非凡**。不僅是能預測行動與動作，而且能做到「自動產生摘要」、「運用監視器進行自動通報」、「偵測故障與釐清起因」、「事前偵測到問題點與事故」、「辨識自動駕駛的狀況」等任務（圖 6-2）。雖然觀看影像去判斷事物與既有現象，都還受限在需要有充足影像資料的前提之下才能有效作動，但慢慢地電腦已經可以代替我們的眼睛，在許多作業流程上去進行自動化判斷了。不過，相較於靜止的圖片可以分割為多個區塊，由於影片是一連串的動作所形成的「一個資料」，因此無法比照圖片的分割方式來增加學習資料。所以影像辨識的主要學習方式，就需要拿定點長時間拍攝的監視器影像、或者是運動賽事影片來當作學習的材料。未來理當能夠運用自動駕駛車輛與無人機的資訊，讓整個大環境當中使用到影像辨識的場景更為豐富。

圖 6-1　運用深度學習來進行影像辨識的概念

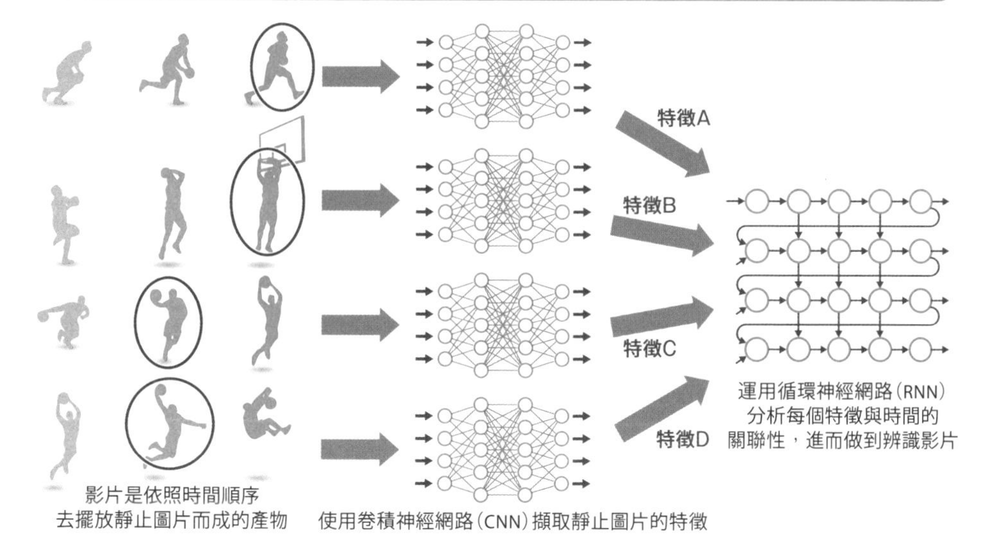

圖 6-2　影像辨識的應用範圍日益擴充

**影像辨識不僅可以用在動作與事情上，
連發生事情的因果關係與相關都能找出來**

Point

- 透過「卷積神經網路（CNN）」與「循環神經網路（RNN）」的通力合作，提升影像辨識的精確度。
- 若能辨識時間變化，電腦就會從能分辨物體、進步到可以理解現象。
- 在準備學習資料時，「蒐集影片」的難度比「蒐集圖片」更高。

AI 如何溝通

規則型的溝通方式

AI 運用各式各樣的方式來處理自然語言，已經能夠跟人類進行溝通了。在諸多方式當中，從最早期到現在都依然活躍於第一線、最常使用的就是「聽到 A 時則回覆 B」的規則型溝通方式（圖 6-3）。

規則定義得好，能應用的情境也多，加上易於開發的特色，目前最先進的 AI 助理的基本架構也都是以單純的規則型為主。不過，**與傳統的規則型 AI 相比，後來在深度學習所提升的語音辨識精確度，與因為運用了龐大資料庫而讓規則的規模與複雜程度已經不可同日而語**，因此即便本質上是單純的方式，但已經能夠做出高精確度的溝通功能了。

統計型的溝通方式

緊跟在規則型之後，統計型的溝通方式成為了全新的機器學習主軸。在統計型當中，AI 會針對我們的提問，去思考「人類此時會傾向採取什麼答覆呢？」。當聽到我們說「身體不舒服」時，AI 會知道這時該回答「怎麼了？還好嗎？」，做出近似於人類的答覆（圖 6-4）。雖然這不過就是有樣學樣，AI 其實並不了解它講出的話代表什麼意義，但厲害的點在於能隨著不斷地與人類對話，學會各式各樣的對話情境。只不過，因為什麼都學的關係，**當 AI 聽到帶有歧視意味的言論時，也會學會表達含有歧視思維的發言，所以必須要建構某種 NG 規則才行**。

反之，集結許多優質對話來定義規則，就有機會從統計型 AI 轉型成以規則型來運作的對話式 AI。擷取在統計上來說較常出現的對話類型，把無傷大雅的對話形式定義成特定的規則，持續增加電腦能順利進行對話的情境。現代的 AI 助理都是透過雙管齊下，同時使用規則型與統計型的方式，盡可能地做到趨近於人類自然溝通的表達能力。

圖 6-3 規則型的概念

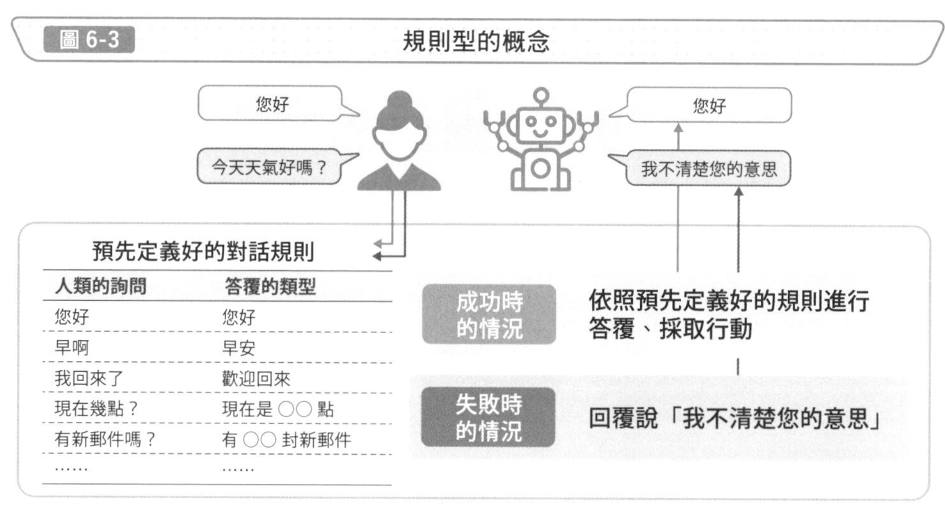

對話情境已經預先定義好。透過設定規則可以讓電腦說出較為接近人類會有的反應與較為專業的答覆，但因為要增加情境數量並不簡單，用途相當受限

圖 6-4 統計型的概念

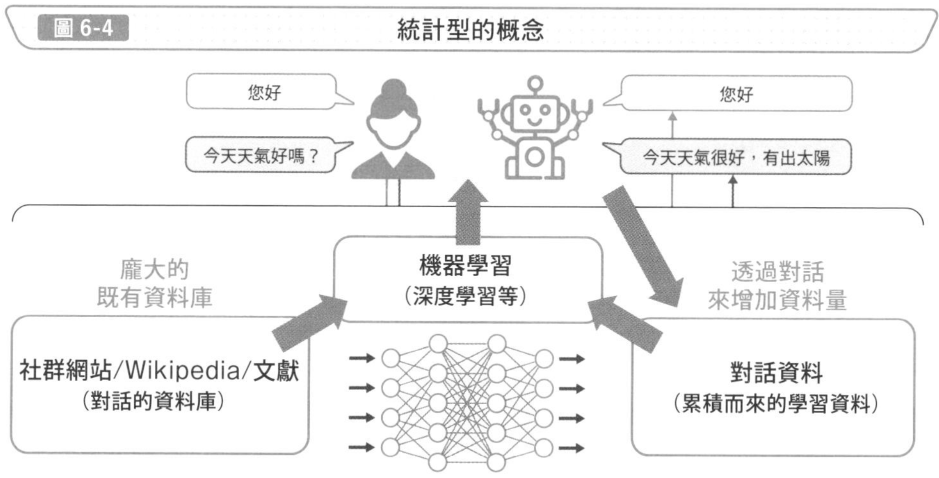

不是直接使用既有資料庫，而是透過學習來讓電腦自己學會「對話情境」。然後將對話紀錄當作全新的經驗來學習，持續增加能應對的對話情境

Point

- 對話式 AI 有規則型與統計型。
- 規則型需要預先定義好對話情境。
- 統計型則是從與人類的對話來學習對話情境。
- 透過區分對話資料的好與壞來定義規則，可以建構出兼具規則型與統計型兩者優勢的對話式 AI。

Transformer 與巨大資料庫改變了文章的產生方式

將 Attention 機制發揮到極致的 Transformer

將 Attention 機制（章節 5-6）發揮到極致的 Transformer 自然語言技術，在自然語言領域當中的文章產生領域發揮了極大的效用。過去 Attention 機制通常扮演著輔助型的角色來協助主要技術，但在 Transformer 當中幾乎所有的處理都仰賴 Attention 機制來完成。

Transformer 幾乎沒有用到以前在自然語言處理上會用到的卷積與循環神經網路進行處理，因此既不繁重、也相當有效率。相較於以往來說，**Transformer 耗能少、效能更佳，在建構大規模系統之上還能同時讓電腦學習龐大的資料**。這與其說是聰明地學習，不如說更像是短時間內透過大量學習來考取高分的同學。另外，因為還能搭配不同目的來進行有效應用，因此 Transformer 在自然語言處理以外的領域也被廣泛運用。

運用巨大的資料庫來展現成果的 GPT-3

Transformer 在一剛開始出現的時候就被 Google 所開發的 BERT 拿來使用，在當時相當受到關注，不過一直到運用了巨大資料庫的 GPT-3 才發揮了真正的實力。GPT-3 可以處理「編寫文章」、「回答問題」、「文章摘要」、「程式編碼」、「撰寫小說」、「機器翻譯」、「製作音樂」等五花八門的任務，幾乎很難有讀者會發現文章是 AI 所寫，有些文章甚至登上了部落格排行榜的前段班（圖 6-5）。實際上，**GPT-3 是經過特別優化的 AI，可以針對被指定的內容來產生相關程度較高的流暢文章或文本**，但它並不了解自己所寫出的文章具有什麼含義。理解我們的需求來做出反應，概念上可以說是相當會察言觀色的 AI。

當我們將報告丟給 GPT-3，並在文章的標題寫上「報告的摘要」，AI 就會知曉我們賦予給它的任務，產出具有高度關聯性的摘要短文。透徹地分析資料，串連高度關聯性的文句與單詞，就能產出自然流暢的文章了。幾乎可以稱它是將資料分析這項單純技能練到極致的 AI 呢！（圖 6-6）。

圖 6-5　運用壓倒性地參數數量來展現優異成果的 GPT-3

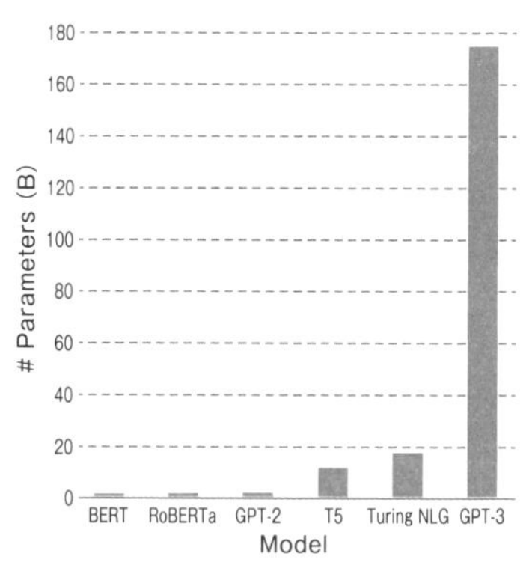

使用了 Transformer 的 AI 資料當中所含有的參數數量

➡「GPT-3」以壓倒性地規模展現了前所未有的成功

報告摘要

產出摘要的功能已具備實用性等級

分析對象是依據文法仔細撰寫而成的報告。用在處理公家機關的報告游刃有餘

網誌文章

寫出能進入部落格排行榜前段班的內容

寫出來的內容是類似「懶人包」這類整理出重點的文字稿。如果標題下得好，就會產出相當有用的內容

程式設計

可以寫出簡單的編碼

可以依據我們所給予的「寫下這樣的算法」指示，產出相對應的程式碼。不過還需要人為確認修改就是了

圖 6-6　自然語言處理 AI 的架構

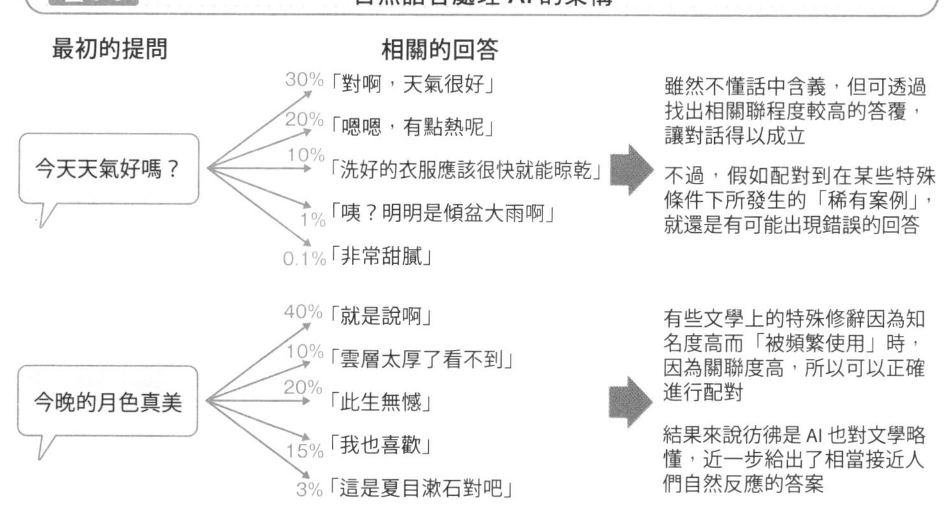

文章生成 AI 的本質，就是針對「問題」來產出「關聯性較高的內容」

Point

- 巧妙運用 Attention 機制，讓「Transformer」橫空出世。
- 學習了龐大資料的「GPT-3」展現了優異的成果。
- 文章生成 AI 的特色就是產出「有關聯性的內容」。
- 再優秀的 AI，也還無法理解文章與單字的意思。

將語音轉換為文本時需要用到的技術

提升語音辨識成效的自然語言處理

對於需要跟人們對話的 AI 來說，語音辨識是相當重要的技術。可是，**人類在分辨聽到的字義時，單純只憑藉著單詞的發音卻還不夠**。之所以會這麼說，是因為我們說話時並不會像語音轉文字時總是發音標準，有時候會漏了些音節、或者嘴巴含滷蛋導致聽起來像是別的字。但為什麼人類可以聽得出來正確的意思呢？正是因為就算沒有聽到完整的音節，大腦會自動腦補剩下的音節而能聽懂，但實際上對方說出來的話當中，並非每個字都是完整且標準的發音。

因此我們才需要自然語言處理。自然語言處理會以統計方式去學習人類使用的單詞與文章，在對話當中不斷學習「人類的自然語言」。將這項技術與語音辨識結合，就能推測「沒有聽清楚的音節」，透過補足那些音節來讓語音辨識得以遂行（圖 6-7）。

語音轉文字

將語音辨識與自然語言處理集大成，就成了會議或電話中的語音轉文字與同步翻譯了。要透過語音辨識簡短指令不會太難，但當場景換到要**將實際的對話內容全部都轉為文字時，難度就突然之間變得極高**。不僅需要補足沒聽清楚的音節，還要處理毫無意義的「呃～」、「啊～」這類音節拉長的聲音、將文字進行換句話說、重述之外，為了要順利補全足以轉換為文章的音節，還必須要正確掌握英文單字與數字的前後文脈絡。進入到同步翻譯的領域中，就得在語音轉為文字後，自動將其文字內容翻譯成目標語言，這還需要高精確度的同步翻譯技術才有機會做到（圖 6-8）。

這種當場轉化為文字的速記技巧與同步翻譯的技術，就連人類要學會都難上加難，對 AI 來說也是難度相當高的技術。不過，跟人類有所不同的是，當 AI 的語音轉文字與同步翻譯所需要的「語音辨識」、「自然語言技術」、「機器翻譯」技術各自有所長進、精確度持續提高後，某程度上來說就能自然提升性能，目前在英文與中文當中已經有足夠實用的應用程式與翻譯機了。

圖 6-7 該如何將人類的對話轉為文字？

只將對話當中有聽出來的
音節轉換為文字的話……
就會不曉得語意是什麼

聽到的音節	拆解	推測完整音節
そおや	sooya	對了
おないだのしょりぃ	Onaidanosyorii	前陣子的資料
ろなった	Ronatta	怎麼樣了呢
あたしあ	Atashia	我
きてあせんけど	kiteasenkedo	沒有聽說欸

語音辨識 → 透過機器學習學會發言的特色 → 自然語言處理

口語上，字音之間的連結方式以及聲音性質會因人而異。
必須考慮到這點，再加上自然語言處理，才能變換為正確的「文章語言」

圖 6-8 會議的自動翻譯流程

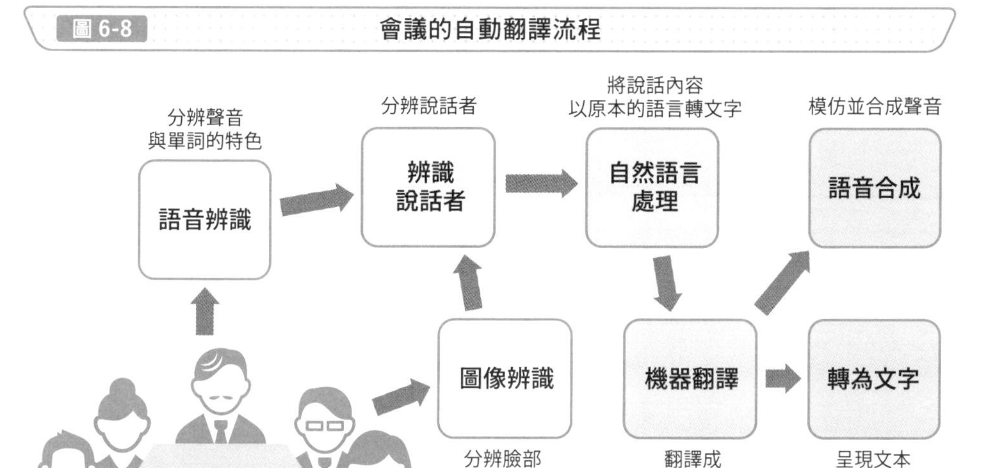

會議當中的「同步翻譯 AI」
需要運用多項 AI 技術

Point

- 人類會腦補對話當中沒有被清晰發出的音節。
- 只能聽取聲音的語音辨識，會不懂人類在說什麼。
- 結合語音辨識與自然語言處理，才能將對話轉換為文字。
- 會議上的同時翻譯，需要多項技術互相搭配才能做到。

結合了影像、語音、多項資訊的資料分析

能綜合處理多項資訊的多模態 AI

到目前為止，影像、語音、語言、統計都是個別處理，但這只能針對很有限的現象來進行判斷。為了理解更複雜的現象與概念，人們研發了能綜合處理多項資訊的 AI——多模態人工智慧（Multimodal AI）。最好懂的例子應該就是使用影像與語音來進行狀況的識別。給電腦觀看有人在動嘴巴的影像，會知道「這個人好像在說話」，如果能加上「語音資訊」的話，電腦就能知道「說話內容」與「為什麼要說話」了。更進一步去觀察周遭環境，還能判斷出當下的情境是「一般情境」或「異常情境」（圖 6-9）。

另外，多模態人工智慧能將文字轉換為影像與語音。這並非意味著找出適合搭配文字的圖像，而是意指「找尋」、「創造出」符合文章的影像與語音，像是為「黃色嘴巴的白色小鳥停在樹枝上」這樣的內容，合成並創建出與文意符合的圖像（圖 6-10）。

多模態所帶來的顯著進步

由於可以綜合處理資訊的 AI 問世的關係，自動駕駛與機器人學這類對現實社會有著直接影響的技術獲得了顯著的進步。網際網路當中的數位世界，因為資訊可以用便於理解的型態分割處理，因此不見得需要用上多模態人工智慧。但是，**現實社會當中大多都是難以分割的資訊，若無法具備宛如人類「五感」般的能力，多的是電腦無法處理的事**。

以自動駕駛技術來說，人類會透過視覺與聽覺來判斷有無身陷險境，也能透過嗅覺來察覺漏油等問題。如果電腦能夠做到這些近似於人類的情勢判斷，無人機以及人形機器人的普及也會越發快速。到時候無論是搬家、做家事、還是照顧孩童等，都會在多模態人工智慧的活躍之下，讓科技應用的領域大幅拓展。

圖 6-9 **結合影像與語音來進行情勢判斷**

單從影像判斷的事
（監視器/圖像辨識）

有人倒下，附近的人在呼喊

➡ **看起來需要幫忙……**
但不知道他們需要什麼樣的幫忙

從對話的內容判斷的事
（麥克風/語音辨識）

可以判斷他在找人求救

➡ **知道在找人求救，**
可是不知道有多緊急

所有的資訊綜合起來判斷的事
（監視器、麥克風/多模態人工智慧）

附近有人倒在地上，
另一人正在大聲呼救

➡ **需要人手，攸關性命安危**
➡ **發布警報**

運用「監視器與麥克風＋多模態人工智慧」，
能做到最佳判斷，進而通知警衛、警察、消防隊等相關責任單位出動

圖 6-10 **多模態人工智慧可以處理綜合資訊**

單模態人工智慧

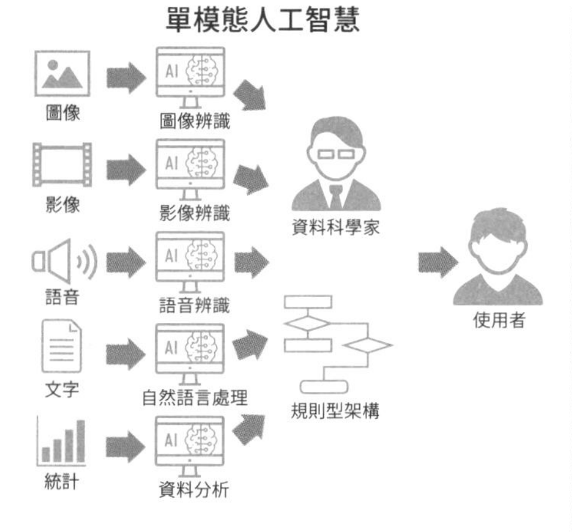

透過資料分析專家的分析、或是規則型架構的處理，提交綜效分析結果
➡ **如果結果錯誤的話，較難找出原因出在哪**

多模態人工智慧

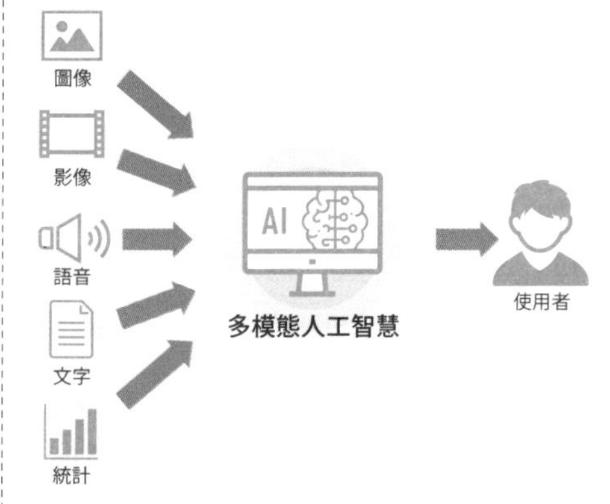

運用多模態人工智慧來提交綜效分析結果
➡ **不僅便於處理複雜的問題，也容易修正錯誤**

Point

- 多模態人工智慧可以運用多種資訊來執行綜合性的資訊處理。
- 多模態人工智慧能高度理解社會與環境，不單獨仰賴影片與語言，能判斷資訊之間的關聯性並理解情況。
- 拜多模態人工智慧所賜，電腦獲得了更近似人類識別資訊的能力。

» 學習人類的創造性手法

了解藝術的 AI

因為有了多模態人工智慧，AI 已經能夠近乎人類般地去處理資訊了。可是，其實不必用上多模態人工智慧，只要能提升 AI 的學習能力，就可以做到過去認為難以處理的創造型任務。對人類來說，繪畫、音樂、小說等創作領域也並非人人都能信手捻來。然而，AI 可以學習優秀創作者的作品、找出優秀作品的特徵，並一邊**將多個作品的元素組合在一起，透過驅動 GAN（章節 5-7）來進行模仿，進而創造出前所未見的作品**（圖 6-11）。

創作出的作品僅僅是結合了既有作品的特徵，不能說是從零開始的全新作品。可是，就連人類在創作時也都是藉由許多既有事物或作品來激發靈感，就這層意義上來說，AI 創造作品的過程，說不定跟我們人類其實並沒有太大差異。

創作型 AI 為商業帶來什麼改變

創作型 AI 不單用於藝術領域，在商業上也帶來莫大的影響。從商品企劃、包裝設計、乃至於行銷，AI 在在都學習了人類的做法，進而針對企劃給予評價、提出解決方案（圖 6-12）。雖然此時肯定有人會擔心自己的飯碗要被 AI 搶走了，但實際上要將所有的創作任務交由 AI 去完成還是太困難了。讓我們試著去想看看能夠搜尋與翻譯的 AI 就知道了，就算已經有高達九成的機率可以提交優良的結果，但還是有將近一成的機率會混雜著令人瞠目結舌的內容在裡面。

站在所有的 AI 都可能會出現某種致命的判斷錯誤的前提來看，無法設定明確正確答案的創作型任務就更顯得相形見絀。事實上來說，AI 所創作出來的繪畫作品有時真的令人不敢恭維。或許也可以將其視為是一種藝術型態，但究竟是將什麼樣的意念放入繪畫作品當中，似乎就不是我們人類可以體會的了呢。在創造型任務當中，還是得要仰賴人類與 AI 同心協力，才能真正發揮 AI 的價值。

圖 6-11 合成作品的元素，創造全新的作品

照片

繪畫

原創繪畫

● Deepart（https://deepart.io/）

並非是從零開始創造，而是組裝既有的作品來產出新的作品（Deepart）

圖 6-12 AI 能針對商品企劃與設計感給予評鑑

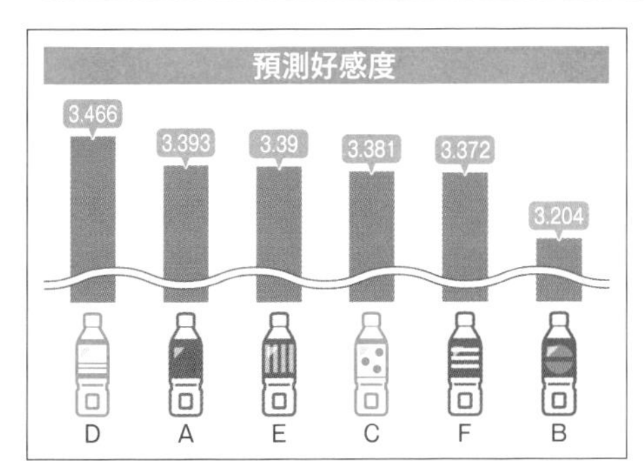

針對包裝設計進行評分

➡ **AI 判斷哪個設計比較優秀**

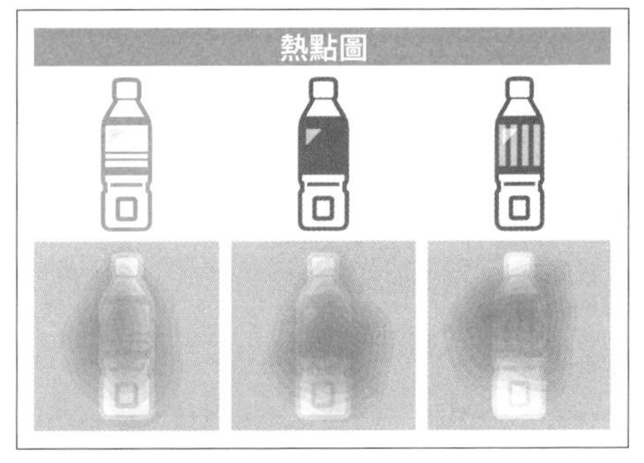

判斷設計的視覺效果與訴求強弱

➡ **將設計會帶給使用者的影響化為數值**

把對人類感性的影響化為數值，讓 AI 得以判斷設計與藝術的孰優孰劣

Point

- AI 跨足藝術與設計領域。
- AI 會以既有的作品為基礎，創作全新作品。
- AI 能評估設計對人類感性上的影響有多少。
- 結合人類的感性與 AI 的學習能力，發揮極限價值。

學習人類使用身體的方式

模仿人類動作舉止的機器人

AI 沒有實體的身體，因此只能在視覺與聽覺這類可以透過數位方式來辨識的領域當中發揮作用。可是，當 AI 搭載到機器人上之後，就有辦法學習人類的身體領域了。連細膩且複雜的手部動作，**透過機器人重現人類的手部，AI 就能學習人類的舉止，做出相同動作**（圖 6-13）。

目前已經有些料理或家事可以透過機器手臂來進行，工廠裡的某些作業也已經交由機器手臂來代勞，知道了「人類的手臂是怎麼進行活動」之後，就能將任務交辦給機械來完成。尤其是工廠的作業環境經常有重複性的工作內容，機器人就可以做到跟人類一樣的事情。不過，有些時候運用專業的機器手臂去做出某些「只有機器人才能做的動作」還可能更能提升作業效率，所以仿效人類的舉止也不見得總是最佳解。

機器人利用虛擬世界去學習最佳的動作舉止

倘若單就模仿人類來說，其實有些事情人類自己做還比較有效率，想要換成由機械來完成可沒那麼簡單。但是，**透過借鏡動物的行為與利用機器人特有的構造，機械就能發揮超越人類的性能**（圖 6-14）。當機械具有獨特的身體結構時，模仿生物可能就不是最好的選擇。於是，這時候就輪到強化式學習與虛擬世界登場了。強化式學習是不斷試錯的學習方式，有著身體的機器人要想比照 AI 那樣進行幾萬次的試錯，可不是件輕鬆的差事。

所以得要創造宛如現實世界的虛擬世界，讓機器人在虛擬世界當中去學習最佳的身體使用方式。一開始依照人類與動物的行為舉止來學習最基本的動作，之後再依據機器人特有構造去學習最適合它自己的身體使用方法。如此一來，累積學習成果的機械就可以運用與人類及動物有些不同的動作舉止，進而發揮出超越人類、動物的性能了。

圖 6-13 跟人類學習相同任務的機器人

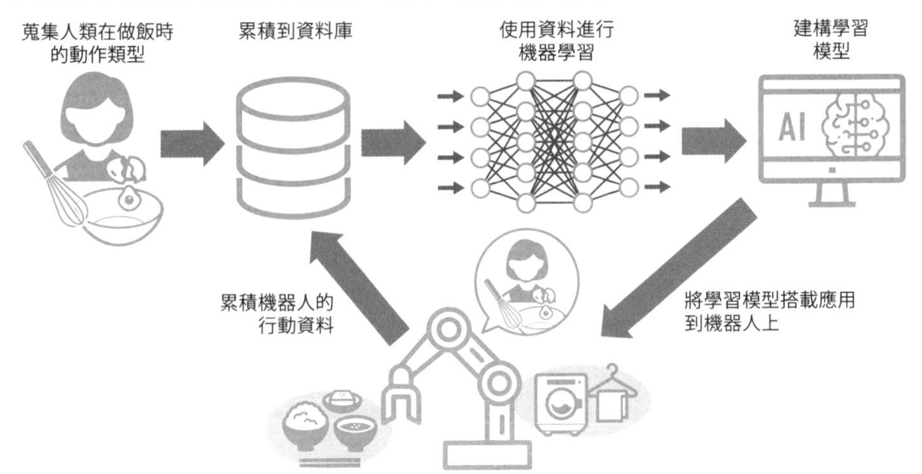

透過學習人類的動作，機器人也可以盛飯、從洗衣機裡拿出洗好的衣物

圖 6-14 以生物行為當基本功，再學機械獨有的作動方式的機器人

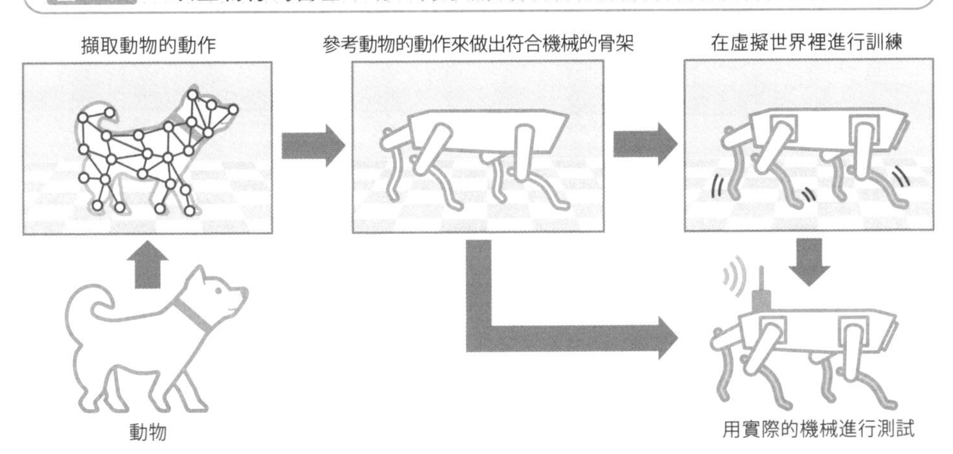

先以動物的行為當作基本功，然後在虛擬世界裡學會屬於機械自己的移動方式，最後再實際以機械身體來演練

Point

- 光靠 AI 只能處理影像、語音、文本這程度的資訊。
- 把 AI 搭載到機器人上，讓 AI 得以在現實世界當中行動。
- AI 學習人類與動物如何使用身體，並以機器人實際執行。
- 發揮機械特有的身體架構，可讓應用範圍更加廣闊。

成為平台的 AI

使用伺服器集中管理

AI 本身是非常複雜且程度相當高的技術。因此，就算 IT 企業坐擁優秀工程師團隊，也很難從零開始去開發出 AI。遑論機器學習需要龐大的資料，一間企業能擁有的資料量是相當受限的。再說，就算開發出了 AI，為了提升 AI 的性能還得要持續學習與調整，將 AI 交付給客戶之後也必須持續蒐集營運資料才行。基於這些考量，就催生了在雲端上進行使用的雲端 **AI**（圖 6-15）。

雲端 AI **因為在資料齊全的雲端上進行運作，所以不必要求用戶提供大量的資料**。也由於用戶直接在雲端上使用 AI 的關係，服務提供者也能即時獲得營運資料。相較於一般的程式來說，資料重要度較高的 AI 其實透過了劃時代的雲端 AI 的方式，同時解決了許許多多的問題。

AI 成長為一個巨大的平台

當雲端 AI 越被廣泛地使用，運用 AI 的服務相關的資料庫也都會跟雲端 AI 進行連結，令 AI 持續成長為一個無比巨大的平台。而當 AI 成為巨大平台後，用戶數量與資料量的規模也相當龐大，**持續累積學習而進步的 AI 獲得的超高性能，將會令其他原本緊追在後的競爭者望塵莫及**（圖 6-16）。

AI 越厲害，使用 AI 的人就會越多，資料不斷匯集，又再次幫助 AI 繼續學習成長，無疑是個正向循環。擁有巨大平台的企業在 AI 的市場當中有著更大的影響力，成為不可或缺的核心要角。但這並不表示 AI 將失去多樣性。從中小企業乃至於個人，各式各樣的用戶都會使用大企業所提供的 AI 服務，來創建、客製化符合自身需求的 AI，提供更多元化的服務給市場。能夠不花費高昂費用，就簡單地開始使用 AI，最終促進了 AI 宛如成為大宗商品般的大眾化。

圖 6-15 中央集權型的雲端 AI

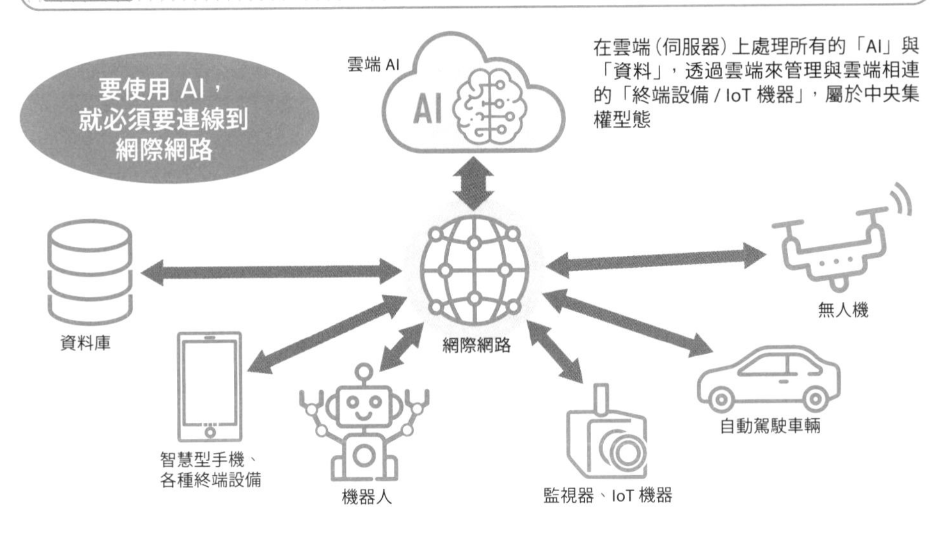

圖 6-16 以雲端 AI 為起始點，持續擴充的 AI 應用程式

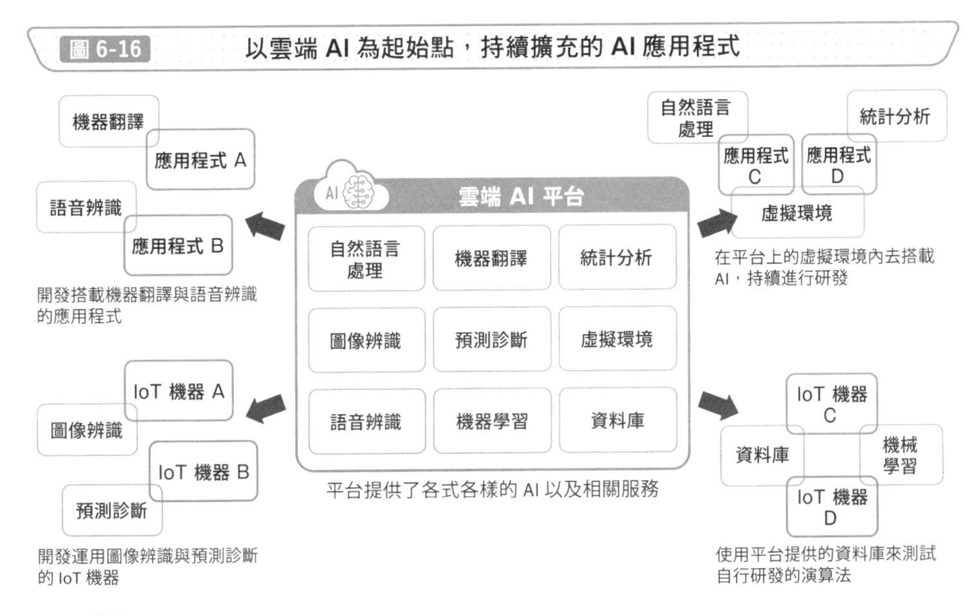

Point

- 雲端 AI 是將所有的資料處理都在伺服器上完成。
- 因為都在雲端上處理的關係，AI 供應端可以蒐集使用資料，而用戶無須花大錢就能使用 AI 服務。
- 巨大的雲端 AI 以平台的型態運作，不僅降低了使用 AI 的門檻，更促進了 AI 本身的大眾化。

遍地開花的 AI

從伺服器到邊緣

雲端 AI 的普及，讓 AI 得以受到各方的活用，但這也對伺服器與網路本身造成負擔，衍生 AI 運作不穩定的問題。為了要避免這樣的情況，人們摸索出邊緣 AI 這個全新的使用方式。邊緣 AI 是指**把 AI 從雲端移至網路邊緣的設備端，分散處理資料時的負擔，是屬於資訊處理方式當中的「分散式運算」的其中一種**（圖 6-17）。將 AI 搭載在監視器與工業用機器人、智慧型手機等，實現了無須經由網路，就能直接分析資訊的成效。

另外，由於邊緣 AI 通常被搭載在小型處理裝置上，所以處理能力相當有限，大多時候還是會跟雲端 AI 協作，將一部分的分析結果與資料傳送到雲端 AI 去。然後，雲端 AI 執行了綜合性分析與學習後，再回饋給邊緣 AI，使得邊緣 AI 的功效更佳。

隨著網際網路的革新而潛力無窮

邊緣 AI 的厲害之處在於「高速」、「安全」、「可靠」。因為無須經過網路、所以不必仰賴通訊環境，而得以在維持高可信度的情況下實現無延遲的高速處理。再來，分散負擔能為系統帶來穩定性，資訊僅在邊緣運算也讓資安更有保障。**這些優點跟能在邊緣處理資料的次世代網路非常契合，5G 與邊緣 AI 通力合作幾乎可以在瞬間就完成資料運算**，這令人相當期待無人機、自動駕駛車輛、工業機器人，接下來會因此而獲得多大幅度的性能提升。

而且，因為邊緣 AI 是設備端的技術，較難受到巨大平台的影響，所以在硬體設備能力較具優勢的企業上就有了施力點，接下來市場會以什麼樣的形式來展現多元樣貌與擴張，著實值得關注。相較於既有的寡占狀態的雲端 AI 平台來說，每個業界都還需要不同的邊緣 AI，因此市場未來想必會更加的競爭（圖 6-18）。

圖 6-17 分散負擔的邊緣 AI

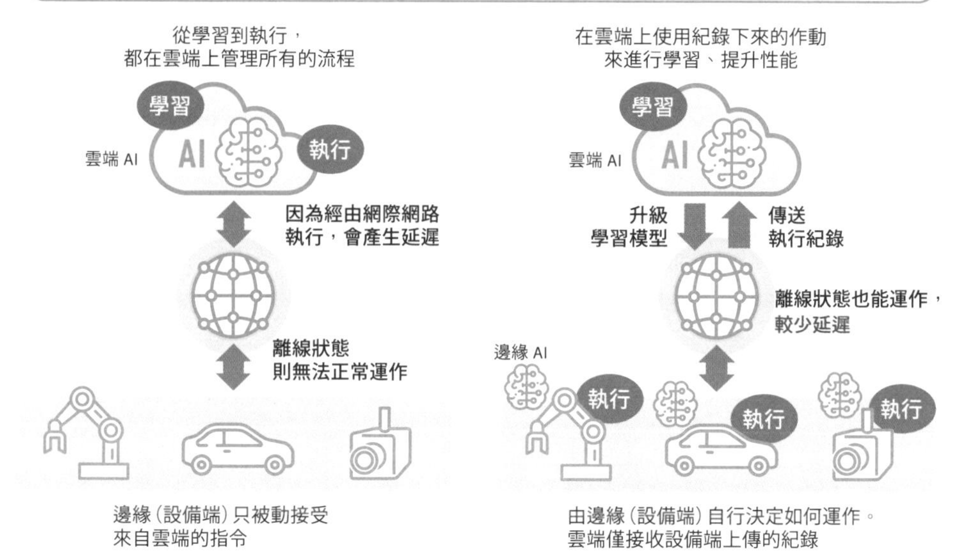

圖 6-18 邊緣 AI 市場的多元化

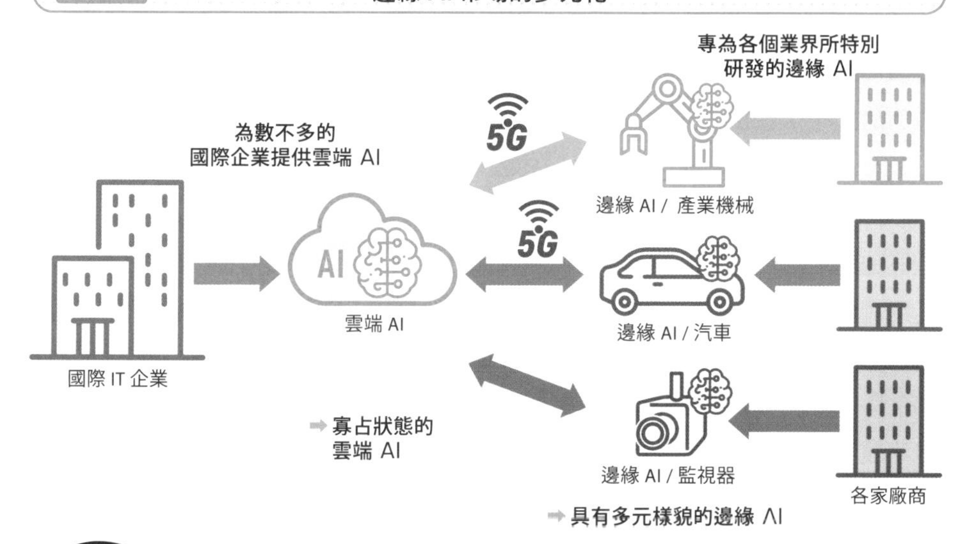

Point

- 邊緣 AI 能夠分散原本雲端 AI 一肩扛起的伺服器負擔。
- 利用 5G 高速通訊技術，邊緣運算得以實現超高速、低延遲的 AI 處理技術。
- 依據不同業界的實際需求去針對硬體進行最佳化，衍生了多元樣貌。

完成交辦的任務 ①
～自動駕駛車輛如何辨識路況～

AI 如何從辨識環境到採取行動

AI 在執行任務時的方法百百種，且很難簡單就弄懂，但若是借鏡現實社會當中常見的駕駛、操縱，就稍微比較能夠掌握究竟是怎麼一回事。整個流程可分為辨識、判斷、執行三大部分。用程式語言來代換可以說是「輸入、處理、輸出」，對人類來說就像是「認知、判斷、操作」這三件事（圖 6-19）。

這三個流程其實關係緊密、互相交錯混雜，無法俐落地切分開來，而且在執行較大型的任務時，光是「辨識」流程當中就會存在著許許多多小任務在裡面。小任務多多少少也都會經歷「辨識、判斷、執行」的流程，所以掌握這三個流程的概念，應該就更能體會 AI 是經歷了什麼樣的流程才得以完成任務的囉。

一切的開端都始於「辨識」流程

圖像辨識與語音辨識這些去辨別「資訊是什麼」的流程至關重要。**以自動駕駛車輛來說，就是運用視覺影像、雷達、聲納、GPS 來辨識周遭環境，又以資料分析的預測型任務來說，則是分類、蒐集統計資料**（圖 6-20）。「辨識」目前是 AI 擅長的領域。透過先前講解過的深度學習（第 5 章）與分析統計資料（第 3 章）的技術，電腦變得比以往更能理解我們告訴它的資料，而人類目前所面臨的「辨識」相關問題與任務，大多都已經可以交由 AI 代勞。

不過，AI 能辨識極大量且多樣化的資訊，遠超過我們人類所能及。以自動駕駛車輛來說，不僅是運用自己車上的許多感測器，甚至還能透過別的車輛上、或者馬路上的偵測器所取得的資訊，達到更充分辨識路況的效果。車輛本身是邊緣 AI，透過傳送資訊給雲端 AI 的同時，雲端 AI 也回傳所有蒐集而來的資訊，自動駕駛車輛藉此得以瞬間知道自己周圍的車輛速度、現在位置資訊、行人與路況。

圖 6-19　自動駕駛所必須的「辨識、判斷、執行」

辨識、認知（輸入）		判斷（處理）		執行、操作（輸出）

運用各種感知器來偵測行人

判斷會不會追撞行人、
需不需要閃避、該不該踩煞車

用最合適的力道來踩煞車減速

圖 6-20　「自動駕駛車輛如何辨識路況」

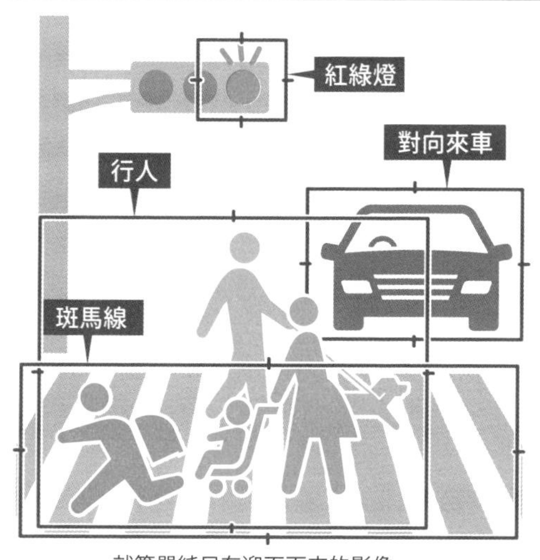

就算單純只有迎面而來的影像，
需要辨識的元素也相當繁雜。
若無法全部正確辨識，就無法做到自動駕駛

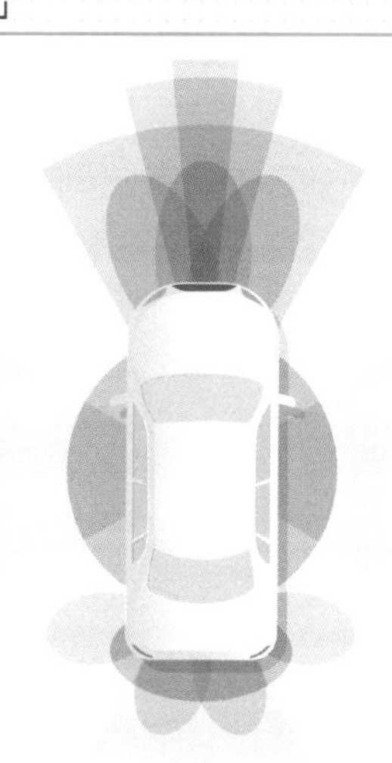

運用鏡頭、雷達、雷達掃描器、
聲納等感知器，來辨別路況

Point

- 自動駕駛車輛要完成的任務有「辨識、判斷、執行」三種。
- 須完成的任務就在相似的流程不斷迭代遂行當中持續推進。
- 辨識路況不單單仰賴圖像辨識，還需依靠大量的感知器共同幫忙才能完成。
- 搭載了邊緣 AI，讓自動駕駛車輛的安全性更為提升。

完成交辦的任務 ② ～自動駕駛車輛如何判斷與操作～

從辨識完成的資訊來「判斷」狀況與採取行動

人們賦予 AI 的任務大多數是「辨識」本身，有些任務只要能知道「這是 OOO」就算是大功告成了。但是，處理自動駕駛車輛這種極為複雜任務的 AI 可不能就此打卡下班，必須使用辨識完成的資訊來進入「現在是什麼情況」、「該採取什麼行動」的判斷流程。判斷會需要用到以規則為基礎的決策演算法（章節 2-7）與仰賴經驗的機器學習（第 4 章），才能建構判斷標準，做出正確的判斷。

「判斷」是對自動駕駛車輛的 AI 來說最困難的流程，即便已經知道了路人與紅綠燈的情況，該不該讓自己移動、周圍環境接下來會如何變化，這對人類來說也是很有難度的事情（圖 6-21）。判斷的成效孰優孰劣還得實際試試看才知道，只能不斷地透過測試與模擬，持續建立規則與提升學習演算法，並不斷調整資料，努力做到能夠做出適當的判斷。

根據做出的判斷來「操作、執行」

知道了自己該採取什麼行動之後，就剩下做該做的事了。以自動駕駛車輛來說，操作上不外乎就是轉向、加減速、啟閉車輛指示燈號。不過，該如何適當地轉動方向盤與加減速，也得考量車輛與路面的狀態。因此，為了要能夠一邊操作車輛、一邊去判斷該操作是否有達成預期，就需要再放入「辨識、判斷」的流程，去重複這一連串的過程（圖 6-22）。

再以無人機與工業用機器人來說，視情況可能需要極為細膩的操作，為了要能夠調整推力與壓力，需要透過建構規則型與狀態型（章節 2-7），架構起能高速且能輸出正確數值的程式。用在車輛以外的 AI，主要「執行」的任務就像是傳送資訊、顯示、下達指令等，跟辨識及判斷相比，是稍微比較單純些的處理。

圖 6-21 自動駕駛車輛需要執行相當困難的「判斷」

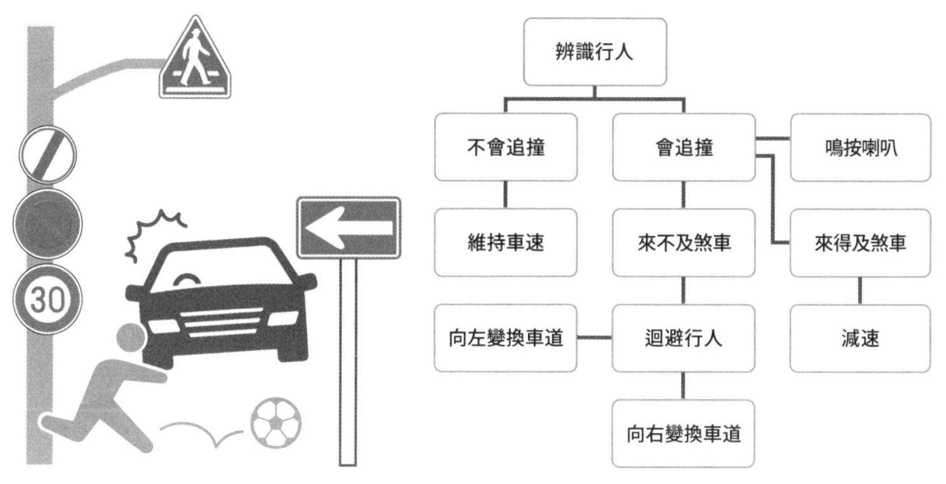

要能分辨標誌與行人並不難。
另一方面，正確分辨標誌，並配合標誌與行人來做出合適的判斷就相當困難

➡ **看是配合狀況、以規則型的做法來建構判斷標準，或是運用機器學習來學習適當的判斷方法**

圖 6-22 辨識、判斷、執行是什麼概念

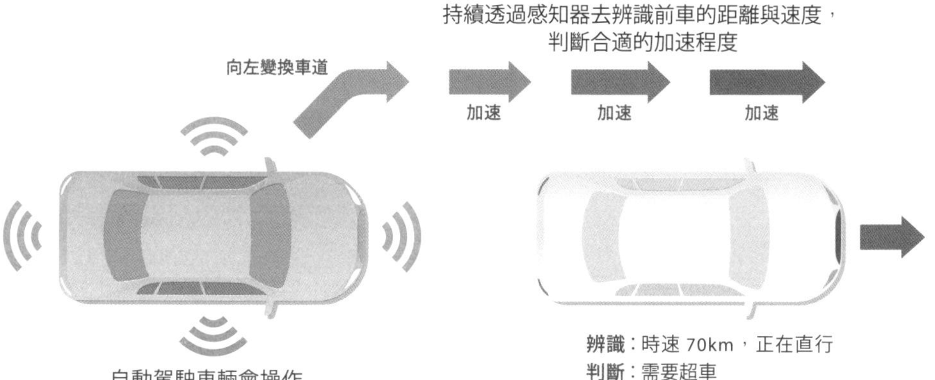

Point

- 自動駕駛車輛最難的是「判斷」。
- 透過決策演算法與機器學習來學會判斷標準。
- 依據判斷去實施的「執行」，大多是較為單純的事情。
- 較單純的任務可以透過規則型與狀態型演算法來執行。

遊戲 AI 加速了 AI 的進步與成長

遊戲 AI 在 AI 研究當中扮演什麼角色

深度學習真正的實力家喻戶曉之時，是在圍棋 AI「AlphaGo」贏過世界冠軍的那一刻。在那之前人們對深度學習的理解，不外乎就是停留在圖像辨識功能越來越厲害，而對深度學習到底有多重要則是一知半解。當伴隨著西洋棋、機智問答這類與人類比賽的賽事或遊戲呈現時，人們較容易去看出究竟是人類還是 AI 技高一籌，就連普通人也可以看得出來的「這一刻，世界冠軍敗給了 AI」，當時媒體也是唯恐天下不亂地大肆報導（圖 6-23）。

不過，遊戲 AI 出現的目的並非是用來作為公關宣傳。機器學習理論有著「不讓電腦學看看，怎麼知道是好還是壞」的缺點，大部分的時候都在「該讓電腦去學習什麼好」的地方就跌跤。可是，**因為在遊戲世界當中，就具備了理想的環境、與能夠運用資料來進行學習的關係，用來測試新的機器學習與 AI 理論是恰到好處**。甚至我們可以說，最先進的 AI 理論，都是在遊戲與模擬的界當中被研發出來的呢！

如何讓遊戲 AI 運用到現實社會

談論在遊戲與模擬上已經戰功彪炳的 AI，換到現實社會當中是否仍有用武之地，可就不是件簡單的事了。現實社會當中充斥著極多的不確定因素，也必須要考慮漏洞與失誤所造成的災害及惡意攻擊，假使 AI 真的在現實社會表現得比人類還要好，但只要仍存在著責任歸屬不明確與漏洞這些人類所沒有的缺點，就依然不夠實用。

話雖如此，自動駕駛車輛與無人機、乃至於監視器的影像辨識，確實已經經過了遊戲與模擬的過程之後，進入到了我們生活的現實社會。雖然並非是將遊戲當中的演算法整套搬過來用，但經過遊戲證實了新的做法有效，在遊戲當中運用「預訓練（章節 4-10）」來進行學習，使新的技術得以更加容易地應用到現實社會的完整流程，還真的是環環相扣、缺一不可。縱使 AI 的優異表現還僅止於遊戲與模擬當中的虛擬世界，不過遊戲 AI 可以說是預測 AI 將會如何進步成長時，不可或缺的存在呢！

圖 6-23　遊戲 AI 是為人們展示 AI 進步到多厲害的指標

AI	開發單位	比賽對手跟戰況
DeepBlue	IBM	**西洋棋世界冠軍** IBM 所開發的「DeepBlue」打敗了西洋棋世界冠軍
Watson	IBM	**機智問答節目「危險邊緣！」** IBM 的「Watson」在機智問答節目「危險邊緣！」上贏過人類
AlphaGo	Google	**頂尖圍棋棋士** Google 的「AlphaGo」擊敗了頂尖棋士

➡當全世界又再次感受到 AI 有所進展時，通常都與遊戲 AI 脫不了關係

圖 6-24　在模擬當中進行測試的 AI

模擬在許多車輛行進中的馬路上，自動駕駛車輛的程式該如何作動

在遊戲中模擬並測試輔助駕駛 AI 該如何介入人類的駕駛過程，並進行安全操駕

透過對車輛搭載的感知器傳遞模擬了人類與障礙物的「模擬訊號」，確認感知器與 AI 會如何反應

➡所有的 AI 都必須先在宛如遊戲的「虛擬世界裡」充分測試，才能進入到現實社會的測試上

Point

- 遊戲 AI 讓更多人知道 AI 進步到哪裡。
- 遊戲這類虛擬世界最適合用來測試 AI。
- 最先進的理論與研究都是在遊戲與模擬當中進行的。
- 遊戲 AI 是為人們展示 AI 進步到多厲害的指標。

依據看得見的資訊來改變戰術

所有資訊都公開的完全資訊對局遊戲

遊戲 AI 最重要的部分在於有完全資訊對局遊戲與不完全資訊對局遊戲的分別。**完全資訊對局遊戲是指敵我的手牌或選項都完全公開的遊戲**，例如像是圍棋、西洋棋這種步法與棋子無法隱藏的棋盤遊戲（圖 6-25）。由於所有可能發生的事情都能從盤面知曉，因此理論上來說就可以搜尋（章節 2-2）出所有的行棋步法，找到「最好的選擇」。不過，圍棋與將棋由於選項太過龐大，就連電腦也無法找出所有的路數。在選擇已經較少的終盤可能還有機會也說不定，但要是序盤、中盤這些較為早期的戰況，還真的是完全不可能。

於是我們需要能夠透過「戰術預測」、「盤面分析」這類的資料分析方法來研究戰術的 AI，透過統計上的手法分析當下的選項、局面是否對我方有利，以及當對手出招時，對我方的影響是否有害。深度學習剛好擅長這些統計分析，因此很早就在這層面上發揮了相當大的效益。

存在不確定因素的不完全資訊對局遊戲

反之，**手牌可以隱藏或覆蓋等存在著不確定因素的賽局，則稱之為不完全資訊對局遊戲**，某程度上需要幸運女神的眷顧才能勝出。麻將、撲克牌、遊戲機則有一半以上都是屬於這類（圖 6-26）。另外，像是駕駛汽車這種現實社會當中的活動，也可以稱得上是某種為了達到目的的不完全資訊對局遊戲。不完全資訊對局遊戲對遊戲 AI 來說是相當棘手的，不過還是可以透過統計型的機器學習方法來發揮成效。目前已經研發出可以贏過麻將與撲克牌職業好手的遊戲 AI，慢慢地克服原本不擅長的事。

這些遊戲 AI 在努力達成目的時還會學習人類的思維與心理，透過強化式學習與逆向強化式學習（章節 4-6）來持續精進自己。比方說，在打麻將時棄牌、在玩撲克牌時察覺對手的加碼習性與心理狀態、在經濟學上則嘗試判讀金錢的流動等等，都是從無限多種因素當中，試著去在學習時將注意力放在重點來下功夫，以致於即使面對不完全資訊對局遊戲，也還是能獲得佳績。

圖 6-25 完全資訊對局遊戲的特徵

西洋棋

將棋

圍棋

透過搜尋來推導下一手，並且搭配使用統計技巧來分析、評估，而能下出更好的棋步

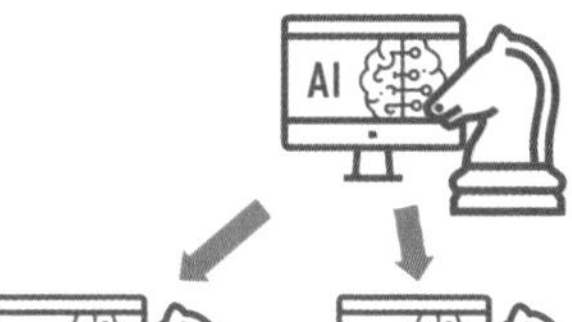

➡ **AI 擅長完全資訊對局遊戲，就算是稱霸人類世界的頂尖好手也已經贏不了 AI 了**

圖 6-26 不完全資訊對局遊戲的特徵

撲克牌

麻將

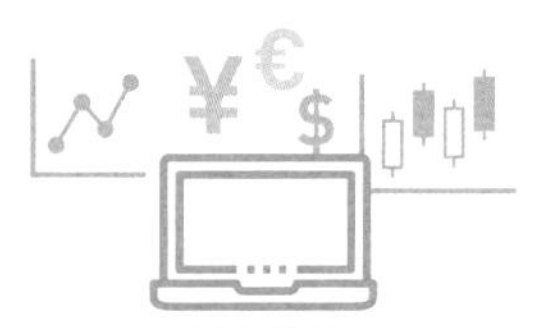
股票交易

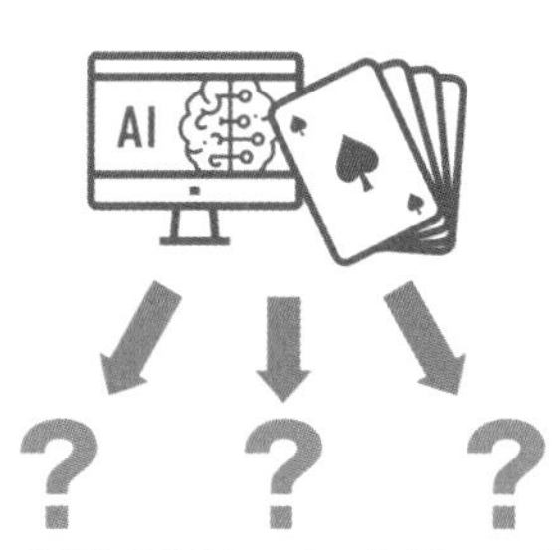

不知道對手的牌、也不知道下一張會抽到什麼牌，所以無法透過搜尋、評估這些方法來找出致勝的牌路

➡ **在不完全資訊對局遊戲當中，除了比賽輸贏之外還有許多應該考量的部分，需要兼顧機率與雙方比分差距來評估對手的心理狀態**

Point

- 所有選項都公開的完全資訊對局遊戲，AI 可以使用單純的搜尋與評估來做出不錯的表現。
- 選項並未全數公開的不完全資訊對局遊戲當中，必須要考慮機率與評估對手心理狀態，由於這樣的思考狀態較為複雜，AI 稍微有點力不從心。

解釋人類判斷標準的賽局理論

將現實社會視為賽局來思考的「賽局理論」

賽局理論是現實社會中最常用來應對不完全資訊對局遊戲的思維。賽局理論是指一群人運用有效的策略來取得利益、獲得勝利。**賽局理論當中特別將人類「追求利益的合理心態」化作理論來應用在策略上**，使得賽局一詞並不侷限在經濟學，連社會學、心理學、生物科學等也都能靈活運用。

有鑑於此，當然遊戲 AI 也能使用。尤其是在不完全資訊對局遊戲當中，因為找不到選項，所以無法透過搜尋找出最佳的選擇為何。但是，了解求勝之人的心理，就能找出讓利益與勝率最大化的選項。導入了賽局理論思維的撲克牌 AI，終於能跟專業好手戰得不分軒輊了。

囚徒困境中的納許均衡與柏拉圖最適

賽局理論當中有著各式各樣的策略，當中佔有一席之地的就屬納許均衡與柏拉圖最適。納許均衡是**所有利害關係人都只選擇讓自己的利益最大化、達到除此之外別無他選的狀態**，而柏拉圖最適則是指**不犧牲任何人、來達到全體利益最大化的狀態**（圖 6-27）。如果能同時達到這兩個概念是最理想的情況，但大多時候無法魚與熊掌兼得。有些情況會宛如囚徒困境（圖 6-28）般地以個人利益為優先、大幅降低整體利益。當個人與全體的利益無法同時最大化時，該優先考慮個人、還是優先顧慮全體，就會影響研擬策略的方向。

人類是以自身利益為優先的生物，自然就會比較傾向納許均衡，但有些情況會因為相關人士的利害關係而努力去達成柏拉圖最適。遊戲 AI 就運用這些理論，透過將人類的思維轉化為理論來評估自身所處的狀況與目標，促成了電腦能在許多的競賽當中得到與人類平起平坐、甚至是有過之而無不及的成果。

圖 6-27　納許均衡與柏拉圖最適

選擇不自白

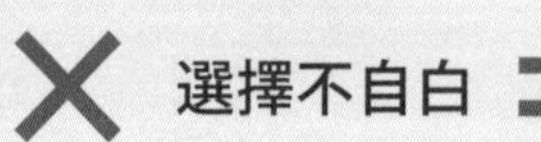

雖然自己可能陷入不利的局面，
但卻是對整個群體最有利的選擇
柏拉圖最適

選擇自白

選擇自白

雖然可能會陷整體於不義，
但可以讓自己迴避巨大風險
納許均衡

若考量整體利益的選項（不自白），雖然可以使整體與個人的利益都最大化，
但若是希望能盡可能地降低自身所必須承受的風險，
則有損整體利益的選項（自白）就會是最佳選項

圖 6-28　囚徒困境

	自白	不自白
自白	懲役 5 年 納許均衡	只有嫌疑犯 B 需要懲役 10 年
不自白	只有嫌疑犯 A 需要懲役 10 年	懲役 2 年 柏拉圖最適

囚徒困境是「柏拉圖最適」與「納許均衡」的選擇會產生較大差異的情境。
讓「柏拉圖最適」與「納許均衡」的選擇所產生的差異縮小，
就有可能創造在個人利益最大化的同時，也能促進整體的利益的最理想的社會

Point

- 「賽局理論」是追求利益的合理心理狀態的理論。
- 意圖使各自的利益最大化的「納許均衡」。
- 「柏拉圖最適」可以讓整體產生利益最大化。
- 透過將人類心理化作理論，AI 也能做出最佳的選擇。

在生活上與工作上都有 AI 與人類通力合作的時候

人類協助 AI 進行工作

經過 60 年以上的研究，AI 從研究室與遊戲當中，開始走入了人類社會。可是，那還不是「AI 能為我們代勞所有的事」這種如夢似幻的願景，而是人類與 AI 的協作的形式。主要分為兩大部分，首先是「人類協助 AI 進行工作」的形式。

AI 在理想的環境下雖然能發揮超越人類的能力，但是現實社會通常距離理想環境相當遙遠，並且會發生許多意想不到的例外現象。此時，**人類就必須要介入來解決問題，視必要性再來訓練 AI 或者調整，努力提升 AI 的可靠度**（圖 6-29）。另外，並非所有人都能了解 AI 的特性，所以還需要有懂得 AI 的專人來說明如何導入、運用、改善、講解 AI 的各種流程才行。

AI 協助人類進行工作

第二種形式則是「AI 協助人類進行工作」。這部分包含了過去我們軟體運用上的層面之外，還延伸到「將複雜的資訊視覺化」、「提出將來的可行性」等，幫助人類在判斷與行動上可以更確實、快速地完成。**與過去的軟體最大的差異就在於，AI 已經可以理解原本專屬於人類才有的「影像」、「聲音」、「語言」等資訊的傳遞了**。以往我們必須要用電腦看得懂的指令來驅動，現在則是透過日常說話的語言就可以讓電腦明白我們希望它做到的事情，而人類所看到的影像、聽到的聲音，也不再需要轉檔降階，已經可以直接丟給電腦去做出適當的資訊分析了（圖 6-30）。

AI 助理就是很好的例子。我們只需要口頭給予指示，它就會完成被賦予的任務。例如從告訴我們照片當中的人是誰、歌曲的歌名與歌手是誰等。同樣的事情在「醫療」、「製造」、「物流」、「經濟」等各式各樣的領域也都已經能辦到，因為 AI 的幫忙，讓人類的生產力大幅提升了。

圖 6-29 人類與 AI 的合作區分

只有人類才能完成的事情	電腦幫忙人類完成職責	人類協助 AI 來遂行任務	只能由 AI 完成／可交辦的事情
			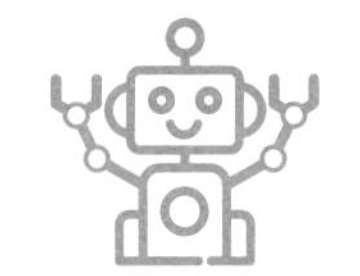
經營、判斷	蒐集、分析資訊	訓練、調整	預測、重複性質的工作
管理、營運	視覺化、具體化	介入、說明	大規模資訊處理

➡ AI 與人類的協作是藉由雙方互助合作的型態來運作。
單靠電腦就能完成的作業還沒有太多

圖 6-30 技術進步的同時，互相合作的類型也隨之改變

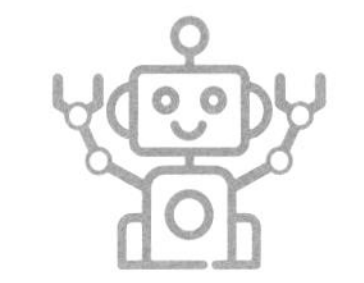

創作型任務
原本只有人類才能做到的創作，也逐漸演變成與機器／AI 通力合作

資料分析
過去主要由人類執行資料分析，
現在則已經成為了 AI 負責去完成的工作

NEW
管理、營運整個 AI 系統
出現了由人類來針對 AI 與機器的整體系統流程去設定目標、管理的全新工作

預測、辨識
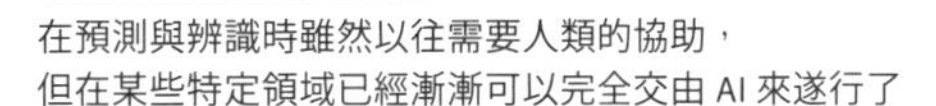
在預測與辨識時雖然以往需要人類的協助，
但在某些特定領域已經漸漸可以完全交由 AI 來遂行了

Point

- AI 與人類的協作分為「人類協助 AI 進行工作」與「AI 協助人類進行工作」。
- 在尚未調整完善的 AI 與不了解 AI 的人之間，還需要人為居中介入才能圓滿。
- AI 在資訊處理方面宛如是人類能力的延伸，相得益彰。

請你跟我這樣做

使用深度學習合成圖像

由於圖像處理技術的提升，催生了運用照片與繪畫來產生圖像的應用。雖然有許多不同風格的應用，不過要說既是每個人都可以輕鬆好上手、又能簡單掌握深度學習概念的，想必就非「Deepart（https://deepart.io/）」莫屬了。（譯註：deepart.io 這個網址已失效，不過，搜尋「deepart.io」還是可以找到一些相關介紹。）

這是在深度學習相當早期就出現的服務，只要準備好兩張圖片，就能產生合成圖像。基本上就是將照片與插畫進行組合，把照片轉換為「插畫風」。

自由組裝素材

拿來使用的圖像不是照片與插畫也沒關係，兩張插畫一樣可以進行合成。而當我們把預先設想好的風景與動物的圖像進一步合成後，就可以產生以假亂真、宛如來自藝術家之手的繪畫作品囉。

產生圖像、或是合成圖像的應用還有很多可以選擇。例如從文章去產生圖像的「Hypnogram（http://hypnogram.xyz/）」、還有自動產生動畫角色的「This Anime Does Not Exist（https://thisanimedoesnotexist.ai/index_jp.html）」，都是簡單有趣的應用。有興趣的同學不妨可以試著操作看看喔。

第7章

與其他領域交流而持續進化的AI

～AI究竟在哪些產業大放異彩～

醫療 AI ①
～臨床現場幫幫忙～

幫助醫師進行門診所需的診斷

AI 進入到應用階段後，也出現了商業應用服務。尤其是在人力短缺的醫療領域當中，AI 的蹤跡更是明顯，並且基於協助診斷的 AI 導入便捷、成效卓越，相當受到關注。

診斷輔助 AI 是可以依據病患的症狀與檢查結果，來推斷病症與合適的治療方式的 AI。就算醫師具備了豐富的疾病相關知識，但在自己熟悉的領域之外的情況、或是罕見疾病就會比較難發現，且並非總是能夠找出最佳的治療方式。實際上，**在導入診斷輔助 AI 後，不乏有著 AI 找到了醫師沒發覺的病症、還有 AI 所提出的治療方式確實治好了難以痊癒的疾病等案例**。另外，在需要精確的技術與龐大的工作量的圖像診斷上，更是效果非凡，迅速地提交出堪比專業醫師的診斷結果，也因此這部分的 AI 持續都在進行研究開發（圖 7-1）。

支援手術以減輕手術所帶來的負擔

與機器人搭配一起動手術的手術輔助 AI 也已經問世了。人類透過操作機器手臂來執行細膩且複雜的機器人手術，已經相當普及。而現在更近一步，AI 已經可以自己執行手術了。

由 AI 與機器人來擔任執刀醫生在手術上的輔助工作，眼睛看不見的臟器狀況與位置就透過 MRI 或超音波進行診斷、進行最即時的分析，從資訊層面上來輔助醫師進行手術。AI 們的輔助不僅大大地減少了醫師在執行手術時的負擔，還能搭配診斷支援來正確地預測術後風險，提供最合適的措施給醫師。而目前還有在專為手術開始之前的階段，研發能確切掌握哪些醫院有多少手術資源可用、並找出該將急救病患運送到最適合的醫院的系統（圖 7-2）。**AI 不單單只有在手術時可以幫上忙，在手術之前、之後，甚至是手術相關的所有場合，都可以見到 AI 活躍的身影**。藉由搭配了遠端治療，未來偏鄉地區也不必再受舟車勞頓之苦，就能享有與都會區幾乎相同的醫療服務了。這是不是很令人期待呀！

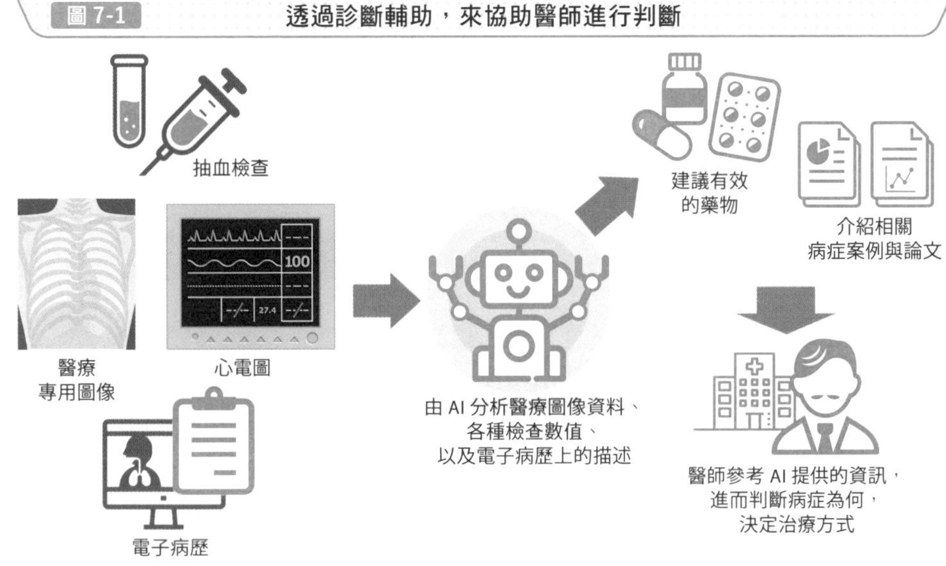

圖 7-2 針對手術來進行直接或間接的輔助

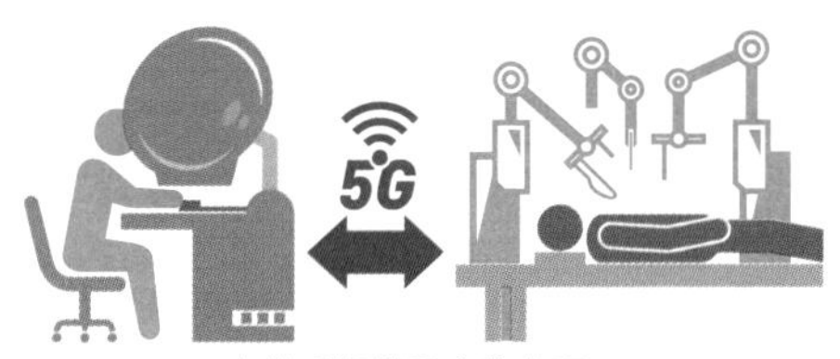

由於手術機器人的出現，
讓遠端治療與運用 AI 來輔助手術得以實現

AI 已經能擔任
手術助理與執行簡單的任務了

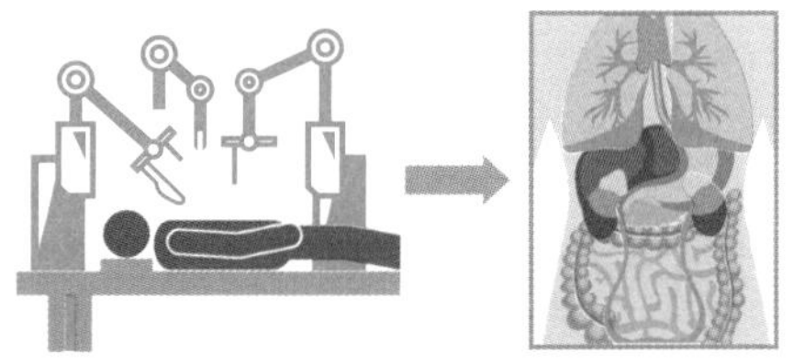

在手術過程中，透過 AI 的圖像處理，
讓肉眼無法直接看見的臟器狀態可以一覽無遺

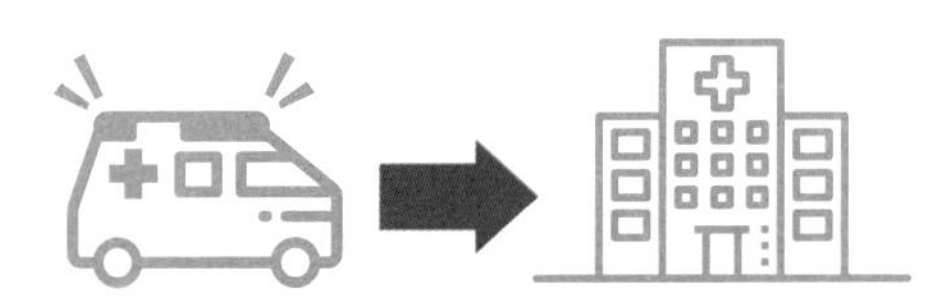

透過 AI 確切掌握手術的醫療資源，
以最快的速度決定要讓救護車將病患
載到哪家醫院急救

Point

- 診斷輔助 AI 可以從症狀與檢查結果來推斷病症與治療方式。
- 手術輔助 AI 可以直接、也可以間接地來協助手術過程。
- 術前資源分配、術後風險管理，都是 AI 可以幫上忙的部分。
- 因為 AI 而獲救的案例已有增加。

醫療 AI ②
～在艱難領域中不斷發展的 AI 應用～

大幅提升了醫藥品開發的效率

AI 也在醫藥品開發上做出了不少貢獻。藥品是透過結合了數不清的化合物而成的產物，而在宛如繁星數量般的眾多組合當中，能對疾病發揮治療作用的成分組合可以說是微乎其微。過去，醫藥品開發得不斷試做，在經歷無數次試了又錯、錯了再試的過程，才終於能開發出藥品，但現在透過 AI 的協助，得以更加有效率地找出有療效的藥物成分。運用 AI 篩選出可能導致疾病成因的蛋白質與基因，再篩選找出哪些化合物對病灶有效，**以相當高的機率來找出可以對症下藥的化合物**（圖 7-3）。

然後，開發出來的**醫藥品的臨床試驗上，也能運用 AI 模擬與選擇合適的受試者，大幅度地縮短臨床試驗所需要的期間**。藉由在第一時間確認到臨床試驗當中受試者的身體狀況變化，以利準確地掌握藥效。目前已經在許多疾病與感染症的醫藥品開發上獲得良好成效，期待透過降低醫藥品的開發期間與成本，未來病患都能夠以更平價的費用享有更優質的藥物治療。

更快、更詳盡的基因組分析

就算是超級電腦，要分析人類的基因也得耗費十幾個小時，不過 AI 卻只需要幾十分鐘就能搞定，且由於精確度提高的關係，用途也更加廣泛了。除了專門開發醫藥品的基因組分析之外，**AI 還能夠分析基因突變的細胞、與容易惡化為疾病的基因**（圖 7-4）。運用圖像診斷 AI 來鎖定病變的部位、對細胞採樣、再以基因組分析來判斷是良性還是惡性的流程，已經能在相當短的時間內就完成。

如此一來除了可以儘早發現癌症、盡快給予最合適的治療之外，也能區分出哪些人容易罹患什麼疾病，進而實施預防治療。另外，分析基因所需的時間縮短、成本降低，讓普羅大眾都有能力去進行基因組分析，而 AI 則能依據需求調配出最佳配方的藥物。AI 不僅在高端醫療相當活躍，連切身的照護需求上也相當受用。

圖 7-3 運用 AI 篩選出能夠對症下藥的化合物

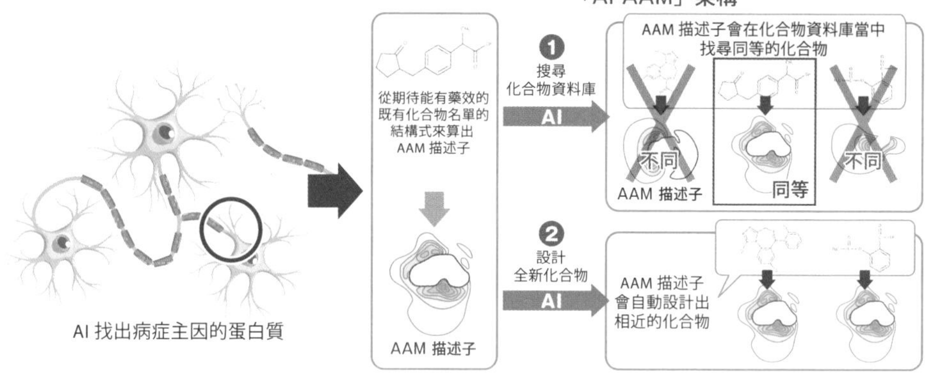

出處：引用自奧野恭史『人工智慧在藥物開發上的應用』
https://www.mhlw.go.jp/file/05-Shingikai-10601000-Daijinkanboukouseikagakuka-Kouseikagakuka/0000154209.pdf

AI 會建立「這種結構的化合物應該就能對特定的蛋白質發揮作用」的預測，從既有的藥物當中來找尋相似的化合物，如果沒有的話則會自行設計

圖 7-4 AI 提升了基因組分析的效率

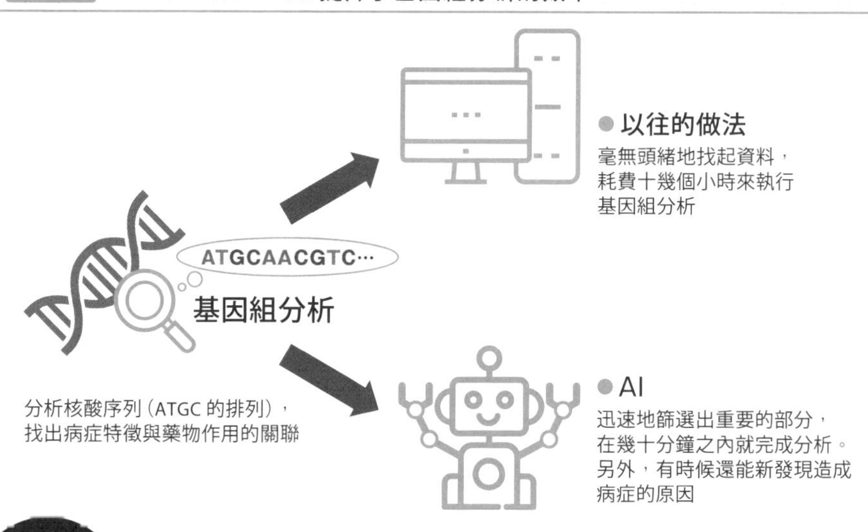

Point

- AI 能鎖定產生病症的原因在哪個部位，並篩選對症下藥的化合物。
- AI 不僅能幫助藥物開發，也能提升臨床實驗流程上的效率。
- AI 提升了基因組分析的效率，得以很快速地找到惡性腫瘤。
- 也可以透過基因組分析來預測可能罹患的疾病了。

醫療 AI ③ ～整頓好持續進步所需要的資料～

醫療資料庫：運用在研究上

在醫療 AI 的研究開發當中需要各式各樣的醫療資料。可是，醫療資料在個資當中屬於「須審慎使用」的特別分類，無法任意取用。為此，先進國家在處理醫療資料時，通常會以匿名方式處理、並且委由獲得認證的事業單位以資料庫的方式來管理，每個環節都比處理一般資料時還要嚴格許多。

醫療資料的形式五花八門，有醫療圖像資料、抽血檢查結果、電子病歷等，且**僅限醫療領域的研究開發與治療病患時才可提供給大學、研究機構、企業**，去運用在圖像分析、統計分析、自然語言處理等研發醫療 AI 的場合（圖 7-5）。

採用機器學習研發新型醫療設備與醫藥品，勢必得要運用這些資料庫來進行學習，因此全世界都想方設法去規劃如何在顧及隱私的同時，還能持續提升資料庫的品質與規模。

醫療資料庫：運用在臨床上

醫療資料庫當中，存在著專門提供給臨床機構去用於治療病患的資料庫。資料庫當中除了存放著電子病歷之外，還有疾病的案例與治療紀錄、論文，如果遇到較難診斷的疾病、或是醫師打算嘗試從類似的病症當中去找尋有效的療法時，就可以透過資料庫的協助來進行診斷與治療（圖 7-6）。而**協助使用這個專門為醫師準備的資料庫，也是 AI 的工作**。運用自然語言處理與統計分析，從病患的電子病歷當中列舉出類似的疾病，並藉由圖像辨識從圖像資料當中找出類似症狀與治療方式。這跟先前提到的診斷 AI 的運用方式相當類似。

無論是在臨床上、還是在研究上，醫療資料庫在前述兩者領域當中都扮演著重要的角色。這不僅是為了提升醫療的品質與精確度，透過共享、獲取更多的資訊，希望可以減少臨床現場的負擔。

圖 7-5 創建醫療資料的流程

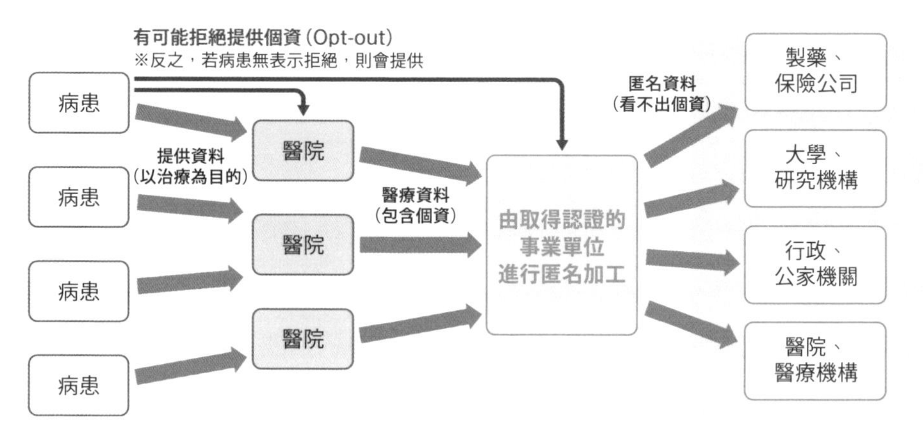

病患跟平常一樣，只要人到醫院就可以了。這時基本上不會「同意提供個資」

※以前是就算已經匿名，只要當事人沒有同意，還是無法使用個資

個資管理技術與匿名技術須達一定水準才能獲得認證。事業單位會提供已匿名處理過後的資訊

※經過匿名處理之後，就算沒有同意也可以提供使用。不過，若想拒絕還是可以拒絕

可以獲得高品質的醫療資料，用於研究與分析上。因為已經匿名，無法得知是誰的個資，且僅提供疾病與治療過程等資訊而已

圖 7-6 臨床現場也大有用處的醫療資料

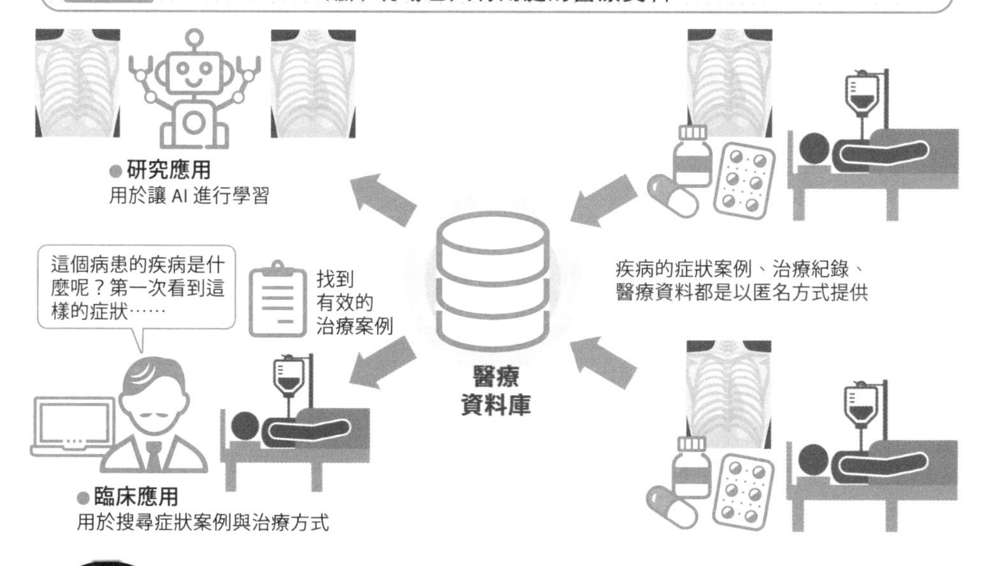

Point

- 醫療資料被分類在「須審慎使用」的類別，較難妥善處理。
- 由取得認證的事業單位對資料進行匿名處理，創建資料庫。
- 運用資料庫來達到研究、臨床雙方的目的。

金融科技 ①
～自動化的資料分析～

運用 AI 進行分析跟交易都成為了全自動

金融與保險業界也隨著金融科技（Fintech）的浪潮，與 AI 產生了密不可分的連結。對 AI 來說，只需要處理標註了數值作為參數的資產，也就是「金錢」本身，因此在金融業界的資料分析屬於 AI 的拿手好戲。AI 能靈活應用以數十年為單位所積累而來的交易資料，預測市場走勢（圖 7-7）。

另外，資產運用在某程度上來說是可以手動進行操作的。透過資料分析來預測與組合，再藉由規則型架構來創建軟體，**不只分析可以自動化、連交易本身也都能夠自動完成**。然後再搭配上機器學習，還能建構出全新的理論（營運演算法）。將人類無法判斷的細微變化與龐大的資料量都囊括其中進行考量，看出大趨勢的變化，應用在經營上頭

運用 AI 進行風險評估

金融保險業界特別重視風險評估。這不只是停留在「看數字來預測市場變化」，而是從新聞報導去「預測發生的現象會對經濟帶來什麼衝擊」的宏觀風險評估，乃至於交易時「客戶是否值得信賴」的微觀風險評估都算在內，所以為了風險評估而生的 AI 也是五花八門，有的是透過自然語言處理來匯集新聞中所出現的關鍵字（章節 3-5），也有透過監視器來監督是否有可疑舉動（章節 6-1）、還有從病歷內容預測將來可能罹患的疾病（章節 7-1），都屬於需要評估風險的環節（圖 7-8）。

除此之外，**未來是否會引起糾紛與問題的風險評估已經落伍，現在的服務已經能做到找出紛爭發生的原因、計算損害賠償金額**，且僅需要事發之後用手機拍照存證，就能計算出適當的保費。這些紛爭與問題的相關資料都會直接被應用在風險評估當中，成為風險評估精確度持續獲得提升的基石。

圖 7-7　運用各式各樣的資料來預測資產變化

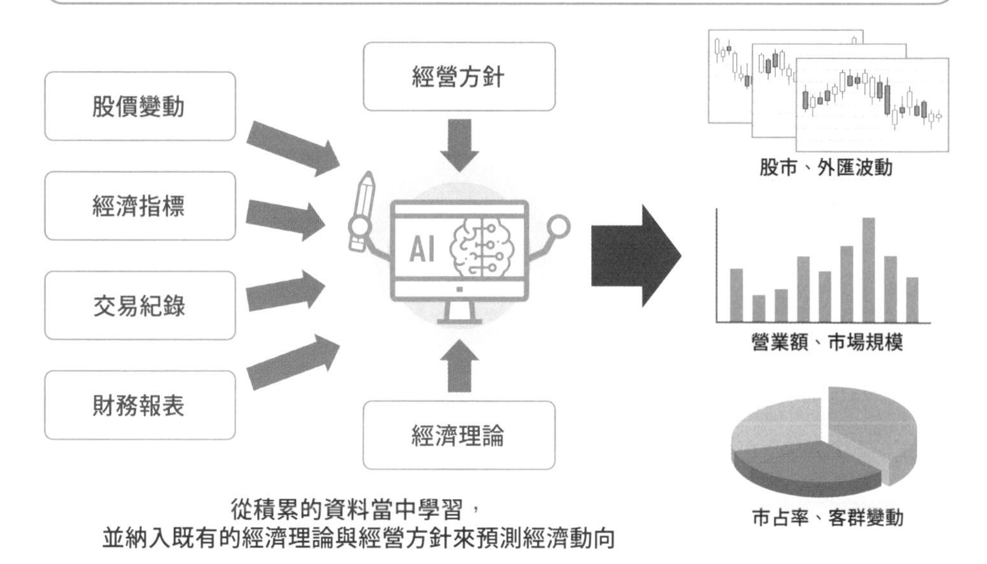

圖 7-8　運用 AI 將不穩定的風險與損害化為數值、進行評估

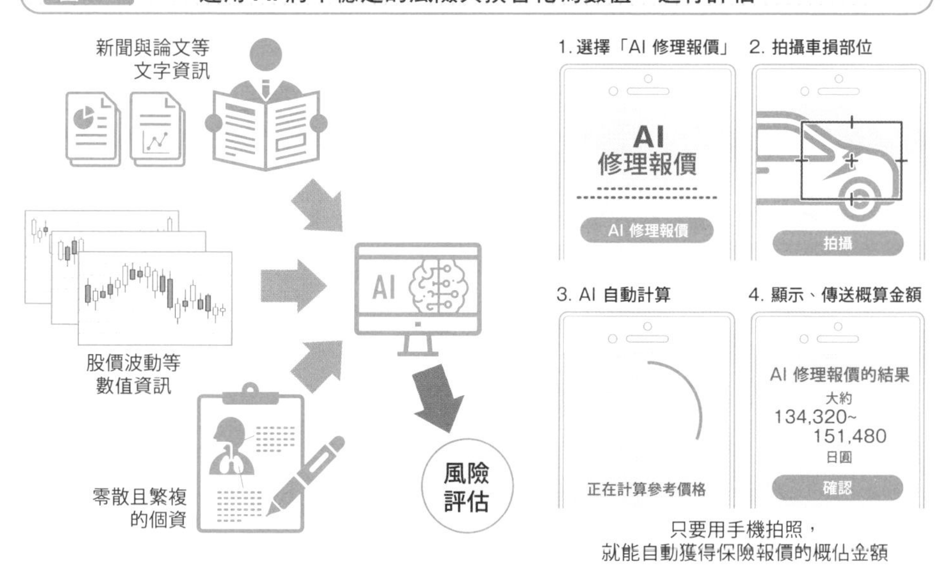

Point

- 金融、保險領域的資訊分析是 AI 的強項。
- AI 不僅可以建議交易，還能做到自動化。
- 風險的「事前預測」與「事後分析」都能看見 AI 活躍的身影。

金融科技 ②
～客戶服務與資料管理～

與 AI 對話，獲取理財建議

運用資料分析與投資演算法，就算還只是初學者，也能簡單地透過智慧投顧來完成交易。這不僅是自動完成資產的運用，AI 還會針對運用的方針與交易內容來給我們建議。另外，AI 還能勝任簽約與客服的應對窗口，代替我們來完成保險審查與申請程序，**當我們去接觸金融業與保險業時，第一個碰上的對話窗口很可能就是 AI 呢**（圖 7-9）。

如此一來，企業降低了營運上的人事成本，客戶也能輕鬆地透過 AI 開始交易，門檻降低也有助於讓更多人開始投資。人類只需要以顧問角色處理 AI 還無法應付的任務，並且專注在自身的工作上來提升服務品質就行了。

提升簽約、交易、資訊管理的效率

金融保險業界的企業支出絕大部分都是在人事費用。智慧投顧的加入，或許可以節省人事開銷，但除此之外還有可以自動化的部分嗎？有的，那就是客戶資訊管理。目前已經有透過使用臉部辨識、文字辨識等技術，就可以在短短幾分鐘之內確認當事人身分、進行融資的服務在營運了，另外還有透過智慧型手機或裝設在無人服務窗口的攝影機與掃描器來辨識身分、確認資料等，都已經能自動化地運行。有問題的交易紀錄、申請資料不夠齊全、合約內容有無觸法疑慮等都能查到，並進一步確認。如果是有裝攝影機的服務窗口，還有可能透過長相與行為舉止來揪出假冒身分前來的人、或者假裝要來辦事情的歹徒呢（圖 7-10）。

再加上將無法竄改的區塊鏈技術導入合約與交易資訊當中的話，信用資訊與交易資訊的揭露就能更快速地被執行，審核與簽約流程將會更加流暢。有著金融科技加持的新世代金融保險業，正搭上科技浪潮的順風車，快速地進入自動化的世界。

圖 7-9 智慧投顧會運用多種因素來進行綜合判斷

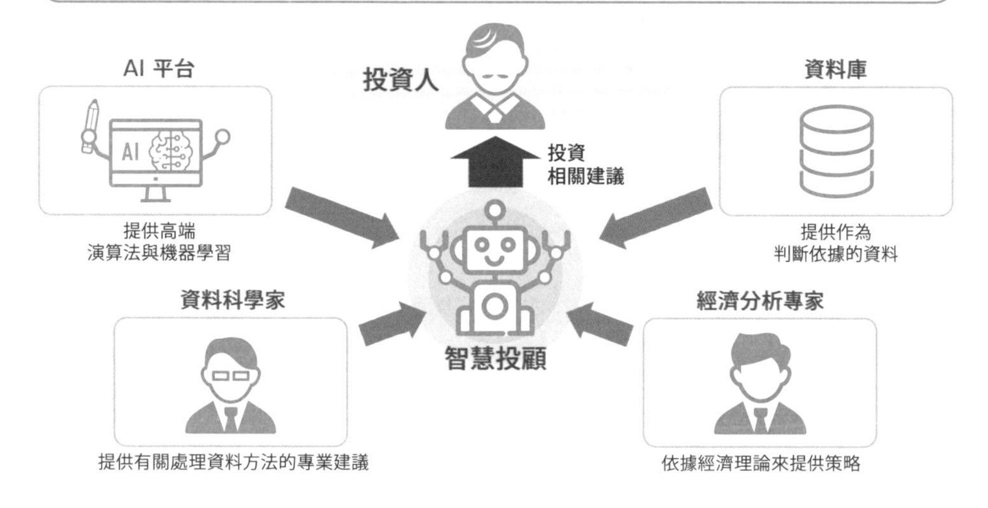

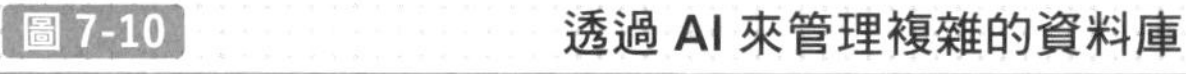
圖 7-10 透過 AI 來管理複雜的資料庫

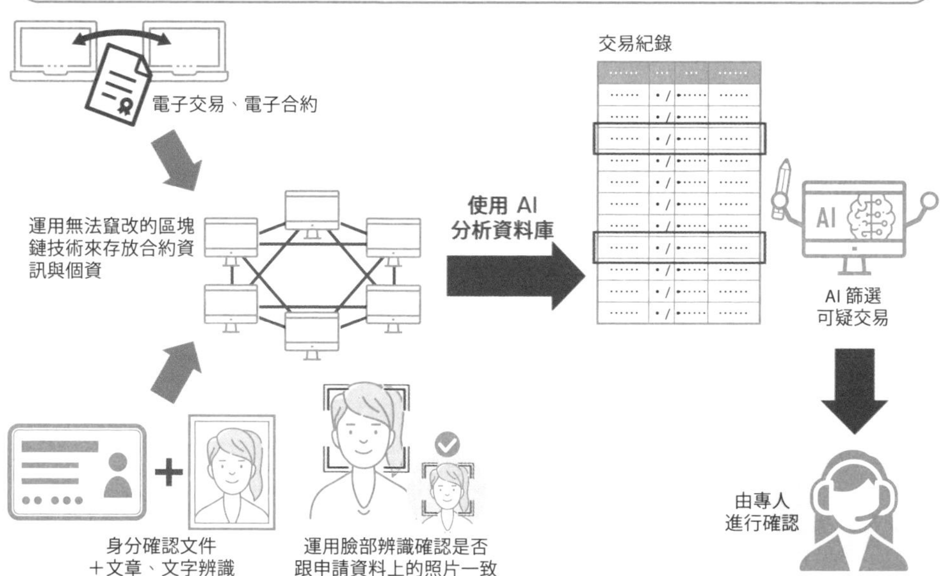

Point

- AI 降低了民眾開始投資的門檻。
- 智慧投顧讓我們能更簡單地開始資產運用。
- 使用 AI 管理客戶資訊，提高工作效率。
- 在龐大的交易資料當中，AI 能輕鬆地找出可疑交易。

機器人學 ①
～能去到更多地方的機器人～

機器人與 AI 的關聯

AI 如果是宛如大腦般具有智慧的存在，**為了要能發揮真正的性能，就需要等同於肉體的機器人**。擔任身體角色的機器人為了要能夠處理需要思考的問題，就不能只是擺擺手、動動腳，而是要確實地辨識眼前遇到的狀況，所以必須要搭載如鏡頭與雷達偵測等感知器的辨識技術、還有 IoT 等資訊通訊技術（圖 7-11）。

結合了機器人學與 AI 的技術，並不侷限在單一領域，而是以跨領域的方式進行多元的研究。自動駕駛車輛與無人機的領域或許兩者看似專業領域不同，卻也跟機器人學都脫不了關係，而義肢與人造肌肉等關乎醫療領域的層面也能看見機器人學的應用。

能去到更多地方的人型、步行機器人

在機器人學的領域當中，我們腦海中最能浮現的形象應該就屬人型機器人與步行機器人了吧？為這些貌似最接近生物樣貌的機器人導入機器學習（章節 6-5），讓機器人學習人類與生物的移動方式來找出最佳的運動方式。如此一來，**開發出來的機器人就能像人類一樣活動、去到人類可以去的地方了**。借助辨識技術，在某些特定任務上來說，機器人對周遭環境的辨識能力已經遠超人類所能及，再加上現在能跟人類一樣運用手腳，完全就能將本由人類負責的任務，委由機器人來代為遂行。

技術上來說，已經開發出可以自在行動的四足步行機器人，跟運用雙手進行後空翻與側空翻的二足步行機器人，在預設好的情境當中足以發揮與人類並駕齊驅的運動能力（圖 7-12）。不過，商業畢竟講求務實，倘若無法做到超越人類的水準、或是雇用機器人比雇用真人更便宜的話，機器人還是很難普及。就算如此，在機器學習與模擬技術（章節 6-11）的加持之下得以持續進步的 AI，將不斷跨越技術門檻勇往直前，**人型機器人儼然已度過「能不能造得出來」，進入到「賺不賺得到錢」這等關乎實用性、經濟效益的評估階段了**。

圖 7-11　在生活當中的各種技術領域都與機器人學脫不了關係

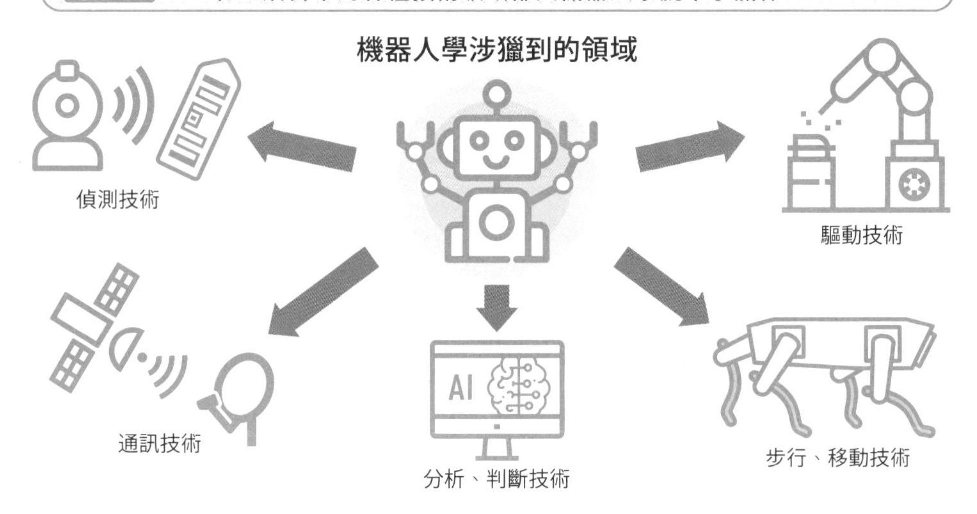

圖 7-12　能近似人類與動物般活動的步行機器人

人型、步行機器人

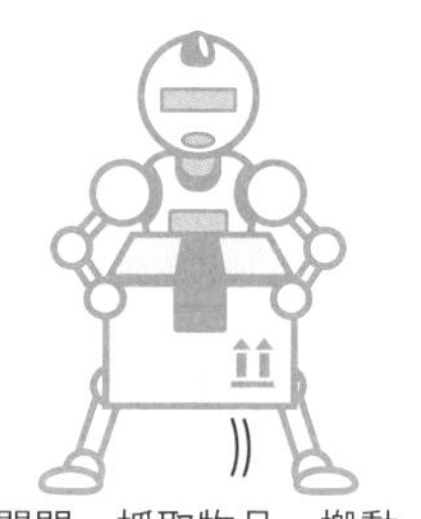

開門、抓取物品、搬動

跳躍閃避腳底下的孔洞

機器人具備毫不遜色於
人類與動物的運動能力。
也搭載了圖像辨識等 AI 技術

上樓梯、跨越障礙物

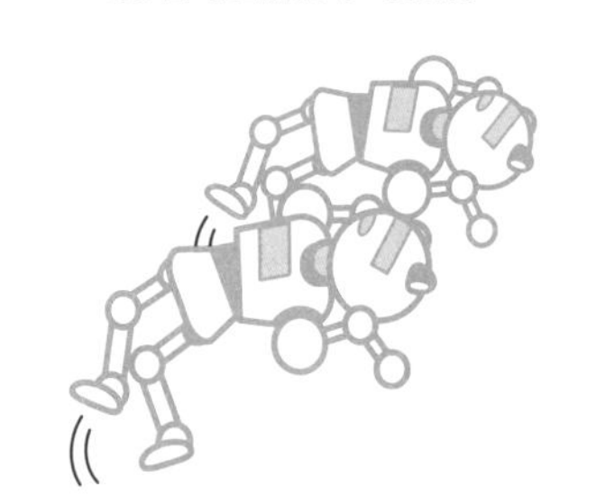

同時後空翻並著地

Point

- 機器人是 AI 的身體，更是 AI 深入我們生活所不可或缺的重要工具。
- 人型、生物形態的步行機器人透過機器學習來學會最佳的運動方式。
- 技術上來說，機器人已經達到與人及動物同等的運動層級，並持續投入商業上的研發以求未來能產生經濟效益。

機器人學 ② ～在人類社會打卡上班的機器人～

IoT 技術與工業機器人，一起跟人類完成任務

雖說人型機器人還需要一段時間才能更加實用，不過工廠內的工業機器人已經幫了我們不少忙。工業機器人的腳部（基座）與手臂的形狀及功能會依據目的去設計，達到比人類更好的效率、更高的精確度（圖 7-13）。過去，這些工業機器人的動作，都得仰賴專業工程師寫出精密的程式設計與參數調整才能做到，直到導入 AI 之後，**已經不再需要調整那麼多的參數、且原本需要複雜程式才能完成的工作，也能以簡單的程式做到，運作的精確度與效率上也都獲得了提升**。

另外再結合 IoT 技術，則宛如開啟了新世界的大門。即便在考量成本下要讓所有的機器人都搭載高性能 AI 是天方夜譚，不過像是將連線到網路的保全管制 AI，裝在通訊設備上似乎就比較容易做到了。工業機器人的效率化上，絕對需要與 IoT 互助合作。這些技術對物流也帶來重大影響，倉庫內隨處可見撿貨機器人與輸送機器人忙進忙出。未來還要應用在自動駕駛車輛與無人機上，從倉庫出貨到送達家裡，全部都由機器人自動完成。

提供服務的機器人

說到我們與 AI 的距離，最接近的就是一般家裡都會用到的掃地機器人了。而最近還有**新增了警衛、監控、對話等功能，讓掃地機器人不再只是打掃，還能看家、招呼客人**。這類的機器人多半使用輪子與滾輪移動，導致遇到像是樓梯這類有高低差的環境時容易卡關，不過隨著步行機器人持續進步，未來掃地機器人就能跟我們一樣跨越障礙，完成打掃家裡的任務了。

除此之外，穿戴在人類身上的行動輔助機器人，搭載了可以預判、偵測人類動作的 AI，學習人類如何拿捏力道，輔助人類完成想做的動作。當這項技術越發成熟，透過機器人來大幅度降低肉體勞動的日子也就不遠了（圖 7-14）。

圖 7-13　AI 持續推進工業機器人的管理與最佳化

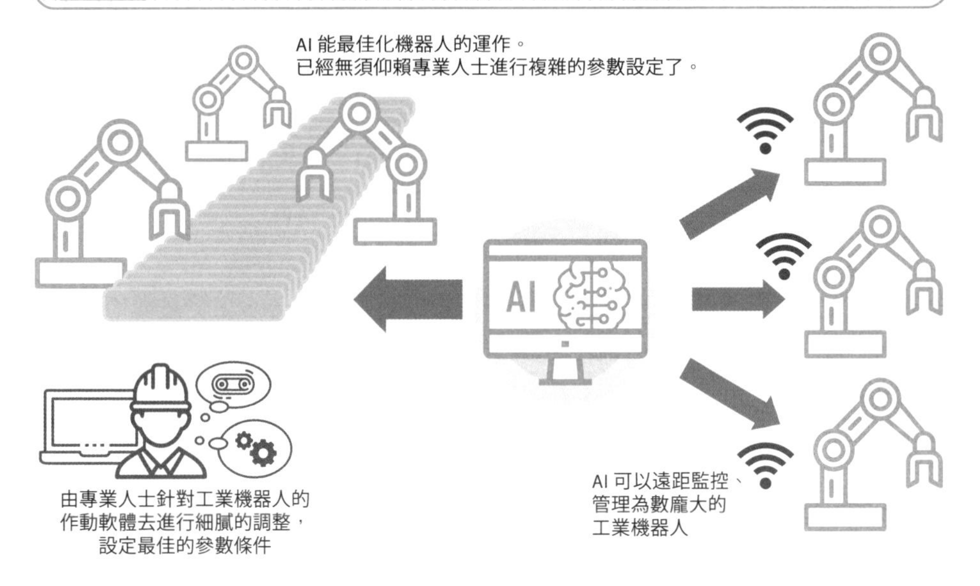

圖 7-14　與人類直接相關的機器人

對話機器人

可以擔任接待窗口
與保全等工作

掃地機器人

AI 會避開障礙物，
將地板打掃乾淨

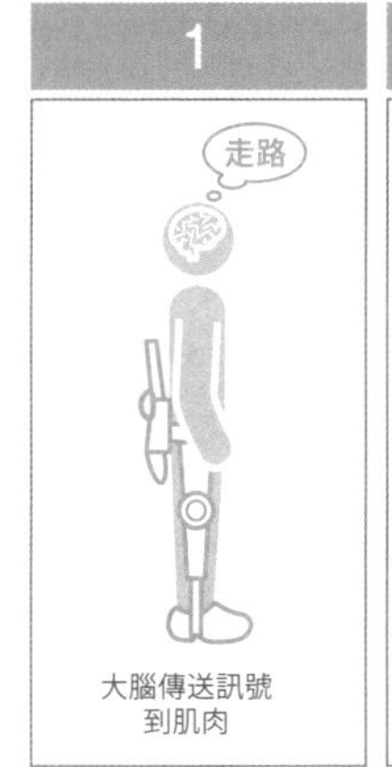

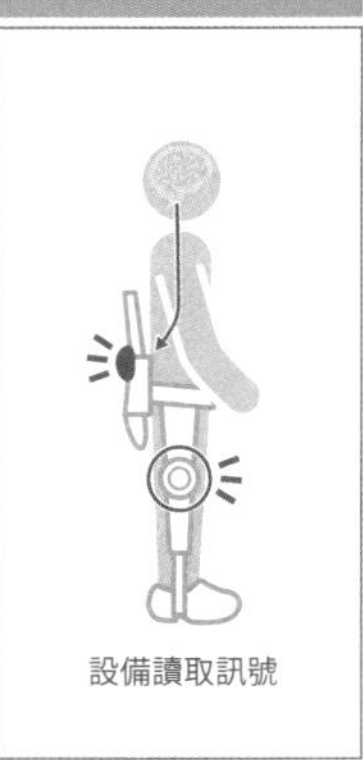

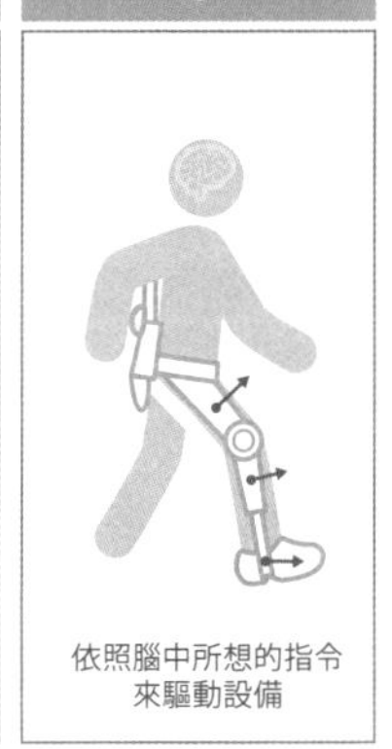

行動輔助機器人 / 義肢、義手

機器人依據人類的神經訊號、
肌肉的作動來學習如何行動

Point

- AI 提升了工業機器人的運作效率。
- AI、IoT 對工業機器人來說是不可或缺的一部分。
- 已經研發出能做到打掃、警衛、對話等功能的對話機器人。
- 幫助人類的行動輔助機器人也有搭載 AI。

自動駕駛車輛 ①
～人類尚須介入的 Level 0-3 ～

廣泛應用的 Level 0-2

自動駕駛車輛能投入市場之後，相關法規的制定也逐漸齊全。**日本國內將自動駕駛車輛分為五個等級，每個等級的自動駕駛功能都必須滿足不同層級的需求**（圖 7-15）。

首先，Level 0 是完全沒有任何自動駕駛輔助系統的一般車輛，連自動踩煞車的功能也沒有。而 Level 1 是搭載了自動煞車、自動加速、方向盤微調等駕駛輔助系統的車輛。這等級還不能稱為自動駕駛車輛。

Level 2 則是可以在高速公路放手駕駛的等級。油門、煞車、方向盤都由車輛的 AI 自己操作。不過，**Level 2 在法律上依然規定不能全權交由車輛來執行駕駛，所有行駛中的責任歸屬還是在人類身上**。雖然手可以離開方向盤、腳可以不必踩煞車，但視線還是得持續留意周遭車況，因此這個等級也被稱為 **Hand's Off**。

無須仰賴人類的 Level 3

來到 Level 3，雖然所有的駕駛操作都依然是交給 AI 去處理，但**自動駕駛過程中若發生問題的責任歸屬則變成了系統方（廠商）**。當系統提出換手的要求時，人類就必須立刻接手，所以也可以說是由 AI 與人類同心協力來駕駛的自動駕駛車輛。在這階段，法律上就允許駕駛人可以不必注意路況，在車上閱讀書籍了。而這種不需要用到眼睛來注意路況的形式就被稱為 **Eye's Off**（圖 7-16）。只是，如果系統要求人類接手駕駛權的話，就必須立刻回應並恢復到由人類駕駛，所以在車上可不能打盹或喝酒。

技術層面在 Level 2 與 Level 3 並沒有太大的落差。都是透過搭載高精確度的感測器，由 AI 判斷路況（章節 **6-4**），實現自動駕駛。只是，判斷需要換手時的監控、警示系統與自動駕駛的可信度則是天差地別，技術上的門檻落差相當高。

圖 7-15 自動駕駛車輛的等級

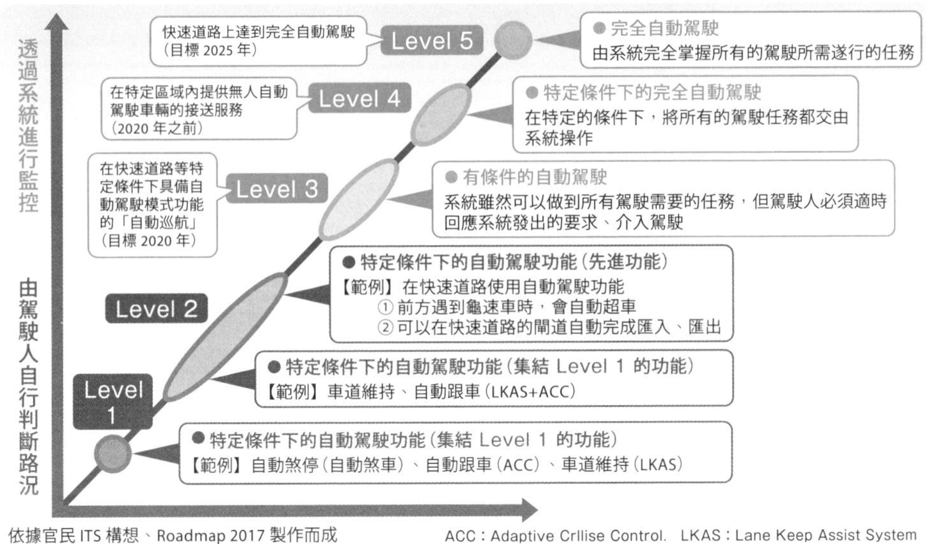

依據官民 ITS 構想、Roadmap 2017 製作而成　ACC：Adaptive Crllise Control.　LKAS：Lane Keep Assist System

出處：依據國土交通省『國土交通省致力實現自動駕駛之發展及規劃方針 參考資料』製作
URL：https://www.mlit.go.jp/common/001226541.pdf

圖 7-16 Hand's Off 與 Eye's Off 的自動駕駛車輛

Level 2 Hand's Off
車輛能代為操作方向盤、油門、煞車，
但駕駛責任歸屬於駕駛人。
視線必須注意路況

Level 3 Eye's Off
不只可以放手、連路況也無需注意。
不過，當系統要求換手時，
就必須立刻接手

Point

- 自動駕駛車輛依法分為五個等級。
- Level 1：加減速與操作方向盤其中一項委由車輛自動操作。
- Level 2：所有駕駛動作都自動化，但責任歸屬在駕駛人。
- Level 3：所有駕駛動作都自動化，雖由系統承擔責任，但人類仍須協助。
- 可以放手的 Hand's Off（Level 2）與無須注意路況的 Eye's Off（Level 3）。

自動駕駛車輛 ② ～全權交由車輛駕駛的 Level 4-5～

不需要司機的 Level 4

Level 4 的自動駕駛車輛是有附帶條件的完全自動駕駛。跟 Level 3 不同，Level 4 已經不需要跟駕駛人輪流開車了，甚至根本不需要駕駛座。而且上車也無須駕照，要補眠或想用餐都任君挑選。但是，**這只能在已經確保安全性的範圍與特定條件下才能允許自動駕駛**。概念類似在機場這種有特定範圍的場域、或是既定路線才能使用（圖 7-17）。在 Level 3 的時候是一般車輛而已，到了 Level 4 預計是應用到公車、計程車上，而目前在特定路線上隨叫隨停的計程車也已經達到實際應用的階段了。

因為只在指定範圍內走行的關係，所以像是需要定期充電的電動車就相當適合，很期待未來因為高齡化、人口外流導致運量慘澹而停駛的公車路線可以有機會以全新型態再次迴歸。Level 4 不僅需要極高的可信度，在行經的路線上還必須要一個也不漏地確實掌握道路標誌、號誌，除了必須要了解哪些路段的風險較高之外，還得透過低延遲的 5G 通訊來接收沿途裝設的監視器、感知器的即時路況訊息。提高自動駕駛可信度的做法非常多，如果條件允許的話，應該能比沒有妥善運用的 Level 3 來得更加安全才是。

來到 Level 5，成為完全自動駕駛車輛

Level 5 是不需附帶任何條件的完全自動駕駛車輛。也就是說，**透過導航、語音下達指令，就能把我們載到目的地的車輛**。無須侷限在特定區域，看是要開山路、還是要穿越狹窄複雜的住宅區巷弄都沒有問題（圖 7-18）。

除了沒有侷限範圍之外，其他部分跟 Level 4 的自動駕駛車輛的使用方式並沒有不同，不過在技術上與可信度的落差是相差十萬八千里。無論是前方路況不佳的惡路、斑馬線等行人熙熙攘攘的道路，都得要安全地將乘客送達目的地。應該是跟人類開車一樣，難免會遭逢事故。當 Level 4 已經足夠普及、並經過一而再再而三的測試走行、持續提升可信度、確定已經達到了比人類自己開車還要安全的境界之後，Level 5 才有可能真正落實吧！

圖 7-17 在特定條件下可以不需要司機的 Level 4

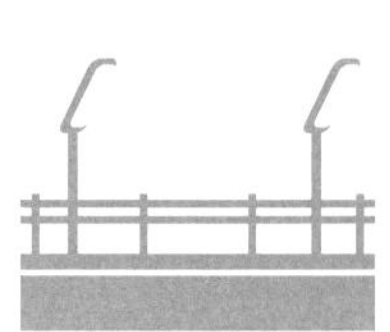

圖 7-18 所有地點都不需要駕駛人的完美 Level 5

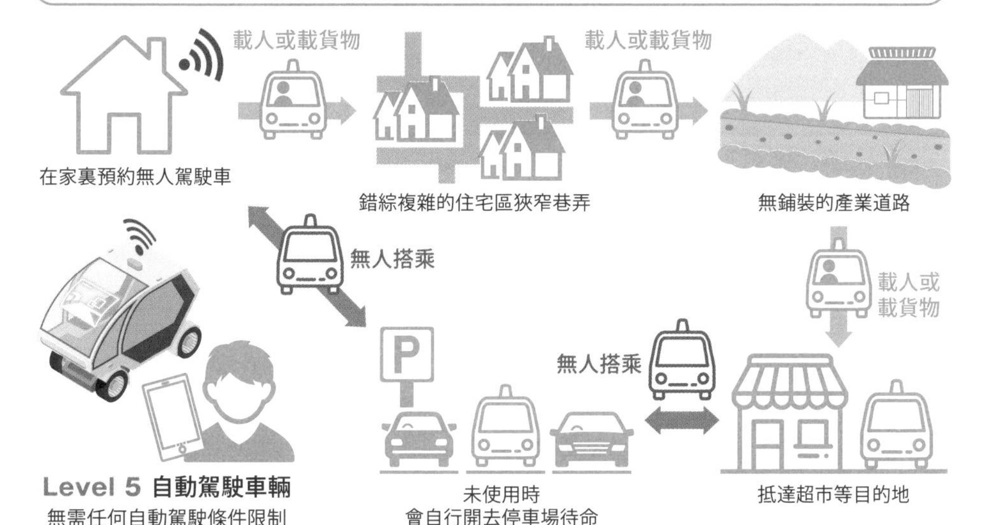

Point

- Level 4 是有附加條件的自動駕駛車輛。不需要司機。
- 可在既定路線與區域內提供公車、計程車服務。
- Level 4 透過間接獲取路況資訊而得以提高可信度。
- Level 5 是無須任何條件限制的自動駕駛。技術門檻沒有最高、只有更高。

無人機、無人航空載具，軍事技術相關應用

輔助無人航空載具的 AI

沒讓汽車一枝獨秀，飛機、無人機、船舶、潛水艇的自動操縱上也已經是理所當然的事了。飛機上所有的流程都可以自動運行，而無人機則可以依據規劃好的航線來定期巡視設施是否安全無虞。船舶與潛水艇也已經可以自動操縱，目前正在規劃未來嘗試透過無人船舶來實現低成本、可彈性安排的海上運輸（圖 7-19）。

另外，需要人類操作的情況，AI 也是沒閒著。當我們操作無人航空載具時，**AI 則負責分析飛行過程中拍下的照片、錄到的聲音、以及偵測器所接收到的訊息，並且立刻提供分析完成的資訊**供我們判讀。這除了在調查危險區域時可以派上用場之外，也應用在事故、災後的現場調查，施工前後的狀況確認等情境。

應用在軍事上的 AI

這種技術也被積極地用在軍事用途上。雖說主要的先進國家都有自我約束研發自主武器殺傷技術，但在透過圖像辨識來**辨別特定人物與武器、進行攻擊的自主武器研發上，就技術層面而言已經是萬事俱備、只欠東風了**（圖 7-20）。已經有部分國家執行過無人機自殺攻擊，就某方面來說只要使用無人機，任誰都能造出飛彈般的殺傷性武器。

另外，AI 的自動操縱技術不斷提升，已經有戰鬥機飛行員在模擬戰當中輸給 AI 了。有人戰鬥機在急速迴旋時會面臨極限，但因為 AI 不會感受到人體所承受的負荷，因此能做到飛行員所做不到的強大機動性。無人戰鬥機在空戰當中相當有利。

陸地武器也有 AI 的應用。利用無人車輛偵查戰場已經是理所當然，甚至已經出現可以進行射擊的武器了。人類會射擊，AI 也能透過圖像辨識扣下板機。許多國家都在研發自律機動戰車與自律型轟炸機這類先進的自主殺傷性武器，投入實戰的日子亦不遠矣。

圖 7-19　活躍於各種場域的無人機

使用無人船隻進行海運

自主水下載具進行海底調查

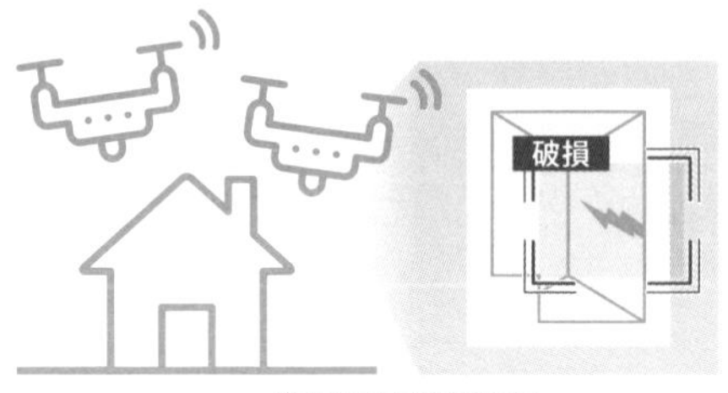

分析房屋損壞情況

分析農作物的成長狀況

圖 7-20　軍事用途的無人機與 AI

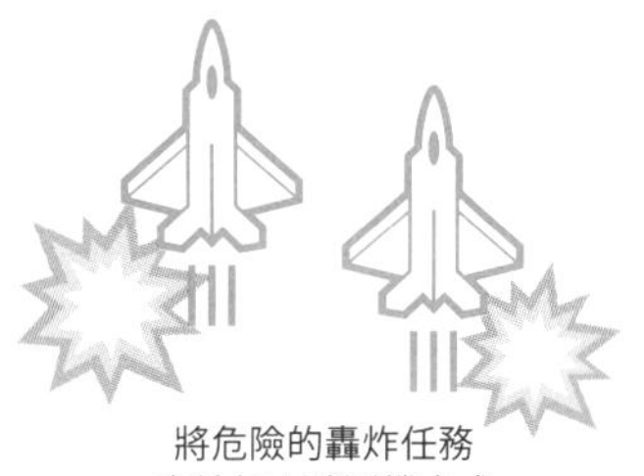
將危險的轟炸任務
交給無人戰鬥機完成

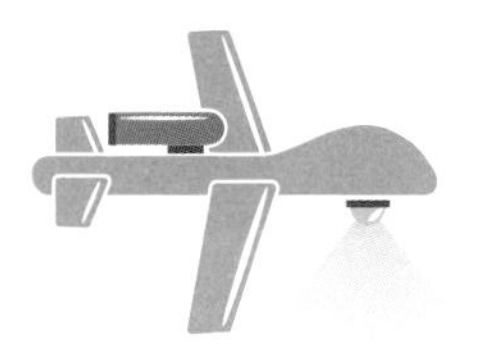
運用自主航空載具
進行長時間的空中監控

將無人機與 AI 臉部辨識
結合的話……

Target

Target

運用圖像辨識、臉部辨識，
無人機就能自動分辨敵我，
僅針對目標進行自主攻擊

使用小型無人機確認周遭環境安全

搭載了機關槍的無人車輛

Point

- 搭載 AI 的無人機可以在天空、陸地、海面、水下活動，沒有到不了的地方。
- 有些是完全交由 AI 操控，有些是跟人類合作。
- 軍事應用持續進展，已經有自主武器被投入實戰。
- 有些武器的戰鬥，AI 能比人類更強悍、更沒有極限。

硬體 ①
～改變 AI 的全新電腦～

馮紐曼電腦架構的極限

為了要有效運用 AI 的技術研發，腦筋也已經動到了驅動 AI 的電腦本身上了。目前一般市面上所流通的電腦幾乎都是以馮紐曼架構在運作的，雖然有著極為高度的通用性質，卻也似乎已經來到了性能的天花板。尤其是馮紐曼架構與神經網路彼此難以完全適配，需要大規模地運用 AI 時，通常會採用 GPU 與專為 AI 準備的特殊架構電腦，試圖提升處理能力。

這種能提升 AI 的資訊處理性能的電腦稱之為 **AI 加速器**，加速器不僅只有馮紐曼架構，還有非馮紐曼架構的全新電腦也已經問世了（圖 7-21）。

擁有神經元的神經形態運算

非馮紐曼架構下的電腦由於大多數無法通用，缺點是僅能單機使用。即便如此，還是能藉由過濾掉不必要的用途、並搭配馮紐曼架構的電腦一起使用，來嘗試發揮實力。在這之中，將運算迴路本身仿照人腦神經網路建置而成的神經形態運算，就是在這種設計發想之下所誕生的空前的電腦。深度學習當中最具代表性的演算法是神經網路，一般在馮紐曼型架構的電腦當中，都需要代換為可驅動的訊號來進行演算。

相較於此，神經形態運算透過神經形態晶片來驅動神經網路時，減少了代換訊號這類多此一舉的流程，使演算處理更加有效率。另外，**跟神經傳遞如出一轍，電流只會通過「有必要用到的神經迴路」，因此節能功效上獲得改善**。還不僅如此，跟利用特殊的量子現象來運作的量子電腦最大的不同在於，理論上的門檻較低、適合量產，電腦形體比較小、要搭載到傳統的電腦上也比較容易。問題是非馮紐曼架構很不擅長單純的計算，看是要跟馮紐曼架構電腦結合，不然就得要慎選任務之後再丟給電腦處理了（圖 7-22）。

圖 7-21 新型硬體的種類與分類

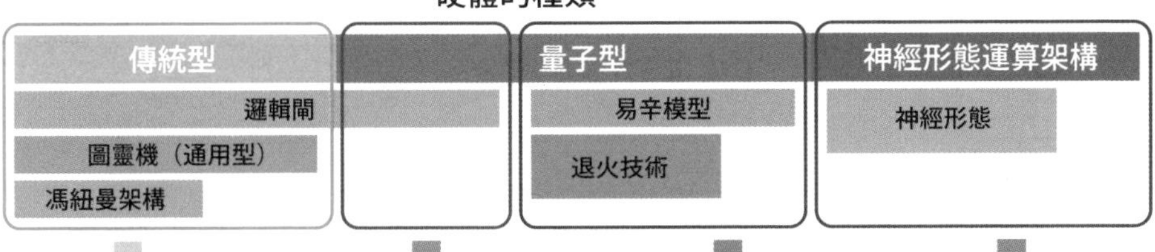

馮紐曼架構等型式	量子電腦	易辛模型量子電腦	神經形態運算
➡算是通用型，在運行單純程式上具有壓倒性的優勢，但已經幾乎到達極限。目前現代大部分的電腦都是以此方式運作	➡雖有潛力成為通用型電腦，但技術上仍有許多難題要克服。陸續發展至足以實際應用的層面	➡用途相當有限，但擅長處理以往的電腦所不擅長的任務。已進入商業應用	➡雖能作為節能型的通用電腦，但有的任務擅長、有的任務幾乎無法應對。因為有神經元所以可以當作 AI 來運作，跟神經網路搭配起來相當合拍

圖 7-22 神經形態運算與傳統電腦的差異

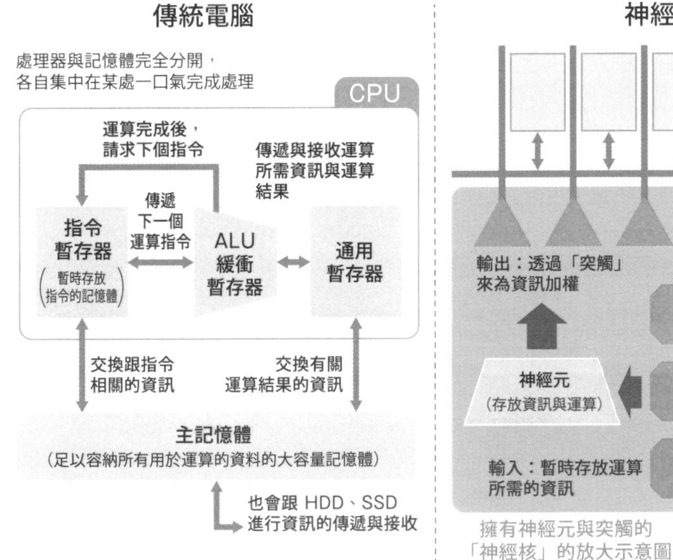

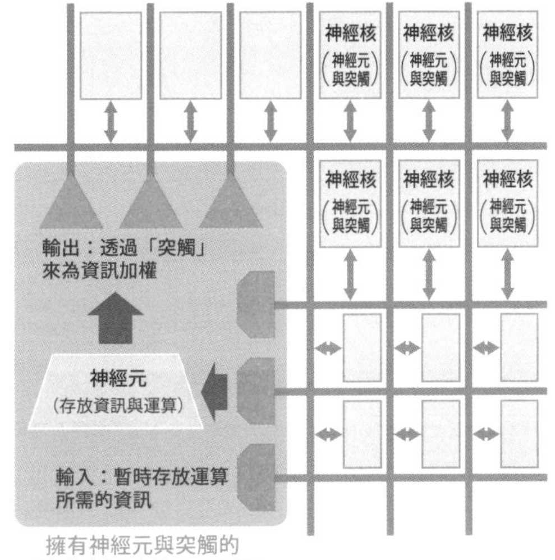

Point

- 傳統的電腦幾乎都是以「馮紐曼架構」在運作。
- 已經研發出全新作動方式的電腦。
- 神經形態運算的神經形態晶片具有類似人腦神經的結構。
- 神經形態運算很適合搭配神經網路，且很節能。

硬體 ②
～兩種量子電腦～

易辛模型量子電腦

量子電腦在硬體當中特別受到關注。其中在名為易辛模型（Ising Machine）的量子電腦當中，創造出虛擬實驗環境（易辛模型）的方式已經應用在商業上了。在量子退火的量子電腦上，針對欲解決的問題使用易辛模型建構起類似的環境，並運用量子會移動到穩定狀態的特性來推導最佳解。因為**利用的是量子的自然現象，因此就算是複雜且龐大的問題，也能在瞬間就獲得最接近最佳解的答案解**（圖 7-23）。

這個方法最擅長的事情就像是，找出物流卡車最有效率的配送路線的組合最佳化問題。因為這很難透過數學計算快速地找到最佳解，連 AI 也要花上不少功夫。而當我們把量子退火所找出的最佳解拿來設定成機器學習的正確答案資料後，原本連正確答案都無法做出來的組合最佳化問題，對 AI 而言就再也不是難事了。

邏輯閘量子電腦

邏輯閘量子電腦用的是跟傳統電腦比較接近的邏輯來進行運算。邏輯閘指的是**使用執行邏輯運算的閘門來建構運算迴路，以達解決複雜問題的方式**，馮紐曼架構與腦機的中樞迴路當中也有使用邏輯閘來進行運算。

巧妙地搭配邏輯閘雖然可以獲得高度的通用性，但一方面卻也因此而讓有必要研發量子閘與運算邏輯的建構一度難產。然而就算通用性不及馮紐曼架構，也還算是堪用，所以才有了我們所看到的邏輯閘量子電腦。與易辛模型不同，**邏輯閘可以搭載機器學習等 AI 演算法**（圖 7-24）。再者，已經有人在運算處理上也採行了與傳統電腦所不同的量子機器學習，或許在不久的將來，就能看見搭載了全新演算法的前所未見的 AI 問世囉。

圖 7-23　量子易辛模型的架構

量子易辛模型

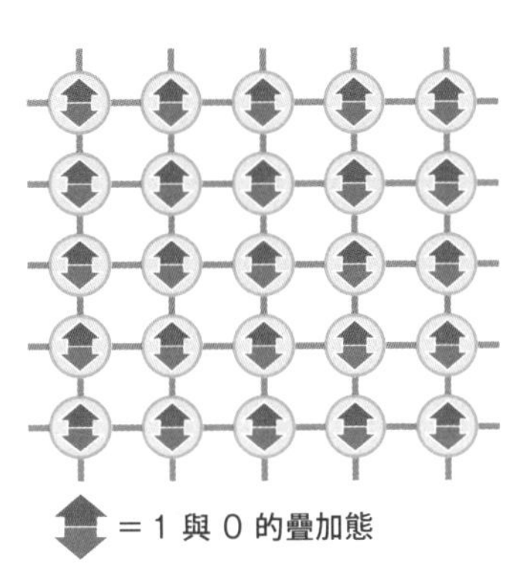

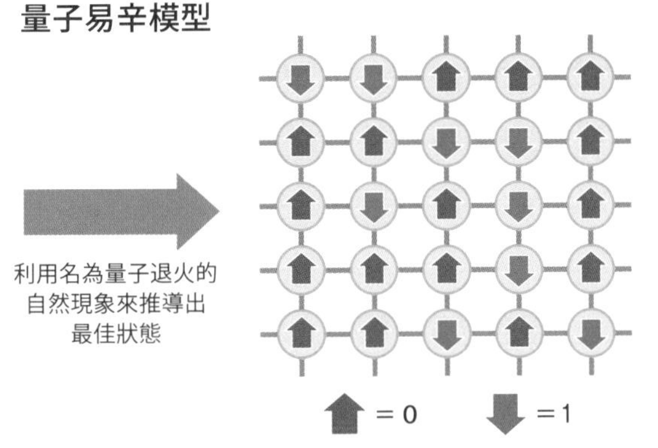

圖 7-24　傳統邏輯閘與量子閘

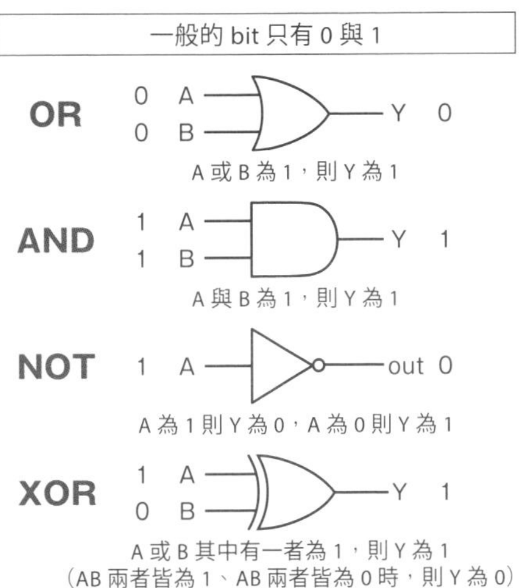

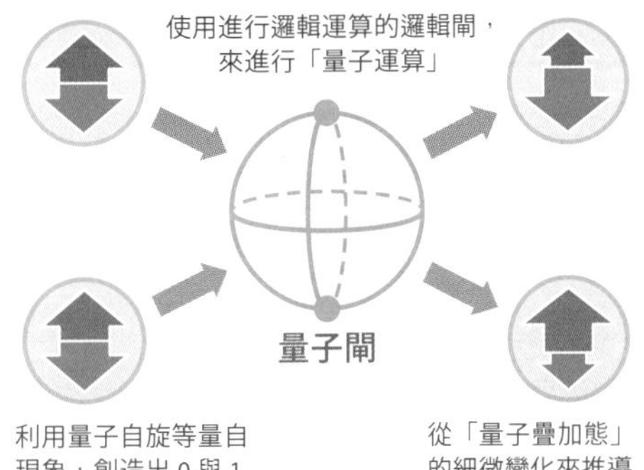

Point

- 量子易辛模型是使用量子現象來創造虛擬實驗環境。
- 可提供學習資料來讓 AI 解決過去不擅長處理的「組合最佳解問題」。
- 量子閘的通用性高，但技術門檻更高。
- 量子閘具有能為 AI 技術帶來重大進展的潛力。

RPA ①
～人人都在乎如何讓工作更有效率～

跟 AI 好搭配以及 RPA 的等級分類

機器人流程自動化（RPA：Robotics Process Automation）是與透過 AI 來提升工作效率同樣備受關注的技術。雖然名稱裡有著機器人的文字在內，實際上重點是在於單純的工作更改為自動化流程這件事。**RPA 的核心技術就是模仿人類行為舉止的技術**，有的僅需要寫好程式告訴電腦怎麼做就好，有的則是需要運用機器學習來讓電腦學會。由此可見，RPA 範圍廣泛，包含了從傳統 EXCEL 巨集的單純自動化，到現在運用 AI 來進行自動化的高度技術，所以有時較難區分。

於是，人們嘗試將 RPA 技術分為三大等級。Class 1 是單純的 RPA，Class 2 是「EPA（Enhanced Process Automation）」，意思是加強後的 RPA，Class 3 則是模仿人類智慧的「CA（Cognitive Automation）」（圖 7-25）。

Class 1：將那些易於製作成操作手冊的重複性作業改為自動化

一般當我們說到 RPA，**通常指的是輸入資料、或是帳務會計當中的重複性作業的自動化**。尤其是某些只要將步驟等寫成操作手冊，任誰來都能做到的任務，就很容易透過 RPA 來做到自動化（圖 7-26）。在 Class 1 的 RPA 當中不需要先進技術，誇張點來說就是「會用 EXCEL 巨集來簡單做出來」就可以了。當然實際上處理的問題還是會稍微複雜些，例如需要同時參照多個資料庫與應用程式，將必要的資料統整在一起、或是要仔細檢查文件與資料來完成勘誤等等。

在 Class 1 當中，RPA 能做到的事情，用傳統的程式也能做到。因此工程師過去需要從頭開始敲鍵盤寫程式的事情，現在運用套裝軟體與特定服務，就能輕易地依據工作內容來創建自動化系統。然後再將這個技術與 AI 做結合，化成 Class 2 與 Class 3 的先進 RPA 技術。

圖 7-25　RPA 的三個等級

等級	主要作業範圍	具體工作範圍與技術應用
Class 1：RPA（Robotic Process Automation）	重複性作業的自動化	● 獲取資訊與輸入資料，品管作業等重複性作業
Class 2：EPA（Enhanced Process Automation）	部分非重複性作業的自動化	● 運用 RPA 與 AI 技術，讓非重複性作業也能自動化 ● 自然語言分析、圖像分析、語音分析、搭載機器學習技術 ● 能讀取非結構性資料、活用知識庫
Class 3：CA（Cognitive Automation）	高度自動化	● 分析、改善流程，甚至是決策都能自己自動化，做出決策 ● 深度學習與自然語言處理

出處：依據總務省『RPA（工作改革：運用流程自動化來提升生產力）』製作
URL：https://www.soumu.go.jp/menu_news/s-news/02tsushin02_04000043.html?_fsi=ad76NW4J

圖 7-26　RPA 與一般的自動化有何不同？

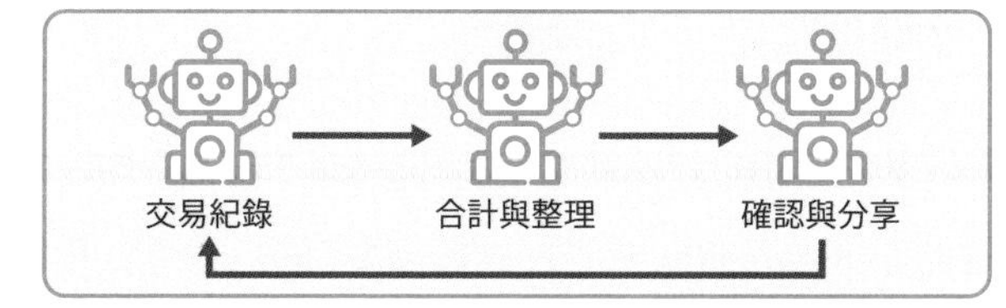

Point

- RPA 是透過「模仿人類工作」來達到自動化。
- 作業自動化分為三個等級。
- Class 1 的 RPA 僅是把重複性作業改為自動化。
- 近年來的 RPA 因為「提升了自動化流程的效率」而呼聲水漲船高。

RPA ② ～因 AI 而拓展的自動化領域～

Class 2：運用文字、語音、圖像辨識技術使 RPA 再進化

為 Class 1 的 RAP 挹注了基本的 AI 技術後，就成為了 EPA。Class 1 與 Class 2 的差異在於，**自動化當中的每個步驟都用到了機器學習與圖像辨識這類 AI 技術**。自動化系統流程本身跟 Class 1 是一樣的，只是在每個步驟都能做到更難的任務了。好比說將照片上的物體轉換為文字，還有辨識手寫文字內容並輸入到設備裡，都屬於 Class 2 的自動化（圖 7-27）。

進步到 Class 2 的 EPA，在重複性作業當中需要高度辨識功能的會議紀錄製作、以及客服應對都已經可以辦到了。不過，由於圖像辨識與語音辨識還不是完美的層級，因此還是需要有人在旁邊督導才行。除此之外，透過機器學習來勘誤、分門別類等較為複雜的判斷也已經可以做到，**過去那些難以明確定義標準、仰賴著人們腦海中的經驗去判斷的作業，已經能進入自動化了**。

Class 3：自主學習、辨識、判斷、建議

在 Class 3 的 CA，藉由將人類的決策流程自動化後，就**能以專案為單位來執行自動化了**。把這想成是宛如 BTO（Build to Order）生產模式般的概念可能會比較好懂，從收到顧客的詢問後，報價、接單、生產、出貨、請款整套流程將會全面啟動（圖 7-28）。倘若在網路上選好產品規格，就會自動進如生產流程並出貨，不過其實 Class 3 還能做到更細膩的設計層級的任務，那才是 Class 3 所擁有的自動化技術。

商業流程上其實並非全部都能透過 CA 來做到自動化，但依然可以想成是來自既有客戶的相同規格、預算不變的定期訂單，或者是部分微調購買內容的「再買一次」訂購方式，就可以做到全自動。在我們已經習以為常的作業當中，重複性的商業流程似乎「憑感覺」就能完成了，而這種重複性高而得以「憑感覺」做到的事情，就是能透過 AI 來完成自動化的部分。

圖 7-27 運用 AI 來拓展自動化的範圍

圖 7-28 自動化將會蔓延到所有的商業領域

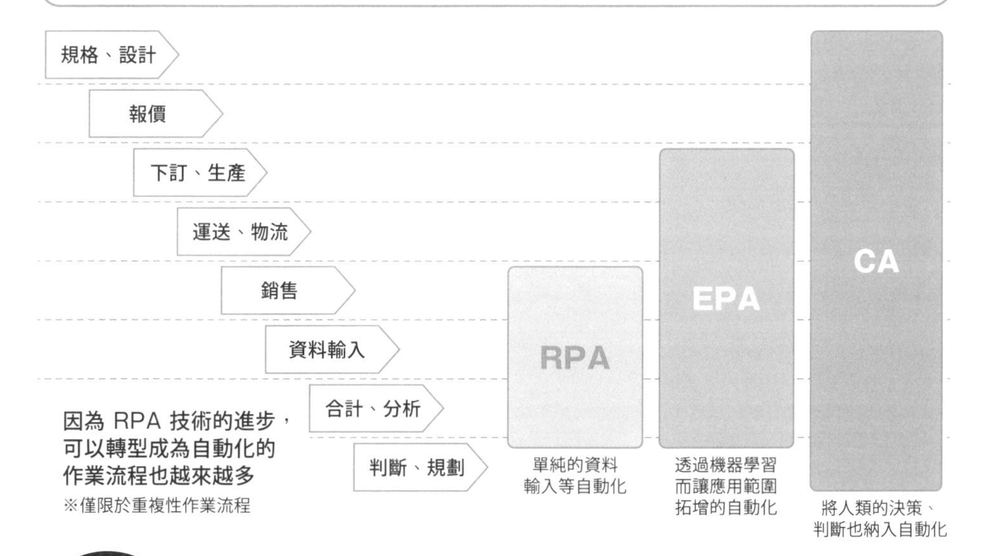

Point

- 挹注了圖像辨識與自然語言處理等 AI 技術而進化為「EPA」。
- 難以定義明確標準的作業也能自動化了。
- 「CA」能讓需要人類決策的專案也做到自動化。
- 如果是「經常重複在做的工作」，最終就有機會交由 AI 來進行自動化。

請你跟我這樣做

一起來想像因為全新技術而持續改變的社會吧

當 AI 提供了診斷輔助、金融科技、自動駕駛及無人機等服務變得普及，我們的社會產生了許多的變化。雖然每個單一技術能帶來的改變有限，然而當這些技術結合在一起之後所能帶來的變化，就可能超出我們的想像。

網際網路與物流系統的進步，讓 Amazon 這樣的網路購物成為了理所當然的存在，AI 助理的出現，使得我們僅需依賴 AI 助理，就能收到訂購的商品。無論是在商業上、還是日常裡，最重要的都是這些新技術究竟帶來了哪些需求。技術的變革帶來了社會的轉型，新的生活型態催生了新的需求，而這些需求當中，無處不是商機。

試想世界變化之範例

Politics：政治因素
- 擁有優良技術的美國與中國企業崛起
- 中日經濟、技術平衡關係失衡
- 美中貿易戰的影響加劇

Economy：經濟因素
- AI 與 IT 相關的企業獲得成長
- IT 相關產業進步了，卻也有部分產業步入衰退
- 有些業界失業人口增加、有些則減少
- 企業整體生產力獲得提升

Society：社會因素
- 可以整個交給 AI 處理的事情變多了
- 物流基礎設施的自動化進步，運送成本更加下降
- 圖像辨識技術強化了社會的監控
- 自動駕駛技術增加了大眾運輸的利用，自用小客車減少、共享車輛增加

看看技術面較大的變化，為其他層面帶來什麼改變

Technology：科技因素
- AI 技術進步
- 自動駕駛普及
- 無人機應用更廣泛
- 診斷輔助帶來醫療改革
- AI 應用跨足 Fintech
- RPA 提升公司內部系統運作效率

這邊透過近似 PEST 分析的方式來稍微設想了一下世界上產生了什麼樣的變化，但其實要透過技術革新來，分析社會產生何等變化的方法是琳瑯滿目。有些變化我們完全預想不到、有些變化則是比較容易想像，對吧？透過列舉這些預想到的事物，或許就能從中找到不久後的將來會產生的需求與商機囉。

第8章

圍繞著AI的眾說紛紜

～AI究竟是不是全能的機器呢～

不可不知的人工智慧分類大前提

依有無意識來區分的強 AI 與弱 AI

當大家在談論 AI 時，由於 AI 的定義模糊不清，在大前提本就不同的狀況下去討論，使得雙方始終沒有交集。於是，接下來要來統整有關談論 AI 時，不可不知的分類大前提。

首先，以往所談論的都是強 AI 與弱 AI。這觀點基於 AI 是否擁有「意識」、「智慧」等具有智慧的生物所與生俱來的能力，來論及 AI 究竟為何物。**強 AI 是「擁有跟人類有同等的意識與智慧的 AI」，弱 AI 是「不過是看起來似乎擁有意識與智慧的 AI」**（圖 8-1）。相較於目前存在於現實生活當中的 AI 幾乎都是弱 AI 來說，在故事作品當中登場的 AI 似乎都被描寫成具有意識的強 AI，這也是想法上落差甚大的主因。

依任務性質區分的通用 AI 與專用 AI

有部分人認為，乾脆放棄透過人類大多是處於一知半解的意識、智慧等角度去討論，不如改以 AI「能做些什麼」來作為討論的主軸，或許比較有收穫。這觀點帶出了通用 AI 與專用 AI，而在這樣的觀點下，不在乎 AI 有無意識、智慧，純粹就是拿來與人類相比，看誰能做到更複雜的任務而進行分類。**宛如人類一般「什麼事都能做的 AI」就稱為通用 AI，「只能執行任務當中的部分環節的 AI」就稱為專用 AI**。另外需要注意的是，強 AI 看來就是屬於通用 AI，但是反過來說，可以跟人類做到相同事情的通用 AI，可就不完全等同於擁有意識與智慧的強 AI 了（圖 8-2）。

曾經有一段時間，AI 研究將所有的心力都投注在重現人類擁有的智慧（強 AI），但想法上卻也陸續從商業與實用性的觀點，轉變成了將任務交辦給機器（通用 AI）去處理。無奈普羅大眾多半將此混淆，以致於出現了「AI 跟人類不同」、「什麼事都能交給 AI 去完成」、「人類要被 AI 取代了」等言論。

圖 8-1 人工智慧的分類與定義

	意識與智慧	可以做到的任務	案例
人類	有	範圍非常廣	N/A
強 AI	有	與人類同等甚至以上 ※ 不嚴格定義	僅出現在故事作品當中（例如哆啦 A 夢等） ※ AI 多半具有人類的情感
弱 AI	無	整體的智慧型任務 ※ 不嚴格定義	既有的所有 AI
通用 AI（AGI）	N/A ※ 不談論	與人類同等甚至以上	僅出現在故事作品中（星際大戰的機器人軍團） ※ 雖然擁有與人類同等的能力，但大多不具有情感
專用 AI	N/A ※ 不談論	非常侷限	既有的所有 AI

圖 8-2 分類的概念

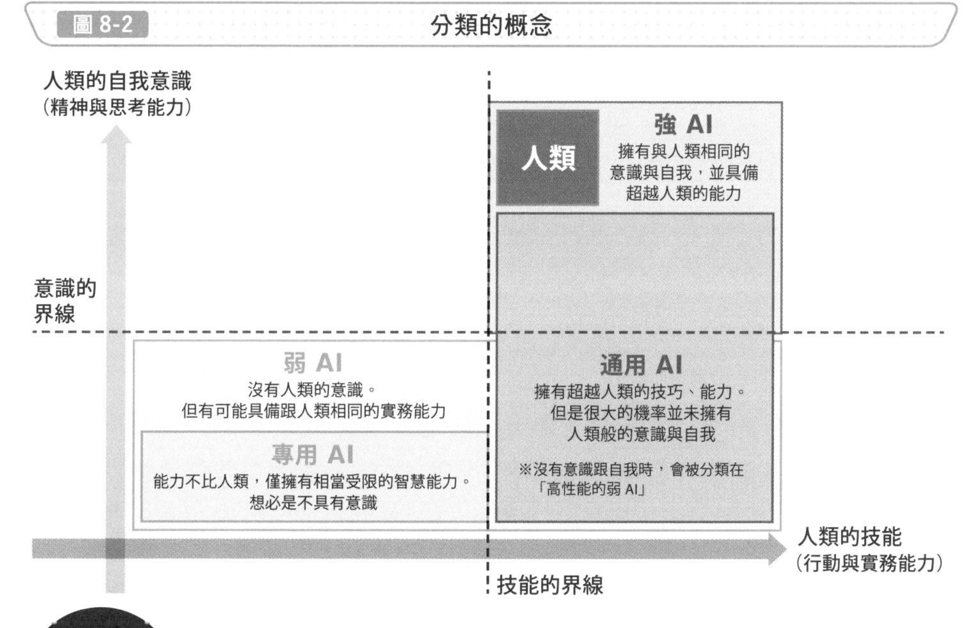

Point

- 強 AI 與弱 AI 是基於「人類的內心與意識」去思考的分類。
- 通用 AI 與專用 AI 是基於「人類的技巧與能力」去思考的分類。
- 由於目前尚未知曉人類的意識與智慧的全貌，所以要判斷是否為強 AI 時則有難度。
- 人們更傾向不在意是否有意識，將談論的焦點著重在是否具備近乎人類能力的「通用 AI」。

AI 如何理解語言 ①
～用文字能測出智慧嗎～

擁有先進自然語言處理能力的 AI 所面臨的挑戰

當運用了 Attention 機制（章節 5-6）而粉墨登場的 Transformer，將 AI 自然語言處理的能力推上更高的檔次後，AI 獲得了幾乎堪比人類的書寫及對話能力。然而，自然語言處理的基礎依然是將文字轉化為數值的 Word to Vector（章節 5-9）、以及運用神經網路的特徵提取進而產出高度相關的文章，這點依然沒變。**透過統計手法進行分析來拿捏詞彙，卻無法掌握文章的語意與定義**，單純就是以「這些用詞跟這篇文章很搭」的形式來進行判斷（圖 8-3）。

這樣的 AI 已經能寫出文章、整理摘要，甚至撰寫小說。雖說 AI 不懂這些文字的意涵，但從將文字任務交辦給 AI 去處理的角度來看，確實是相當優秀的專用 AI。

圖靈測試與其挑戰

唯一的問題是，這樣的 AI 究竟算得上是強 AI 嗎？假設機器與 AI 真的能擁有智慧，有一個方法可以用來確認，那就是由艾倫・圖靈所提出的圖靈測試。方法很簡單，**就是讓 AI 跟人類對話，看看人類是否可以分辨得出自己正在跟 AI 說話就可以了**（圖 8-4）。放在現代的時空背景來說，就像是當我們無法分辨出在社群網站上跟我們聊天的對象是 AI 的話，那麼就能判定「AI 是具有智慧的」概念。相當直覺好懂，就像人類透過面試來嘗試了解對方的思考能力到哪一樣，是非常好用的方法。

圖靈測試出現的時機是在 AI 問世之前的思想實驗，時至今日已經有 AI 可以通過圖靈測試，當年的空想如今已經成為了現實。在客服聊天室當中與我們應對的已經是 AI，如果夠優秀的話甚至能讓我們無法辨別對方是否為真人。倘若圖靈測試真能測出智慧，那麼現在可以說 AI 已經具備智慧了呢！

圖 8-3 現代的人類與 AI 的溝通

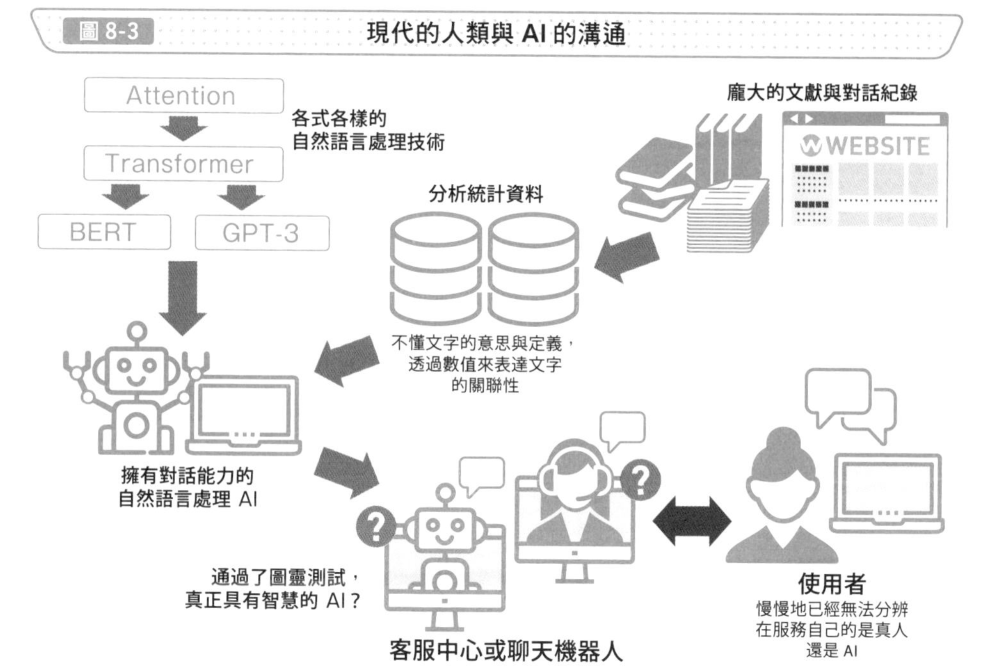

圖 8-4 什麼是圖靈測試？

圖靈測試的方法

① 備妥人工智慧（AI）、用來與AI做比較的人、擔任測試官的人
② 將問題丟給 AI 及要與 AI 做比較的人

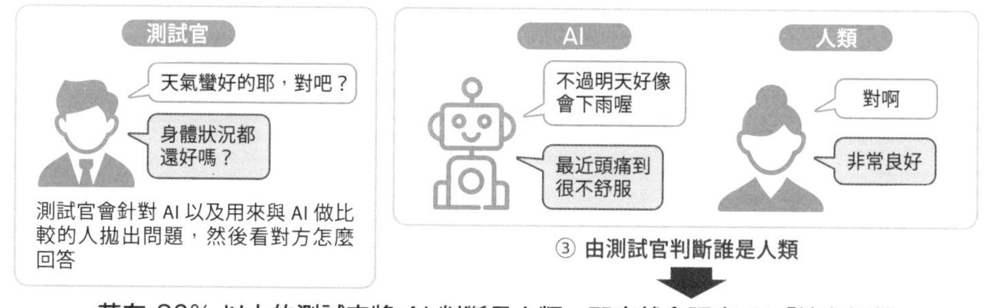

③ 由測試官判斷誰是人類

若有 30% 以上的測試官將 AI 判斷是人類，那麼就會認定 AI「擁有智慧」

Point

- 自然語言處理 AI 透過先進的統計手法進行分析，而得以巧妙地運用文字。
- 就算擁有堪比人類的對話能力，也不過就只是專用 AI 罷了。
- 圖靈測試中若 AI 表現得跟人類幾乎一樣，就會被視為是「擁有智慧」。
- 現代的 AI 已經具有通過圖靈測試的能力了。

AI 如何理解語言 ②
～了解意思與現實的高牆～

中文房間與名為「了解」的高牆

通過了圖靈測試，也很難說擁有了與人類同等的智慧。無法單就這樣就認定電腦已經了解了我們的語言。

中文房間這個思想測試以批判圖靈測試聞名。房間裡有「不懂中文的人」，另一位懂中文的人從門縫當中塞入一封信，想當然在裡面的人完全看不懂信裡寫什麼，不過卻能透過房間裡擺放的手冊，依照步驟來寫好回信，藉此達成書信往來。房間外的人會認為「房間裡的人懂中文」，但實際上卻不然。**即使具備了能依照手冊來採取行動的智慧，也不代表已經擁有了理解語言的智慧**（圖 8-5）。

現在的自然語言處理 AI 就跟這一樣，雖然非常高科技且複雜，但仍舊只能透過統計方式的流程來處理語言，與讀懂語意的距離還差得遠了。

符號奠基問題

為了要解決這種問題，除了需要了解必要單詞的定義之外，還需要能夠連結現實世界與語言的符號奠基流程。AI 不曉得蘋果與貓咪這些詞彙意指為何，對話也可以成立。問「蘋果是什麼顏色？」就會答「紅色」，問「貓咪的叫聲是什麼？」則會答「喵～」。

可是，這不過就是運用統計手法來完成的對話、從資料庫當中找出合適的答案而已，AI 並不知道它所說的「紅色」是什麼顏色，也不曉得「喵～」是什麼樣的聲音。搞不好我們問 AI「蘋果的叫聲是什麼？」時，AI 還會回答「喵～」呢。**倘若不從現實世界當中取得某些為了正確理解概念所需要的資訊，就無法在真正意義上了解語言**的問題，稱為符號奠基問題（圖 8-6）。AI 要想解決這個問題，就必須要找出它跟現實社會如何產生連結的方法才行。

圖 8-5 思想測試「中文房間」

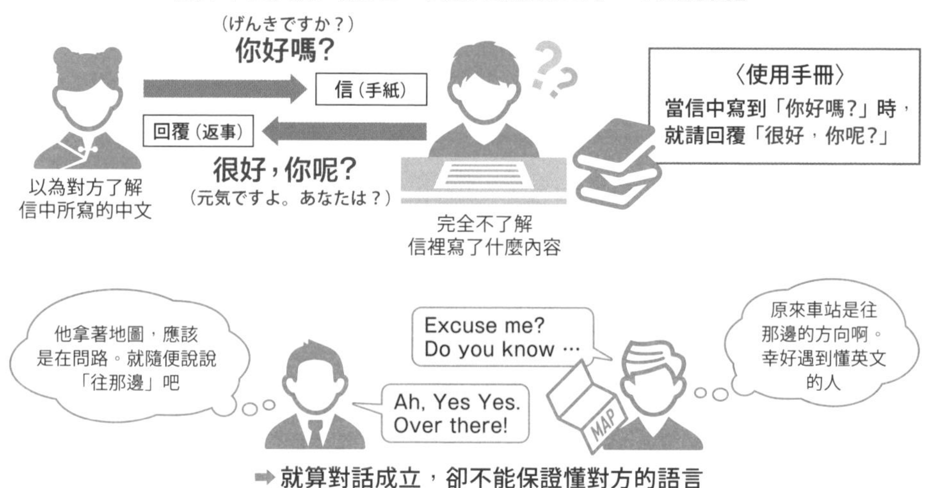

圖 8-6 符號奠基問題

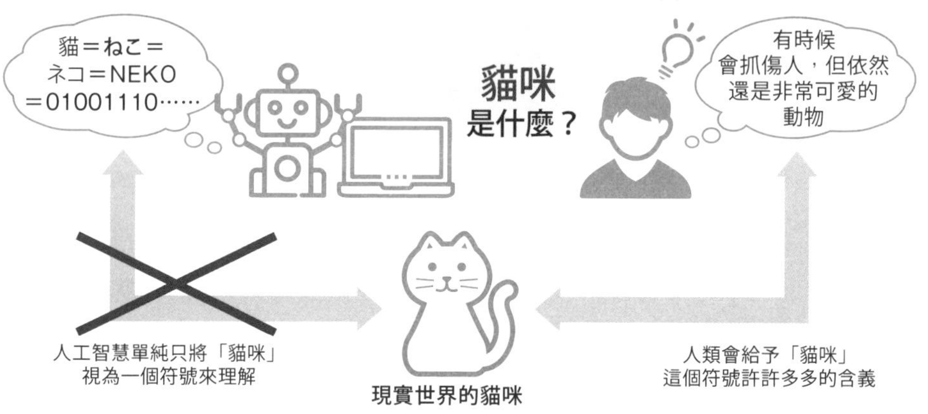

Point

- 思想測試「中文房間」告訴我們，對話成立與懂語言是兩回事。
- 通過圖靈測試，與是否擁有智慧是兩回事。
- 符號奠基問題指出了 AI 所處理的語言，並未連結到實際事物與概念。

陷入無法判斷狀態的問題

現實世界中所發生的組合爆炸

組合爆炸也是 AI 在現實世界當中所面臨的問題之一。現代的 AI 在預設好的情境當中，可以透過操作手冊與機器學習來發揮凌駕於人類之上的性能。將其與更加複雜的情境組合在一起，某程度上還能靈活應對，測試時透過模擬（章節 2-9）也能逐一排除問題。

但是，能設想到的情境終究是有限的。**需要應對的情況越多，組合的數量就會爆發性地增長**。這就是組合爆炸（圖 8-7）。再說，要針對所有可以想得到的情況去測試太不切實際了。AI 雖然已經可以處理相當多的情況了，但實際遇到問題時，當下會有各式各樣的疑難雜症發生，一定會遇到從沒想過的情況。就連開發人員也很難篤定 AI 有辦法可以應付。

無法確定思考框架的框架問題

想要減少組合的數量，可以嘗試透過限縮預先想到的情況，來創建思考框架。如果能正確設定框架，就能減少會產生的組合數量，也就變得比較游刃有餘。

當自動駕駛車輛的 Level 4（章節 7-9）限縮在特定情況後，在該組合當中透過學習去應對所有的狀況，因此能將任務放心交給 AI 去辦。然而來到 Level 5 這種沒有框架的狀態時，就必須要自己想辦法進行設定框架的動作了。倘若無法設定適當的框架，恐怕會因為超出預期的事情而造成致命失誤增加，反之如果妥善設定框架，則幾乎可以應對大部分的情況（圖 8-8）。

嚴格來説，這個問題就連人類也無法解決，因此過去總被視為是不可能的任務。不過，如果是「跟人類相同程度」就好的話，至少可以設定人類這個框架來進行學習，找出妥協之處。以自動駕駛車輛來説，就好比 AI 終於成為了技術純熟的職業駕駛吧。

圖 8-7 組合爆炸

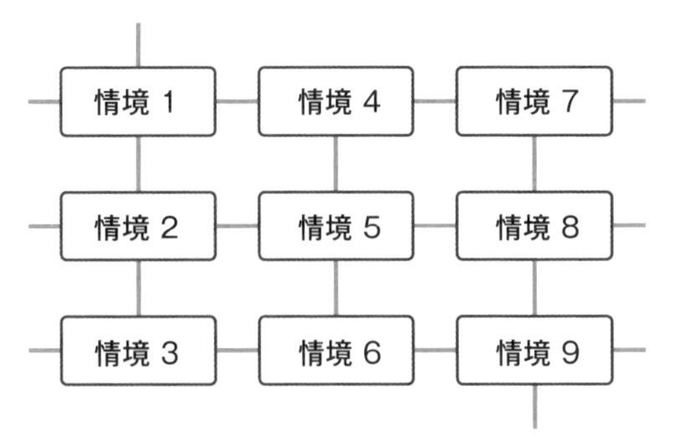

假設我們創建了能因應各種情況的狀態型電腦（章節 **2-7**），把從 1 到 9 的情境組合起來，總共會有「**12 種**」（跟計算物流配送路線的方式相同）

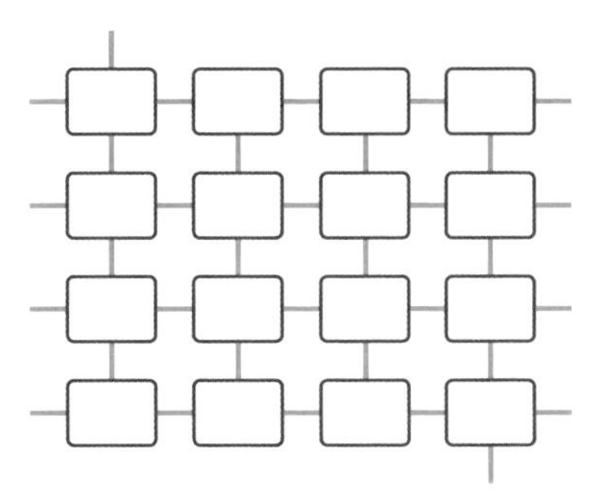

當情境增加到 16（4×4）時，就會產生「**184 種**」組合情境。如果是 5×5 的話則會有 8512 種，6×6 的話則會超過 100 萬種。但現實世界當中可能出現的情境遠超過這個數量

➡ **每增加一個情境，組合的數量就會呈現爆發式的增長**

圖 8-8 框架問題

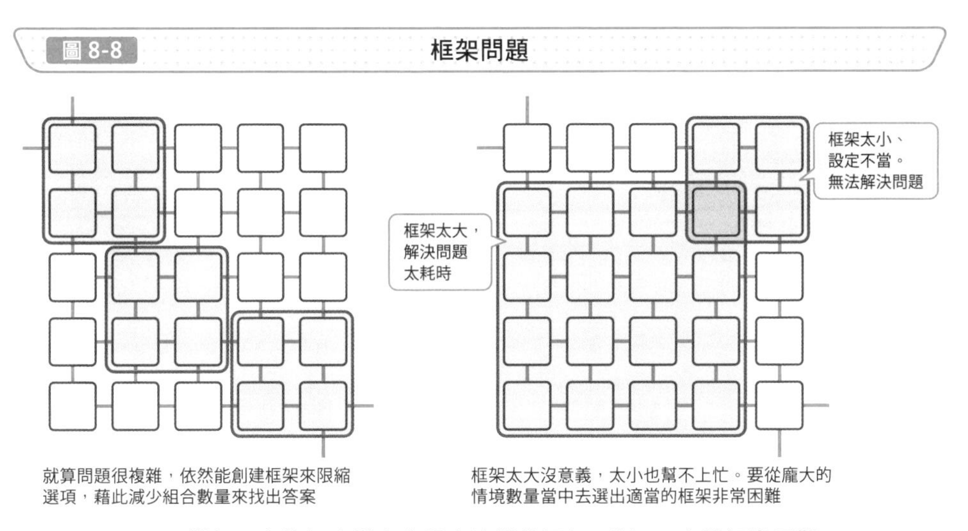

就算問題很複雜，依然能創建框架來限縮選項，藉此減少組合數量來找出答案

框架太大沒意義，太小也幫不上忙。要從龐大的情境數量當中去選出適當的框架非常困難

➡ **要從無限多的組合當中去設定適當的框架，對 AI 來說相當困難**

※現有的 AI，都是人類打從一開始就先決定好特定用途（專用 AI），設定好框架的產物

Point

✐組合爆炸是指每當有可能發生的情境增加時，所產生的組合會爆發式增長的現象。

✐必須要在無限多種可能性當中去設定合適的框架。

✐就連 AI 也很難從為數龐大的可能性當中去妥善地設定框架。

AI 的身體 ①
～擁有身體讓 AI 更像人～

AI 想要更像人類，就需要具備心與身

單單只是蒐集跟人類有關的統計資料，就能讓 AI 學會進行簡單的對話、做到勞動任務，而看似像是個人一般地活動。不過，若想要進一步讓 AI 在所有情況下都跟人類一樣、甚至是超越人類的話，就會面臨框架問題與組合爆炸這類難以解決的挑戰。連自動駕駛這項特定任務的框架問題都已經難以解決的 AI，要想成為通用 AI 去同時面對多個任務，就必須得要做到像人類可以同時面對無限多種可能性的地步才行。

人們認為要解決這個困擾，需要讓 AI 擁有意識與身體。有實際的身體才能接觸現實社會當中的物體，擁有意識才能綜合考量許多需要處理的任務，這也就表示 AI 必須得要具備跟人類相同的綜效思考能力才行（圖 8-9）。最大的挑戰就在於 AI 如何擁有身體。

AI 的身體與五感

AI 的視覺與聽覺可以用鏡頭與麥克風來做到。而味覺與嗅覺本質上就是化合物感知器，只要技術不斷進步，未來總有一天可以趨近於人類般靈敏。問題在於觸覺與手腳這些直接接觸現實社會的手段。其實這對機器來說就是壓力感知器，但是相較於人類的視覺、聽覺、嗅覺、味覺都集中在頭部，且透過特定的器官來掌握感官來說，觸覺的受體可說是遍佈全身，甚至連體內也有。

AI 擁有身體、跟人類一樣可以獲取感官資訊，是解決自然語言處理的符號奠基問題這堵高牆的必要條件，但實際上要擁有跟人類一樣的身體實在太難。另一方面，要想單憑畫面、聲音、語言這些資訊來感受「貓咪柔軟到像是水做的」、或是體察「（因為悲痛）胸口感到不舒服」的情感與感覺，想必都不是件簡單的事。不過，若無須跟人類相同，只是要得到類似的身體，倒是可以透過將人類的感覺資訊轉換為數位化來做到（圖 8-10）。要想了解人類，並非只有一種方法。

圖 8-9 AI 透過擁有身體來解決既有的問題

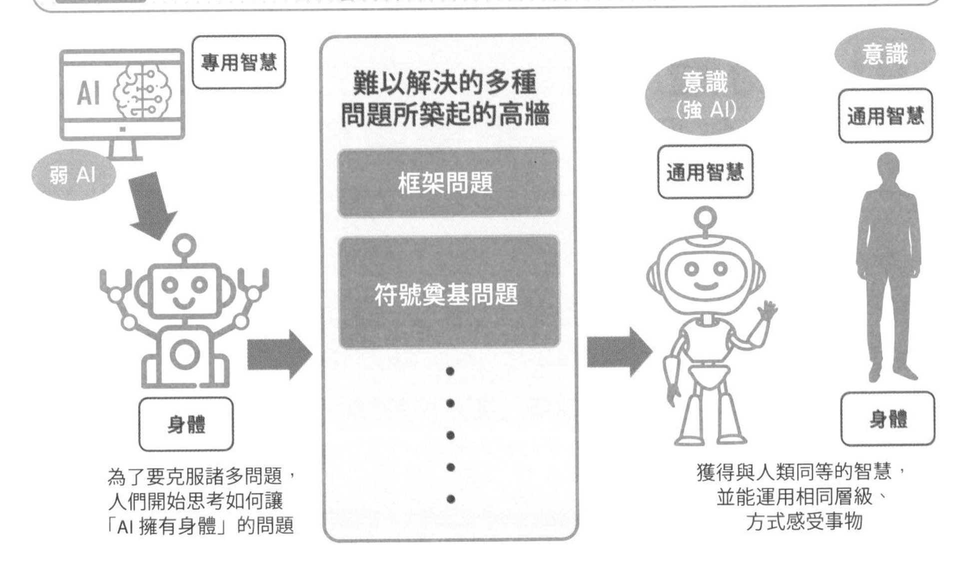

圖 8-10 透過身體來加深認識人類感知事物的感覺

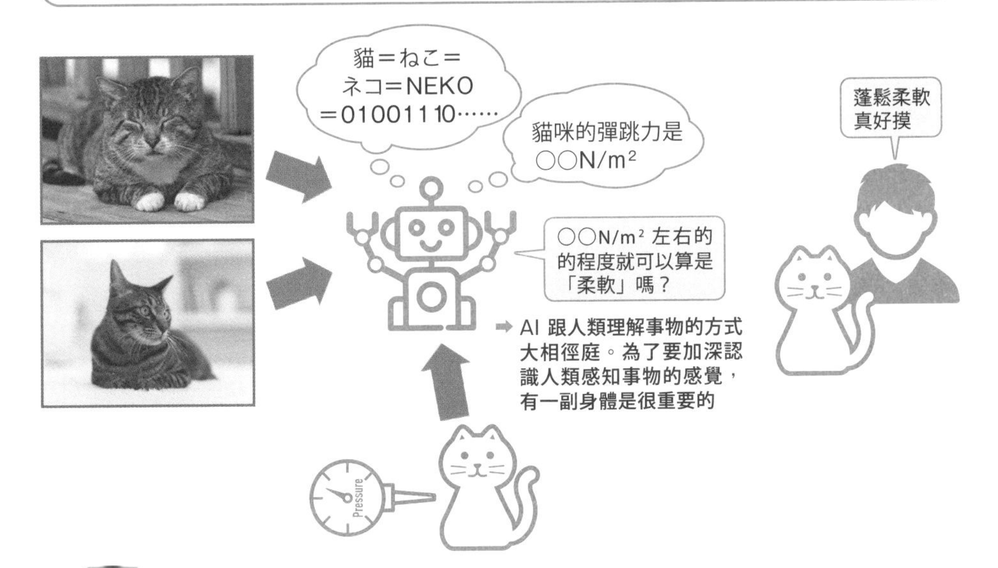

Point

- 要具備與人類相同的感受，AI 需要身體。
- 透過身體，來獲得意識、或是近乎綜合型的思考能力。
- AI 如果能擁有身體，就有機會解決符號莫基問題。

AI 的身體 ②
～不擁有身體，但學習感覺～

模擬與人類的感官資訊

即便沒有跟人類一樣的身體，還是有可以接近人類的方法。人類網羅為了理解人類的社會環境的必要資訊，透過模擬的方式來補足缺漏的部分，創造出宛如現實世界的虛擬空間。**類似用想像力彌補人類所不足的知識**。倘若還能在人類身上穿戴整套的 VR 穿戴設備，進入到 VR 空間體驗以假亂真的現實世界的話，如此一來沒有身體的 AI 應該也能藉此體會到，近乎真實世界當中的感受是怎麼一回事吧。AI 就這樣在虛擬世界當中擁有虛擬的身體，藉此學習人類的舉手投足（圖 8-11）。

另外，如果可以將人類的感官資訊代換為數位資料，那麼 AI 也就沒必要獲得屬於自己的身體了。AI 透過分析人類的神經訊號，就能在某些狀況知道人類是如何感受事物。這種技術可以用在神經疾病的治療與研發義肢，讓手指動起來就像是自己原本的手指一樣，且目前也正在研發能將摸到的觸感傳達給大腦的義肢。未來還可能會拓展到跟大腦進行數位連線的應用層面。

元學習：思考自己所想的事情

宛如獲得身體的 AI 可以感受到的世界就更加寬廣，接下來就是要獲取意識了。此時不可或缺的正是**針對自己所想的事情與認知去進行思考的後設認知**。這與笛卡兒的「我思故我在」是相同的思維，如果存在著一個「自己」可以去思考自己，那這就已經是相當接近意識般的存在了。

在 AI 研究當中，為提升機器學習效率的元學習，就是分析自己的學習過程的作法。儼然像是人類嘗試站在客觀角度去檢視自己的學習與思考一樣（圖 8-12）。後設認知不一定是意識的起始點，而是為了獲取意識所不可或缺的一個步驟。AI 如果變得能夠思考如何參與社會，或許就更有人味、更接近人類所擁有的意識了也說不定。

圖 8-11 在虛擬空間學習身體為何物的 AI

人類透過 VR 設備從虛擬空間當中獲得體驗回饋

AI 將轉換為數位資料的人類體驗數據作為學習資料累積，藉此學習人類如何運用身體

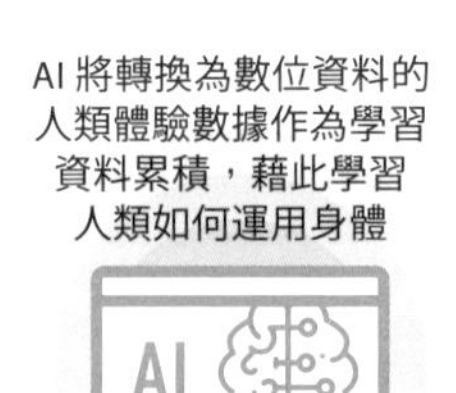

將能夠分析神經訊號的感知器裝在身體上，進行各式各樣的體驗

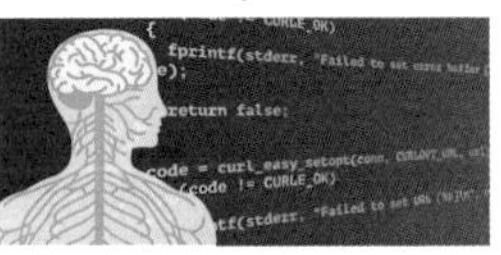

在虛擬空間當中可以獲得跟現實世界一樣的經驗。人類與 AI 透過虛擬角色來獲得宛如現實世界中的體驗

回饋到虛擬空間內去體驗感官資訊

將人類所體會到的身體上的刺激、感官資訊轉化為數位資料

圖 8-12 持續學習後設認知的 AI

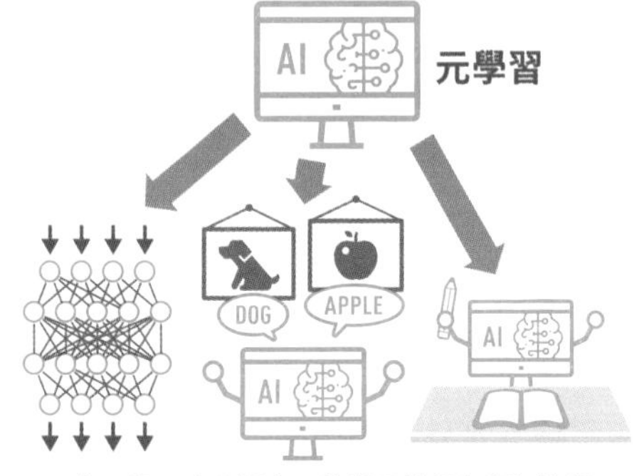

人類站在客觀角度去了解自己的認知，認識那個會思考各種事物的自己的存在（認知到事物的事實）

➡ **藉由分析自我的認知，來改變對自我認知的流程，而得以成長**

AI 的元學習會分析自己的學習流程與認知流程，提升自己在學習方法上的效率

➡ **分析正在用來學習的學習模型，自己改善學習模型**

Point

- 就算沒有實體的身體，AI 可以在資訊空間當中，透過人類的體驗資訊與運動的反饋來學習如何運用身體。
- 將人類的身體資訊數位化的技術，也用在醫療用途上。
- 人們持續研究如何透過元學習來讓 AI 運用後設認知的觀點來提升學習效率。

» AI 會受人類影響而帶有偏見

AI 學習人類的偏見

機器學習在許多層面上都會反映人類的價值觀。監督式學習（章節 4-3）是由人類決定好正確答案，依照人類的意圖來進行學習。強化式學習（章節 4-5）是由人類決定學習的方向，因此也確實受到人類的影響。依據演算法不同，非監督式學習可能也會帶有人類的偏見。基於這些方式所誕生的，就是 AI 的偏見。

這裡所說的偏見就是人類社會當中所說的偏見，意思是當中也包含了人種與性別歧視。比方說，**一股腦兒地學習咖啡色貓咪，結果把白色貓咪判斷成「不是貓咪」，這就是 AI 的偏見**（圖 8-13）。倘若是這樣還算好修改，要是換作是比較男女平均薪資而「判斷男性較為優秀」的情況，由於資料當中還反映了社會的性別落差，想改也不是簡單的事。

AI 無法靠自己解決偏見

社會的偏見與歧視如果很明顯地可以從統計資料上看出來，直接用在機器學習上就會產生有偏見與歧視的 AI。如果帶有偏見的 AI 是可複製、且散佈到社會各個角落的話，就會導致偏見更加根深蒂固。此時最理想的狀況就是無視統計資料，由開發人員親手將最理想的狀況告訴 AI。由於統計資料是現實社會的寫照，裡面沒有個人與團體的意識可以插嘴的餘地。然而，當開發人員有能力捏造理想世界去讓 AI 學習，因個人與團體的企圖而生的 AI、以及這種 AI 所普及後的社會價值觀，恐怕是會步上扭曲一途（圖 8-14）。

若無法解決最根本的社會問題，起因於社會問題的偏見基本上是無解。AI 的價值觀無論是迎向現實社會、還是調整為理想社會，都不見得是正確的做法。從這點來看我們可以知道，AI 所下的判斷僅能作為人類判斷時的參考，並不能將一切都委由 AI。

圖 8-13 反映現實社會的 AI 偏見

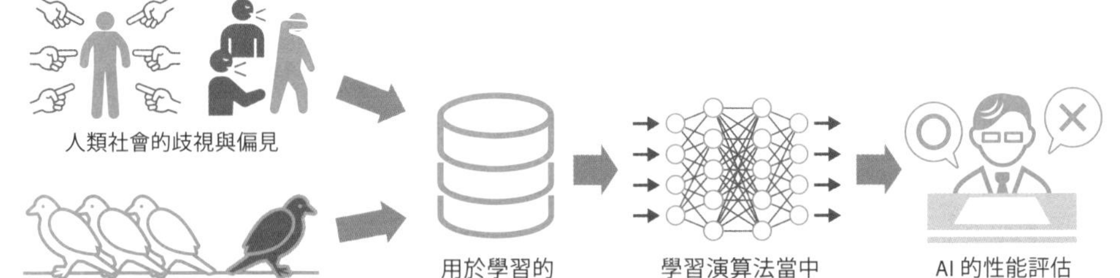

➡ **學習演算法的偏頗與評鑑者的偏見雖然都可以被修正，但是要拿掉統計資料當中的偏頗卻非常困難**

圖 8-14 將沒有偏見的價值觀告訴 AI 的風險

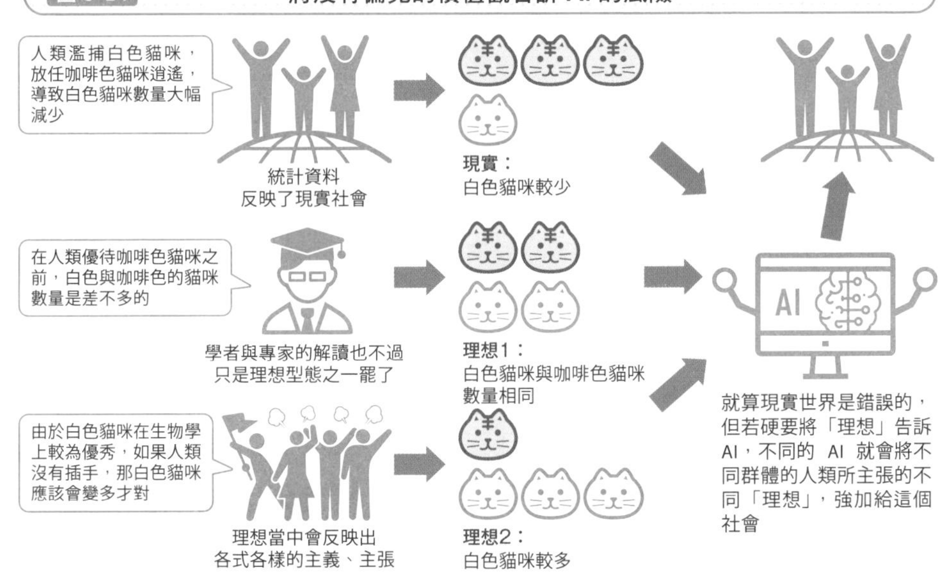

Point

✎現實世界當中所獲得的統計資料帶有偏見，學了統計的 AI 會反映出現實世界的偏見。

✎由於理想社會沒有「正確答案」，所以告訴 AI 理想的情況，會陷入控制思想的風險。

✎透過 AI 的普及，人們可以運用 AI 來強化宣傳特定的價值觀。

AI 能控制人類可獲取的資訊

偏心的人類助長偏見

就算 AI 本身沒有包含任何偏見，**人類卻會在使用 AI 的過程中助長偏見產生的風險**。網路購物與社群網站的推薦功能，讓我們可以輕鬆獲取符合喜好的內容。然而這會助長使用者的偏見發生。

蒐集特定的類別與關鍵字、顯示偏頗的內容，這將讓使用者的喜好與想法更受限。這是過濾功能的危害，稱之為過濾泡泡。接著，當興趣嗜好雷同的人們因為社群網站的推薦功能而齊聚一堂時，就會因為整個團體的想法相同，導致部分共同的思想被放大的同溫層現象。雖說 AI 只不過是在蒐集使用者喜歡的內容罷了，結果卻還是產生了偏見（圖 8-15）。或許有人會認為那更廣泛地推薦不同的內容就能改善狀況，不過大多數使用者並不喜歡這樣，所以還是會產生偏頗。一旦使用 AI 的人存在著偏見， AI 助紂為虐就是無可避免的。

用 AI 掌控資訊

偏見並非只因使用者而生，也會因平台與第三方而出現。像是我們都聽過透過深偽技術（Deepfake）這種圖像處理技術合成的影片外流，導致錯誤資訊散佈的情況，也有聽過中央政府的新聞管制而讓人民無法接收到正確的資訊。運用 AI 來刻意散佈特定思想與觀念已經是見怪不怪了。

就算 AI 本身沒有包含任何偏見，使用的人或單位卻能夠輕易地大肆散佈偏見。反過來説，若是為了使正確資訊廣為人知，也可以借助 AI 的力量來做到，目前已經有很多的社群網站平台致力研發傳達正確資訊的技術。能否正確運用資訊，關鍵與其説是在 AI 身上，不如説重責大任還是落在人類自己本身（圖 8-16），人類若不盡可能地去告訴自己不要有偏見，AI 的偏見問題大概也是沒有解決的一天。

圖 8-15　過濾泡泡與同溫層現象

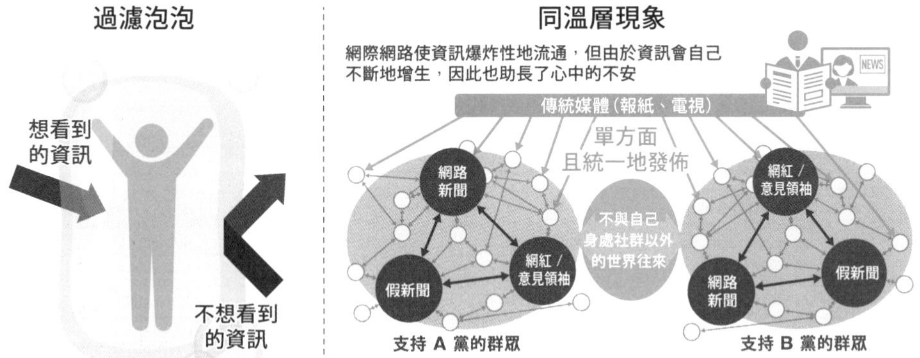

過濾泡泡

想看到的資訊

不想看到的資訊

人類只會蒐集「想看到的資訊」，因此在 AI 過濾機制的推波助瀾之下，就只會出現使用者偏好的內容

同溫層現象

網際網路使資訊爆炸性地流通，但由於資訊會自己不斷地增生，因此也助長了心中的不安

傳統媒體（報紙、電視）

單方面且統一地發佈

網路新聞

網紅／意見領袖

假新聞

不與自己身處社群以外的世界往來

支持 A 黨的群眾

支持 B 黨的群眾

出處：依據經濟產業省『不安的個人，不知所措的國家～該如何積極地在沒有榜樣的時代生存下去～』製作

URL：https://www.meti.go.jp/committee/summary/eic0009/pdf/020_02_00.pdf

人們傾向和「與自己意見相符的人」形成小團體。加上 AI 的助力，擁有相同想法的人更容易聚集在一起了。結果反而導致無法與持有不同意見的人群進行溝通

圖 8-16　運用 AI 所捏造出的資訊來改變社會

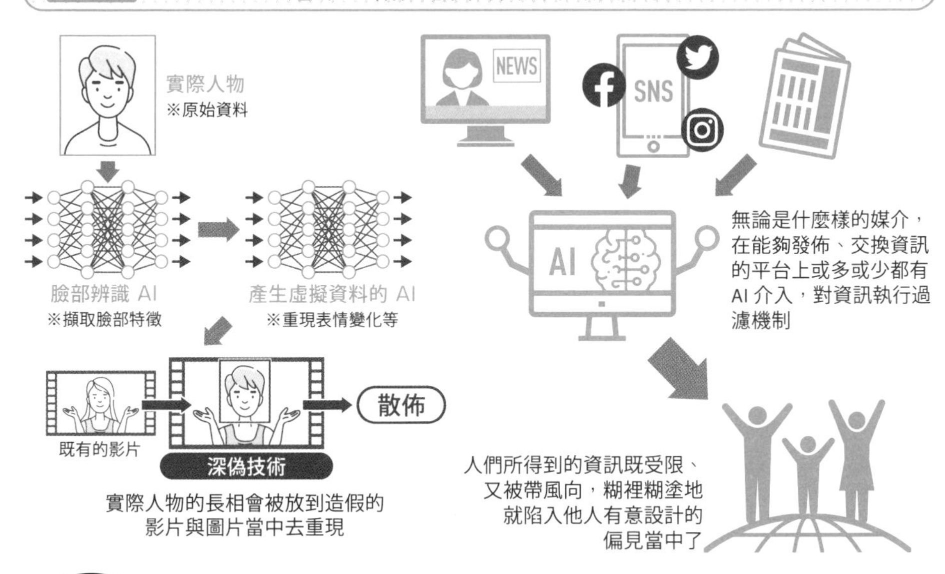

Point

- 「過濾泡泡」讓人只看得見自己喜歡的資訊。
- 「同溫層現象」聚集了意見相同的一群人。
- 深偽技術可以捏造假資訊。
- 因為人們運用 AI 來讓自己只看見喜歡的內容，導致人類自己的想法變得更為偏頗。

AI 思維就像黑盒子般無法理解

無法理解神經網路在想什麼

神經網路內部為了要能解決複雜的問題，存在著大量的參數。這些參數經由機器學習產生細微的變化，持續趨近於最佳數值。但是這些參數不僅數量龐大，當中還存在著有意義的數值與無意義的數值。因此，**人們根本無從得知神經網路是依據什麼來進行判斷，而在「雖然不知道為什麼，但反正電腦可以給我們正確答案」的狀態下**使用著 AI。

當 AI 犯了錯，很難找出是神經網路裡面的哪個環節出錯。要修正錯誤就需要新的學習，將參數恢復到出錯之前的狀態、再學習如何得出正確答案，這些並非是修改原本的軟體，而是走上另一條截然不同的道路。結果開發人員就在無法得知錯誤是否已被糾正的狀態下，單純去看「已經不會再犯相同的錯誤了」的結果，來宣告「修改完成」，發佈更新版本（圖 8-17）。

我們需要能解讀 AI 的 AI

不過，這問題並非無解。運用能夠分析神經網路的 AI，就可以從巨大的神經網路當中去辨識出有關於特徵擷取的特定網路。這種 AI 儼然就是擔任神經網路與人類之間的口譯員。

於是，透過分析 AI 在進行判斷的時候，哪裡的神經網路有產生反應，就能像接受醫療影像的診斷時說出「這裡有異常」、「那情況跟這個病症很像」，有憑有據了。接著，還能進一步從正確答案去找出如「只看這裡應該無法完整判斷吧」這類證據較為薄弱的地方，並加以修正，以及找出「如果可以用這個特徵來判別的話就能提高精確度」的部分，以提高精確度（圖 8-18）。目前人們正針對這種為了讓 AI 更普及而必須存在的可解釋 AI，進行各式各樣的研究。

圖 8-17　無法解釋的 AI 會有哪些風險

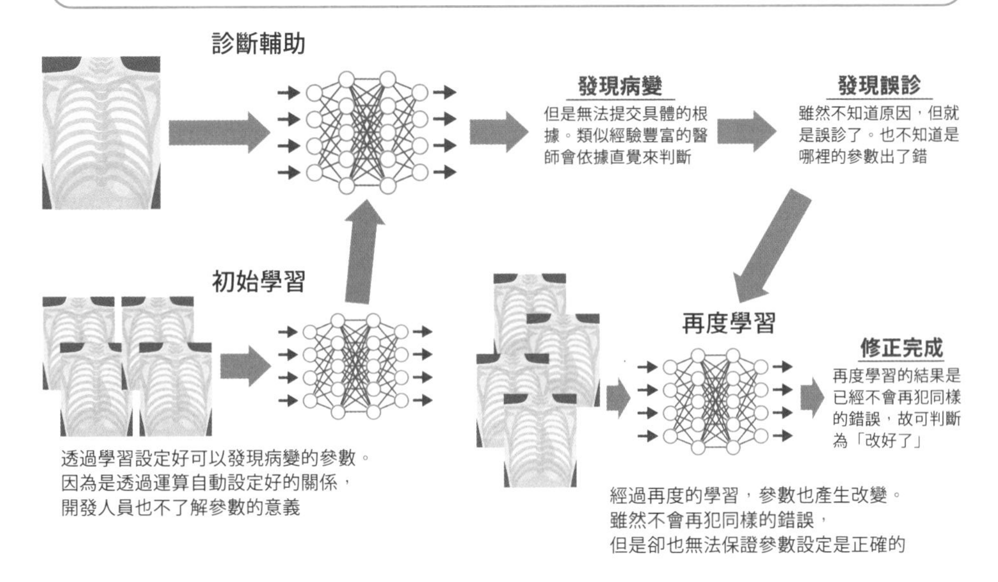

圖 8-18　可解釋 AI 的好處

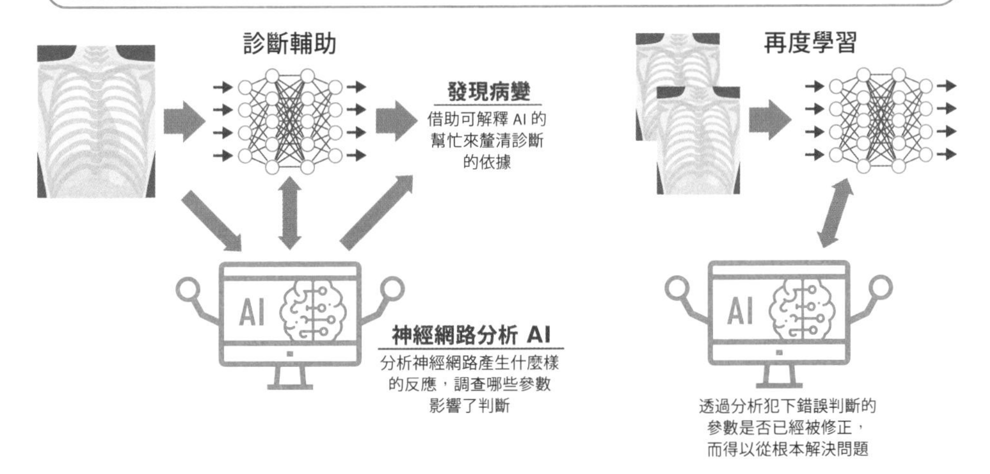

Point

- 神經網路這等複雜 AI 是依據什麼來進行判斷，連開發人員也不曉得。
- 因為找不出問題的原因，只要不再犯同樣錯誤，就能以結果論來判斷是已經修改完成。
- 運用 AI 分析神經網路，就有辦法進行說明。

AI 倫理 ①
～ AI 難以理解的架構與運用～

為什麼 AI 倫理如此重要

AI 越是深植我們的社會，倫理問題就越顯著。倫理包含了法律、習慣、道德，是關乎人類價值觀孰善孰惡的領域，機器僅僅身為人類的工具，本不該觸及這樣的議題。可是，如今 AI 獲得了以往所沒有的先進的判斷能力，成為了為數不多能夠一手包辦與人類相關的龐大的資訊的存在。

結果，這讓 AI 成為了會影響原本僅由人類所主宰的善惡等價值觀的角色。而最難的問題是，**價值觀沒有正確答案，統計上歸屬於多數的群體也不盡然就是對的**（圖 8-19）。AI 沒有正確答案也能進行學習，就宛如孩童學習人類的價值觀。面對沒有答案的問題，若不好好地討論該如何教導 AI，或許 AI 終將成為對社會帶來負面影響的存在。

無法承擔責任的 AI

AI 無法為自己所引發的問題負責，也是嚴峻的挑戰。假如 AI 能負責，也可能視影響範圍而難以咎責吧。又或是讓身為使用者的人類來代為負責後，AI 是否在每次被按下啟動按鈕後都能夠安然地運作，也沒人能保證。能配合狀況來進行自主且靈活的判斷的 AI 所引起的問題究竟該由誰來負責，是使用者、開發人員、還是司法或行政主管機關？要能正確定義這點絕非易事（圖 8-20）。

最終究竟該由誰負責，必須得要預先決定好規則。不確定該以「法律」、「合約」、「規章」、還是「程序書」的形式來撰寫，但本質上依舊脫離不了「透過事前討論並決定規則」。如何制定規範，正是有關於「AI 倫理」最根本的討論。

圖 8-19 AI 引發的倫理問題

法律　習慣
善惡　品行
道德　常識

倫理

所謂倫理，是指人類社會的
法律與道德等普世價值觀

善　惡

AI 的判斷

以統計資料為基礎，AI 會將統計上
視為正確的事情判斷為正確的

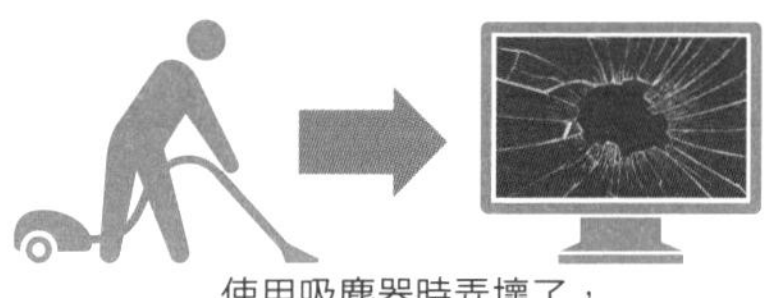

跟倫理問題有關的各種判斷，
大多時候都需要討論並決議

每一個與倫理有關的判斷，
都會持續為社會帶來影響

即便判斷當中包含倫理問題，
還是會依照開發人員
所寫的演算法來下決定

圖 8-20 模糊不清的責任歸屬

使用吸塵器時弄壞了，
多半是使用者自行負責

當掃地機器人壞掉時，
因為掃地機器人無法負責，
所以責任歸屬就會落在使用者或廠商身上……

廠　商：哪有人會把電視放在地上
使用者：掃地機器人看到電視擋在前面應該要自己停下來

➡ **責任歸屬不明確，結果如何端看合約內容如何定義……**

為了要釐清責任歸屬，
該怎麼用適當的法律、合約、手冊進行規範呢？

為解決因自主作動的機器人所引發的問題，
就需要建立**共通的規則**

Point

- AI 成為了能影響包含善惡在內的人類價值觀的存在。
- 運用統計來進行判斷的 AI 所做的判斷，可能跟人類的判斷有所不同。
- 為了解決 AI 可能引起的問題，必須要建立共通的規則。

AI 倫理 ②
～誰該遵守倫理？～

可以委由 AI 做的判斷跟電車難題

雖說無法了解 AI 的思考過程，是考量責任歸屬的重大挑戰，然而假使知曉了 AI 在想什麼，卻也還是會面臨到如果思考的過程中出現錯誤時，「該朝哪個方向修正」的問題。

讓我們用電車難題來想看看。這是一個不採取任何行動、眼睜睜看著五個人喪命，或是採取行動救下那五個人、但卻會導致另外有一個人遭殃的情勢判斷問題（圖 8-21）。這類會因為對倫理的認知、立場而出現不同答案的倫理問題，我們人類可以秉持自己的信念來採取行動，負起全責。

然而，**AI 只會基於設定好的優先順序來行動，當設定可被複製時就會波及到整個社會**。這意味著開發人員的信念將會變成整個社會的問題。尤其是思考將 AI 作為商品來提供什麼樣的服務時，問題更是嚴峻。只要是商品，就會優先符合付錢使用的用戶、贊助商的需求，這會導致輕忽了對其他人事物造成的影響與損害。很難令人不去擔心為了要保護自動駕駛車輛上的駕駛者，選擇看輕對行人與周遭的影響。

AI 倫理相關準則

過去在科幻題材當中人們想出了機器人三大定律，但這在現實社會裡遠遠不足。近年來全世界都在討論運用 AI 的倫理準則，當中就包含了有如「為社會帶來利益」、「得要公平，公正」、「對社會負起各種責任」、「適當處理個資與資料」、「需確保可靠度與安全性」、「尊重人類」，都應是在這個 AI 越發普及的社會所應約定管理的事項（圖 8-22）。

與人類不同，AI 的倫理準則的主體還是在於設計、使用 AI 時，由開發人員與用戶自行留意，AI 並不會為了我們而自動當個守規矩的乖寶寶。人類必須要將所有與 AI 有關的倫理準則都銘記在心，持續地去思考在研發、運用 AI 時是否會衍生倫理問題。

圖 8-21　電車難題與 AI 的優先順序

電車難題

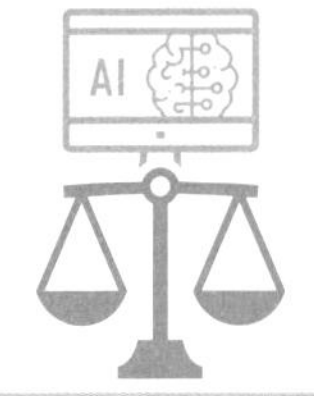

電車正在駛向鐵軌上躺了五個人的方向。
為了要保護這五個人的性命，
就必須親手改變電車的行進路線，犧牲一個人

➡ **以結果論來說，是獲救的人數比較重要嗎？**
➡ **還是自己的作為與不作為可能導致有人犧牲比較重要？**

AI 的優先順序

遇到了踩煞車卻無法完全煞停的情境。
雖然只要轉動方向盤去撞電線桿，就不會撞到人了，
但基於考量自動駕駛車輛的駕駛者的人身安全為第一優先，
所以沒有轉動方向盤

當 AI 基於付錢的人的需求被設計出來，
就會造成整個社會對窮人越來越不友善

圖 8-22　AI 倫理準則

社會利益

公平、公正

對社會的責任

適當管理資料

可靠度、安全性

尊重人類

AI 倫理準則

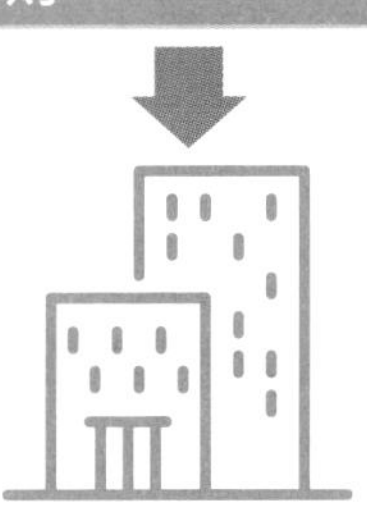

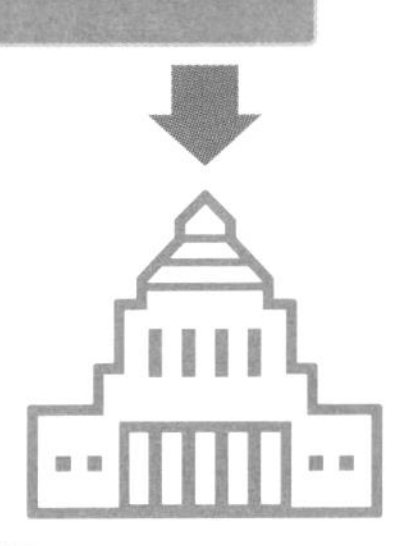

➡ **遵守倫理準則的並不是 AI，而是研發 AI 的人類**

Point

- 沒有正確答案的「電車難題」，每個人都要為自己的判斷負起責任。
- 無法主動承擔責任的 AI，會依據人類設定好的優先順序來行動。
- 雖然有許多團體都持續提出 AI 倫理準則，但需要執行的人應是包含開發人員與政府在內、所有與 AI 有關的人。

AI 的壟斷與開放

無法避免 AI 的壟斷

假設已經訂好了 AI 倫理準則，那麼還有一個必須面對的問題，就是 AI 技術的壟斷。就算企業確實地遵守 AI 倫理，正當進行使用，**只要 AI 技術是以服務或商品的形式存在，那麼恐怕難以避免重要的技術與資料會被單一企業壟斷**。企業的生命線就是在 AI 市場當中擁有獨門技術與資料，縱使再怎麼共享資訊，牽扯到利益核心的部分肯定是當仁不讓。而即便技術本身並非主要核心，但若能獨佔大規模的資料與掌握優秀人才，也是能立於不敗之地。

這個問題不僅侷限在 AI，當我們嘗試評估 AI 的影響範圍，就會發現這比傳統的市場壟斷還要重要得多。部分的大企業壟斷資訊與平台已經是既成的問題，這問題恐怕會因 AI 而繼續蔓延下去吧。為了要防止 AI 壟斷、以及因為壟斷 AI 而帶來的負面影響，必須要政府與第三方組織來進行監督與立法，而究竟該怎麼做，則還在廣泛地討論當中（圖 8-23）。

開放之後可能導致不良用途擴大

技術無法被壟斷也會有問題。大型企業因為會受到各方監督，所以比較有可能乖乖地遵循 AI 倫理，但換作是個人可就不一定了。**一旦開放 AI 技術，就會出現惡意使用技術與用錯方法來應用的個人或小型組織**。若將 AI 當作病毒來進行惡意攻擊，更是難以防範。其實已經有多起因濫用 AI 的事件與紛爭發生，漸漸成為社會問題（圖 8-24）。

對此，透過 AI 來監視個人的行動，以避免 AI 受到惡意使用的方式是可行的。在部分的國家已經有透過 AI 監視的方式來為個人的可信度進行評分。如果要讓所有人都能使用 AI，那要不就是要監督個人的行為是否合宜，再不然就是透過公家機關去監督企業、允許壟斷 AI 了。該怎麼做才最符合 AI 倫理，各方面都仍須多加議論。

圖 8-23 被壟斷的 AI 資源

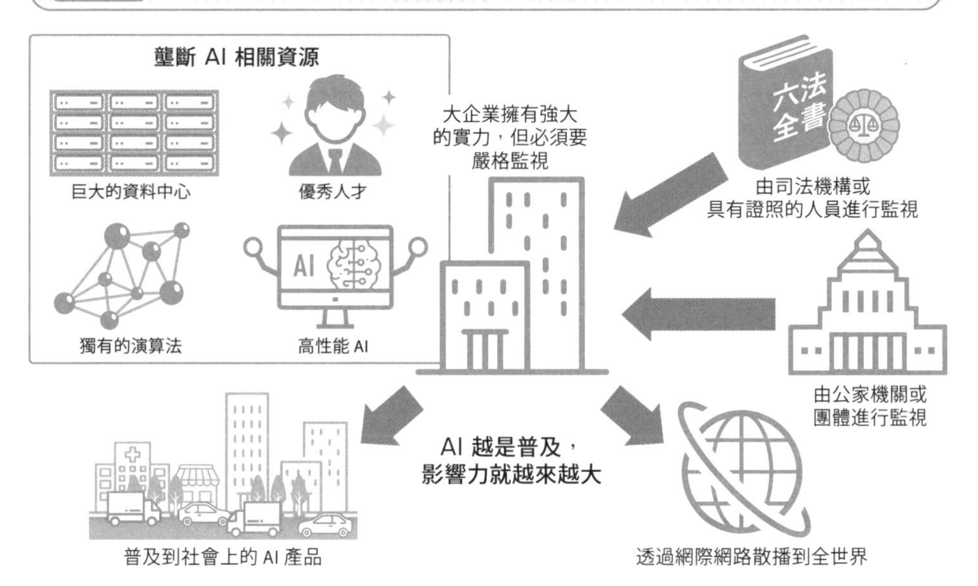

圖 8-24 開源之下所蔓延的 AI 風險

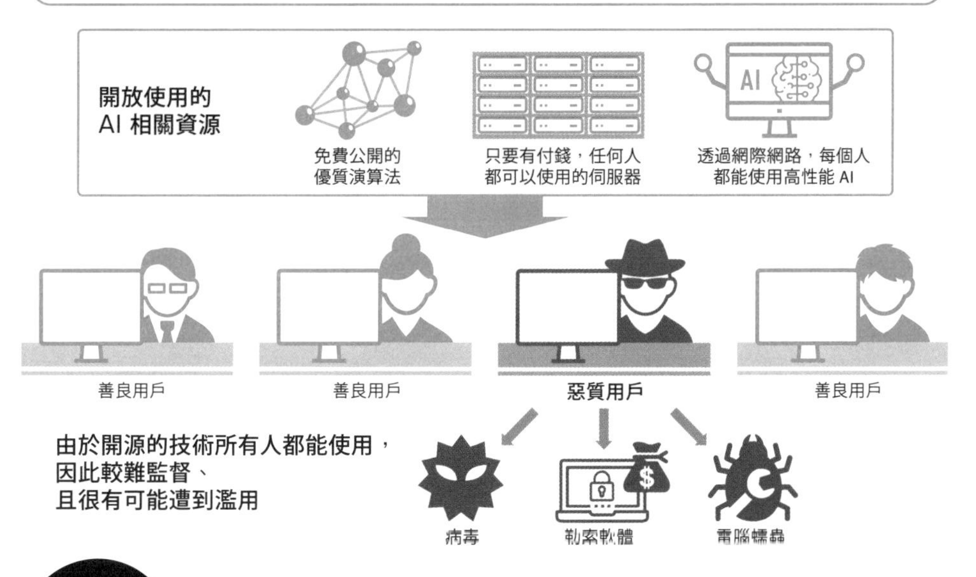

Point

- AI 技術有可能被少部分企業壟斷。
- 沒被壟斷、且公開的 AI 技術很有可能會暴露在個人濫用的風險當中。
- 為了要促進符合 AI 倫理的運用，該監督企業或個人到什麼程度最佳，還在多方議論當中。

請你跟我這樣做

好好地思考AI倫理問題吧

由於「電車難題」基本上沒機會在現實當中遇到，想必應該大家都是看看就過去了吧。可是，換作是自動駕駛車輛或是 AI 的出現，情況可就大不相同。AI 已超乎常人的速度來進行情勢判斷，在轉瞬之間就完成了「充分思考」，這是我們只能甘拜下風的。然後，AI 思考過程中的優先順序又是人類所設定的，這就會需要好好地預先設定好，當遇到人命關天的時候該以哪些選擇為主。

美國的大學就有一個網站叫做「道德機器（Moral Machine，https://www.moralmachine.net/）」，用來評估遇到狀況時應該如何判斷。換作是您，會怎麼判斷呢？

因年齡與地區而不同的道德

在這個設問當中，真實的生命正面臨著抉擇。「孩童的性命」、「年長者的性命」、「不守規矩的人的性命」、以及「獲救的人的性命」、「流浪漢的性命」、甚至是「公司經營者的性命」等，根本難以定義什麼才是符合倫理道德的問題。而透過蒐集資料進行統計，回覆會因為年齡、地區，而呈現不同的道德觀傾向。如果是您，會怎麼回答呢？

第9章

未來的AI

～因科技的發展而產生改變的社會～

以各種型態不斷進步的 AI

AI 應用範圍持續拓展

以機器學習作為基礎而成長的 AI，透過一次又一次的使用，再三地增加資料量，而得以更加提升性能。當然不只有 AI 單獨進步，我們人類也越來越了解 AI 的性質與特性，並將這些應用到產品與服務上，持續創造出能發揮 AI 最強大實力的方法。

比方說，機器翻譯的精確度不僅與日俱增，連「應用的範圍」也持續拓展。跟語音辨識結合之後可以產生字幕與會議紀錄，搭載麥克風後成為翻譯機，還有運用鏡頭與文字辨識的 VR 翻譯，不勝枚舉。至於圖像辨識的部分則是滲透到所有的技術當中，現在我們已經幾乎不會特別去意識到它的存在了。**AI 的進步不僅提升了性能，也開拓了更廣泛的應用範圍**（圖 9-1）。

持續為 AI 找到新的成長方向

應用範圍變得廣泛，AI 就能朝向全新的方向成長。比方說，過去機器翻譯幾乎都要仰賴瀏覽器，不過現在已經可以運用在聊天小工具與影音網站，從對話與影片來蒐集以往無法獲取的語音資料（圖 9-2）。持續蒐集俚語、獨特的措辭、鄉音等資訊，想必語音辨識與翻譯功能還會大幅進步吧！更進一步將 AI 搭載到 IoT 設備的話，就能即時地獲取資訊了。原本只能在有限的數位空間範圍裡取得資訊的 AI，現在能夠在現實社會蒐集資料，這絕對是 AI 進步神速的關鍵。

自動駕駛車輛的天敵是天氣狀況，天候關係可能讓視野、路面對行車的影響帶來極大的區域性差異，即使是模擬也還是有極限在。只要不讓車子去跑過所有的天候、地區，就必定存在著不知道的資訊。這也是為什麼雖然自動駕駛車輛已經搭載了優異的圖像辨識技術，卻還要在鏡頭之外的地方配置感知器的原因。但是，藉由蒐集而來的各種資料，未來或許真能單靠鏡頭就實現無比先進的自動駕駛也說不定呢。

圖 9-1　AI 的性能提升與應用範圍

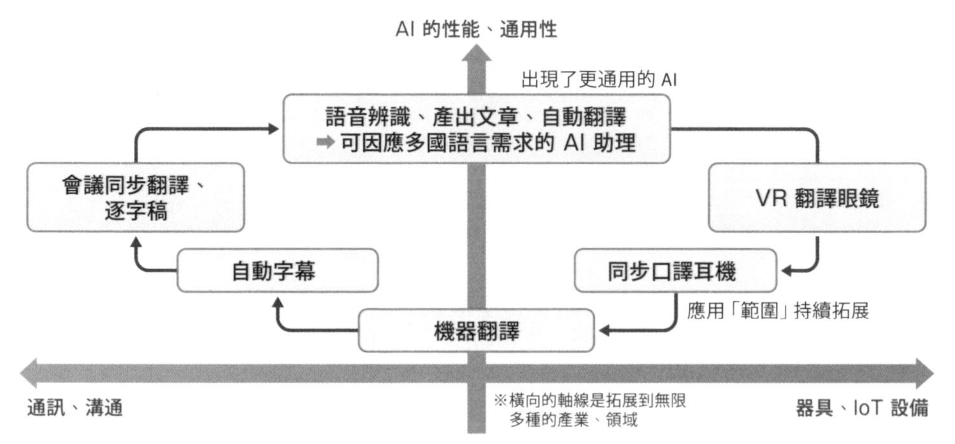

即便基礎技術都相同，也會衍生許多不同的應用方式，持續拓展應用範圍

圖 9-2　應用範圍變大與蒐集到的資料

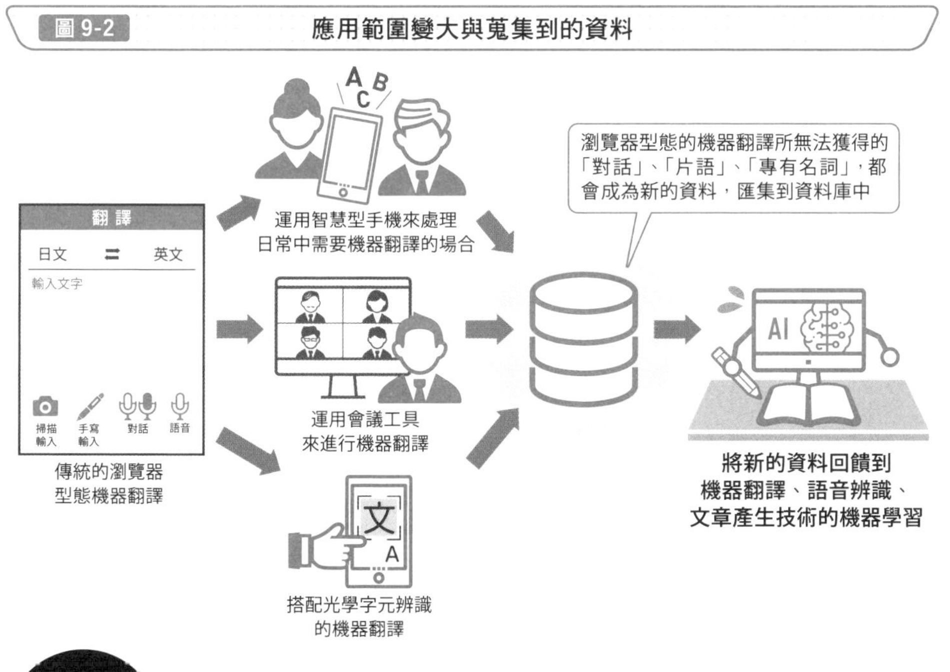

Point

- 以機器學習為基礎的 AI 技術持續進步。
- 不僅性能，AI 能被應用的範圍、種類也持續增加。
- 因為應用範圍拓展，獲取的資料種類也變得多元。
- 運用新的資料來學習，讓 AI 突飛猛進。

AI 的展望 ①
～科技奇異點與樂觀派～

AI 為人類帶來了什麼樣的影響

無庸置疑，AI 今後也將會持續成長，不過會成長到什麼地步、帶來什麼影響，專家倒是眾說紛紜。有人認為 AI 將會改寫人類的歷史，有人則認為 AI 不過就是一項新的技術罷了。另外也有人認為 AI 會將人類帶來眾多且巨大的災難。

畢竟是未來的事，怎麼討論也不會有答案。不過，這種**針對 AI 所擁有的可能性來進行討論的派別，還能分為樂觀派與悲觀派**，這兩派人馬對於 AI 的成長抱持著不同的看法。想法實際與否雖然有落差，但雙方的論點都有一定的可信度，所以應該還是得要充分理解彼此的見解才是。

科技奇異點假說與 AI 進化的樂觀派

說到樂觀派，最極致的觀點不外乎就是科技奇異點假說吧！這想法是認為 AI 持續快速成長到超越人類，人類也加快了成長的步調，最終人類與 AI 都共同蛻變為新世代的智慧生命體（圖 9-3）。乍聽似乎是荒唐的無稽之談，但為了實現科技奇異點所需要的「創建 AI 的 AI」、「腦機介面」等技術都正在研發，因此這理論可以說是有所本。只不過抵達奇異點之前的過程當中充滿了無窮無盡的障礙，也沒有證據表明可以全數克服，因此不乏有人批評這論點過度樂觀。

然而就算到不了科技奇異點，具有高度通用性的 AI 技術已經非常多，所以眾多專家認為社會可能迎來嶄新的面貌。當自動駕駛車輛成為生活中理所當然的存在，無人機交錯飛行運送著包裹，借助 AI 的輔助，讓我們口頭發號施令就能完成大部分要做的事情，這使得未來人類生活水準大幅提升（圖 9-4）。或許這樂觀的預測所實現的時機點與程度確實與目前所想的有落差，但也不難想像未來某處的確會出現有如前述生活樣貌的城市。樂觀派真正面臨的挑戰，或許是「在我們有生之年能否親眼見證」也說不定。

圖 9-3 科技奇異點假說

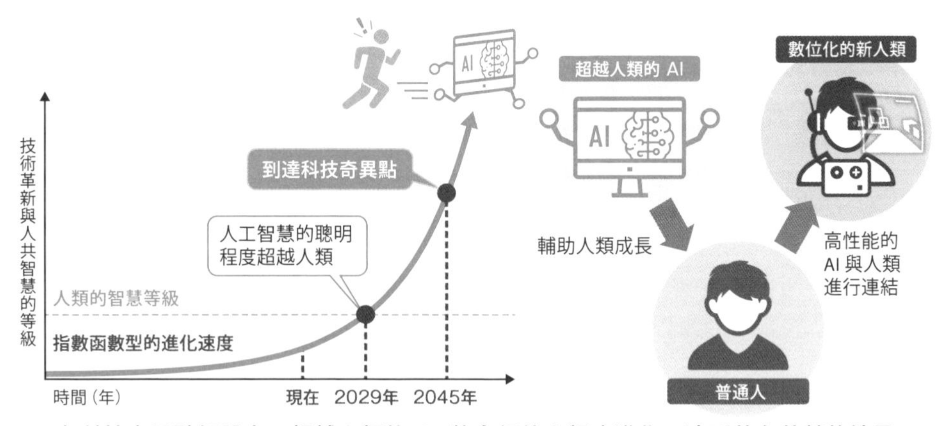

在科技奇異點假說中，超越人類的 AI 將會促使人類也進化，達到共存共榮的境界
➡ 極端的樂觀派想法

圖 9-4 AI 為社會「Society 5.0」帶來全新樣貌

由於 AI、IoT、5G 的應用，整體社會都產生了巨大的變化

出處：擷取自內閣府「Society 5.0」（URL：https://www8.cao.go.jp/cstp/society5_0/）

Point

- 對 AI 未來的觀點分為「樂觀派」與「悲觀派」。
- 樂觀派當中最極端的想法是「科技奇異點」。
- 以實際面預測 AI 普及到整體社會的想法當中，「實現的時期」存在著落差。

AI 的展望 ②
～寒冬時代與悲觀派～

悲觀派認為 AI 才不會進化到那麼厲害

深度學習的出現引發了第三次 AI 浪潮。在第一次與第二次的時候，雖然都興起過 AI 能夠改變社會的樂觀主義，不過無法回應人們期待的 AI 就這樣被忘卻在歷史的洪流當中。而悲觀派的人就是認為這情況將會重演。特定的技術為 AI 技術帶來了進展與成長，然而若要到達足以實際應用的程度曠日費時，也還會遇到目前所無法預見的阻礙。深度學習雖也是被持續地研發出不同更進步的型態，但要說缺點可是一點也沒少。悲觀派的人們明確地否定了 **AI 萬能論**。

某程度上來說，AI 確實進入了我們社會、帶來了改變，卻仍無法代替我們去幫忙完成所有事情，生活樣貌也不至於因此就產生了多大的變化（圖 9-5）。縱使有些持悲觀論點的人們，並沒有否定樂觀派所設想的**未來社會**終將到來，認為「真要能實現還得要好幾十年」的想法也算得上是一種悲觀派的聲音吧。

AI 與惡的距離

無庸置疑，AI 逐漸成為能與人類平起平坐的存在，有些悲觀派認為這將會**把人們的生活帶往壞的方向**。他們認為 AI 會攻擊人類、使用 AI 進行管理以致於自由被剝奪等觀點，以及在已經出現的「監視社會」、「控制、造假消息」、「使偏見加劇」、「在工作上取代人類」這些問題上都會日益惡化。樂觀派認為「不必針對 AI，技術本就有好有壞」，而悲觀派則表示「AI 所帶來的影響，無論是好的還是壞的，都無法與過去相提並論」。雖然樂見 AI 的成長速度與影響力，然而對於可能帶來的影響則是抱持悲觀想法（圖 9-6）。

若透過圖表來呈現樂觀派與悲觀派的論證，其實相當複雜，不僅有成長速度、影響力、方向性這三個觀點需要討論，且每個觀點都需要考慮樂觀與悲觀的立場。由於立場不同、主張也會隨之不同，因此兩邊的聲音與意見都是需要了解的。

圖 9-5　過去的 AI 成長速度以及對未來的預測

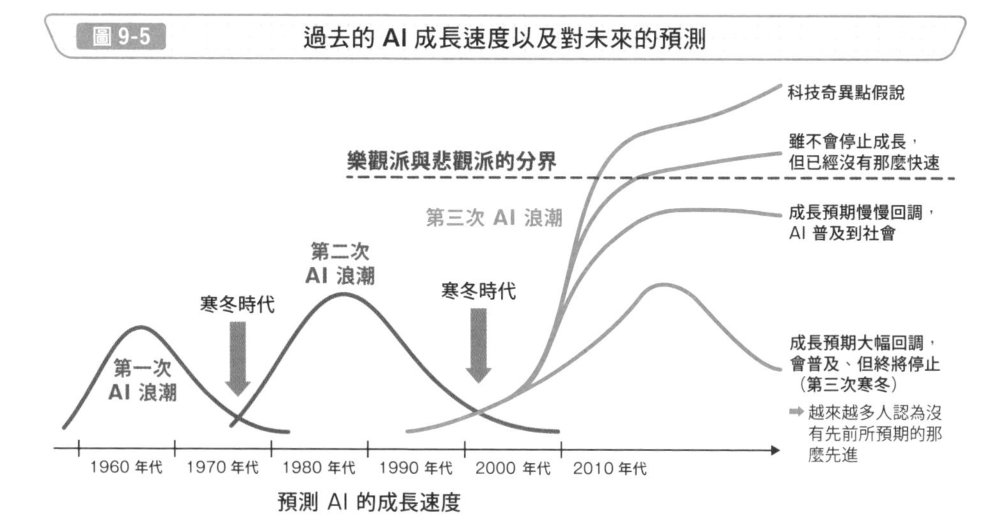

圖 9-6　樂觀論與悲觀論的立場及影響

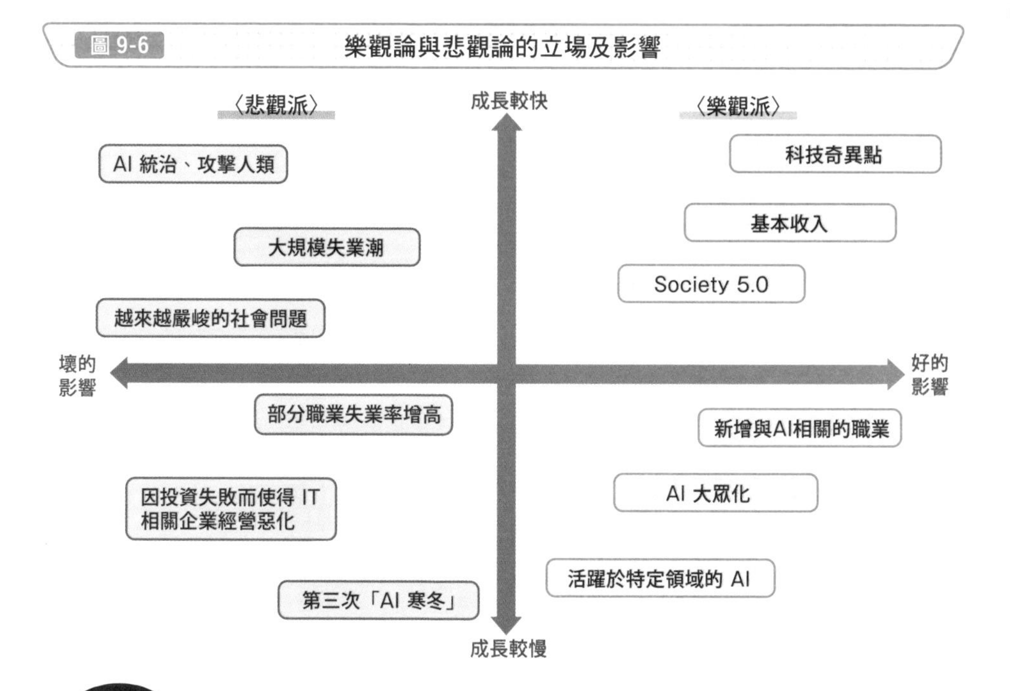

Point

- 悲觀派有三個觀點：「成長速度較慢」、「帶來不好的影響」、「影響範圍不夠廣」。
- 認為成長速度較慢的悲觀派預估「寒冬時代」還會到來。
- 認為成長速度快、但是會帶來不好影響的悲觀派，預估「AI 將會成為人類的敵人」、「將引發大規模的失業潮」。

工作樣貌持續改變

人類會不會丟了工作

在悲觀派當中，錢會流到管理 AI 的團體手上，**因此會出現貧富差距擴大、人類沒有工作可做的問題**。而樂觀派則認為，透過管理 AI、跟 AI 合作（章節 6-15），工作或許有增有減，但不至於全部都沒了，透過工作效率化來整頓最低所得保障等制度，也會產生不需要再由人去做的工作（圖 9-7）。

兩派人馬都同意 AI 能提升工作效率，只是後續的發展不同。工業革命後，技術創新帶來了社會結構的變化，有些國家與社會出現了「就業增加」，也有「就業減少」的情況，若是鑑往知來，其實兩種情況都有可能發生。至於會倒向哪一派的論點，就得看 AI 會進步到什麼程度、社會制度是否完善、還有我們是不是已經準備好了。

如何在因 AI 而改變的社會下生存

至少需要了解為什麼有人對 AI 帶來的社會變化抱持著樂觀、悲觀的兩方論證，以及無論未來朝向哪方所預估的方向發展，都能應對的基本知識與理解。另外，AI 還有具備了高度靈活性的特色。由於 AI 已經發展到能讓不具備專業知識的人們也可以使用，因此無法像過去強調自家的軟體有「搭載 AI」，這樣是做不出差異化的。**生活在 AI 已經普及的社會，需要的是結合 AI 與使用場景**。

工程師對於 AI 的研發與運用當然重要，然而為了要拓展應用範圍，因應目前 AI 的能力去思考「可以因應到什麼程度的需求」、「哪些商業用途可以透過 AI 賦能」、「再加上些什麼會更好用」，將 AI 與生活、商業情境進行連結，結合的人才也很重要（圖 9-8）。相較於優秀工程師，精通技術層面與產業這兩方的跨界人才的培育與獲取更加困難。人手明顯不足的 AI 產業，人才培育與獲取將會是左右業界、企業、組織未來何去何從的關鍵。

圖 9-7　因 AI 而增減的就業機會

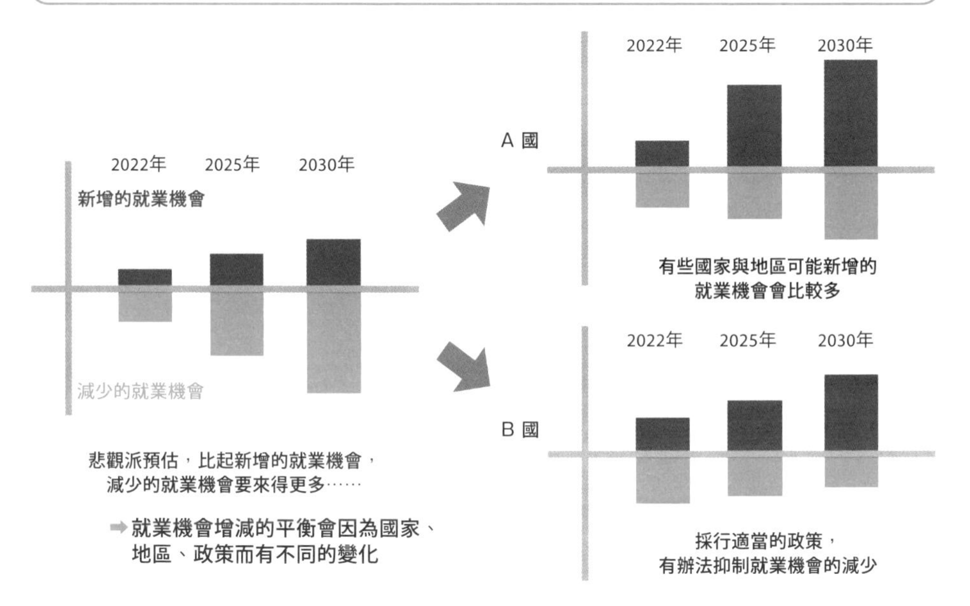

圖 9-8　跨界人才的角色

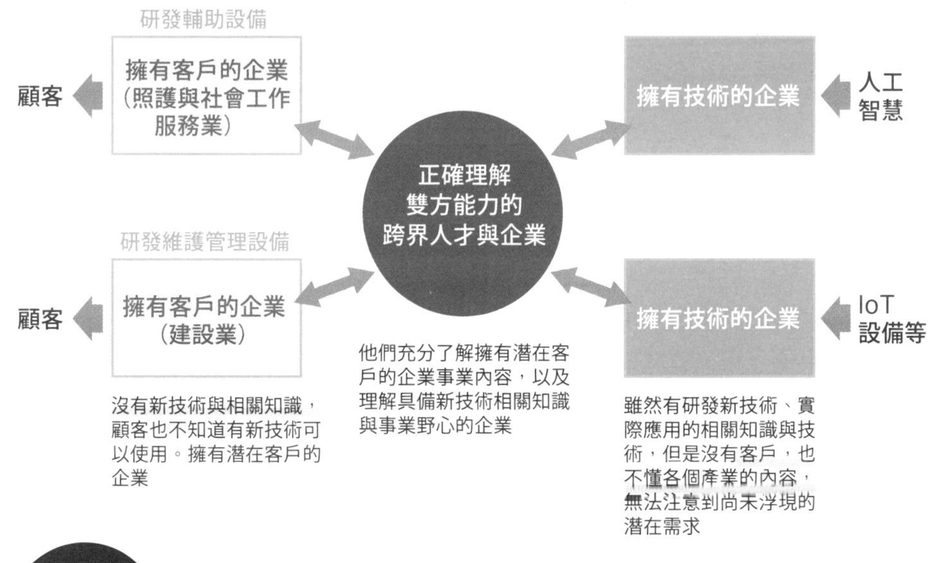

Point

- AI 所提升的工作效率，會是增加、減少就業機會的雙面刃。
- 新增與減少的平衡，會因社會制度與文化而有所不同。
- AI 越普及，就越需要工程師與跨界人才。

重現人類的方法以及可行性

真的能夠重現人類嗎？

要想知道 AI 有多大的潛力，就得要知道「AI 可以多靠近人類」。可複製、永遠不會感到疲累的 AI 如果可以獲得與人類同等的智慧，就算這依然無法迎來科技奇異點，也肯定會在現實社會掀起一陣巨大的變革。不過，由於人類智慧的機制還沒有完全地被了解，所以即便擁有最先進的 AI 技術，也很難獲得與人類相同的智慧。於是，為了要盡可能地接近人類，人們關注著一種稱為全腦結構的技術，這項技術打算重現人類腦部結構（圖 9-9）。

將思想轉換為符號的符號主義、以深度學習為代表的連結主義（章節 1-3），**雙方的基礎都是運用 AI 來重現智慧最本質的部分**。然而這僅限於人們已經知曉的大腦部分而已，針對尚未真相大白的部分則無法重現。

重現完整腦部的做法

人腦的各個部位都有著不同的功能。全腦結構是針對人腦各個部位的功能各創建一個 AI，透過將所有不同功能的 AI 整合在一起來重現人腦，並不是以機器來做出跟人腦一模一樣的物體。另一方面，還有存在著運用類似於人腦的神經形態運算晶片（章節 7-11），也有透過全腦模擬這種不去考慮功能區分的細節，直接在數位空間當中去創造出整個人腦的做法（圖 9-10）。

無論是哪個做法，都是盡可能地做出最像人腦的方式，如果順利的話搞不好還能獲得跟人類一樣的智慧呢！只是，人類的智慧有擅長的部分、也有不擅長的地方，如果要做到最完整的人腦模擬，就需要比超級電腦更強大的性能，所以並不是說只要能重現人腦，社會就會發生什麼改變，其實沒有這麼單純。再說耗費龐大的成本才終於創造出跟人類一樣的 AI，也太不划算了。目前當代的 AI 都還需要龐大的資料中心來進行備份，即便在特定任務上 AI 確實勝過人類，但光是如此還不至於讓社會產生改變。

圖 9-9 重現人腦結構的全腦結構

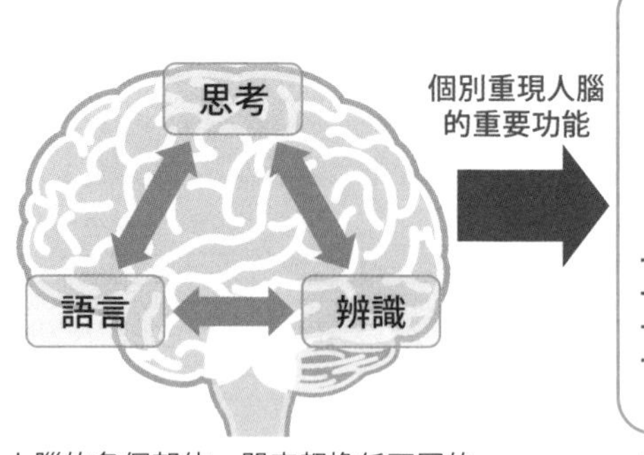

個別重現人腦的重要功能

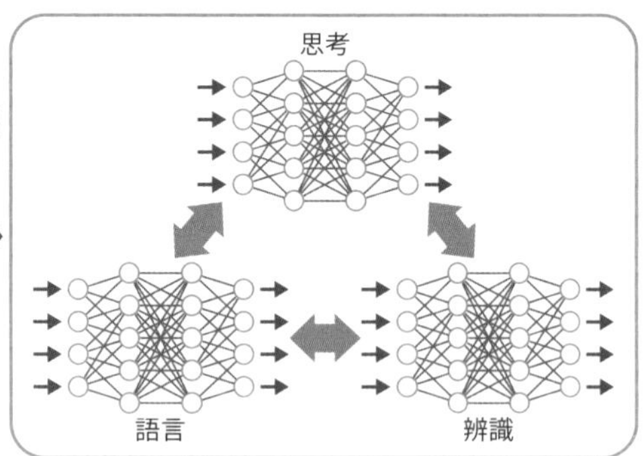

人腦的各個部位、器官都擔任不同的角色、擁有不同的功能

➡ **每個部位的神經網路特徵都不同**

結合人腦各個部位的功能，研發每個模組所需要的AI

➡ **透過整合所有的模組進行通力合作，讓整體結構得以重現「大腦的功能」**

圖 9-10 重現人腦本身的全腦模擬

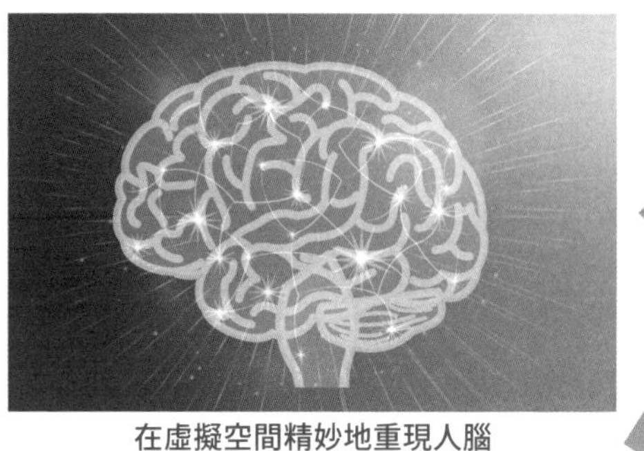

在虛擬空間精妙地重現人腦

模擬人腦需要大規模的超級電腦

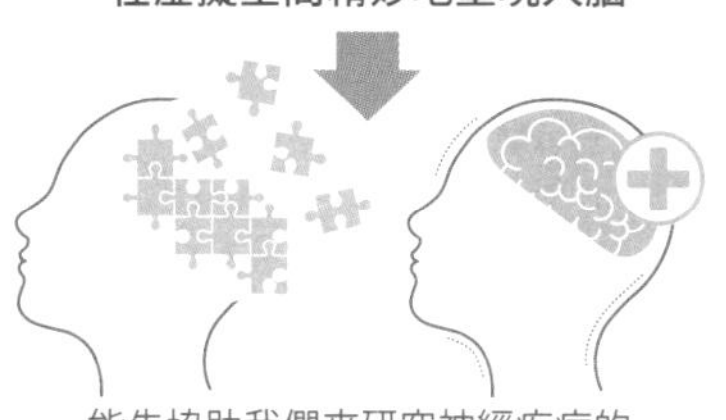

能先協助我們來研究神經疾病的機制與探索人腦功能

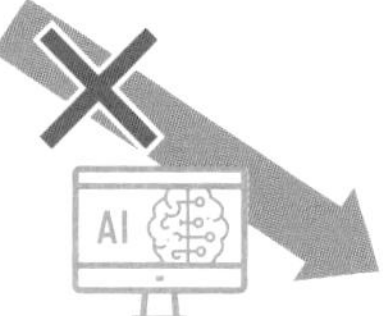

因為跟人腦沒有兩樣，所以要將其當作 AI 去普及到社會當中是有難度的

Point

- 人類的智慧是以什麼機制在運作，目前尚未明白全貌。
- 「全腦結構」是為了要重現人類的智慧、而嘗試重現人腦的結構。
- 全腦模擬需要大規模的超級電腦。
- 並不會因為重現了人類的智慧，而使得社會上的改變立竿見影。

人類跟上了 AI 的進步

人類開始與機器產生連結

在能夠重現人腦的 AI 出現之前，人腦或許會先向機器靠攏。目前人們正在研究腦機介面（BMI，Brain Machine Interface），這是不需要實體的滑鼠鍵盤，就能讓電腦直接收到人腦的訊號，進而完成操作電腦的技術。

目前已經有在一些動物實驗上成功了，**有植入身體當中的形式、也有裝在身體上的形式，而其中還有一部分已經讓人佩戴在身上進行使用了**（圖 9-11）。特別是從很久以前開始，人們就持續研究義手、義腳這類距離人腦比較遠的身體部位相關介面，目前已經可以透過學習肌肉與神經的訊號來驅動機器手臂與機器腳。當連接人腦的腦機介面能夠成功地讀取模糊記憶與思考時的想法後，只要用想的就能夠操作電腦，而將記憶保存在外接儲存裝置也不再是天方夜譚了。

因 AI 與人類連結所產生的社會改變

如果人腦與機器直接進行連結，就不需要看著螢幕、用手指操作畫面的流程了。但還不僅止於此，就連難以化作語言的概念與抽象的指令，AI 也能夠透過學習而終將理解我們想要表達什麼（圖 9-12）。目前 AI 助理雖然已經會記住我們的興趣、喜好，給予我們適當的推薦，但未來或許我們只要腦海裡有浮現的念頭，AI 就會早一步先為我們做出行動也說不定。不過，跟腦部相關的技術開發是只許成功、不許失敗。目前已經商品化的醫療 AI 都是投入了以年為計算單位的時間成本，就連終於做到商品化之後也持續戒慎恐懼地導入。腦機介面這種全新的工具想要普及、想要藉此為社會帶來改變，大概還需要幾十年的歲月吧！

看在那些認為有機會見證科技奇異點到來的極度樂觀派的眼裡，他們預測這些社會革新將會在 2030 年左右到來，其他持不同論點的樂觀派預測時間點會落在 2040 年以後。雖然不是立刻就能實現的社會樣貌，但在世界上某些地方確實正在為了這個不久的將來，測試相關技術。

圖 9-11 腦機介面

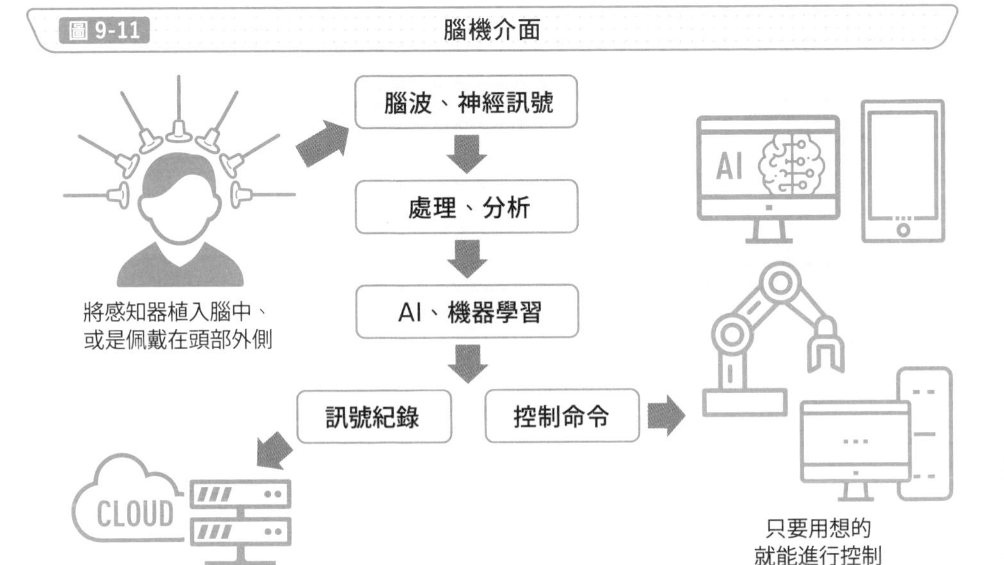

圖 9-12 腦機介面（BMI）的應用與身障者輔助

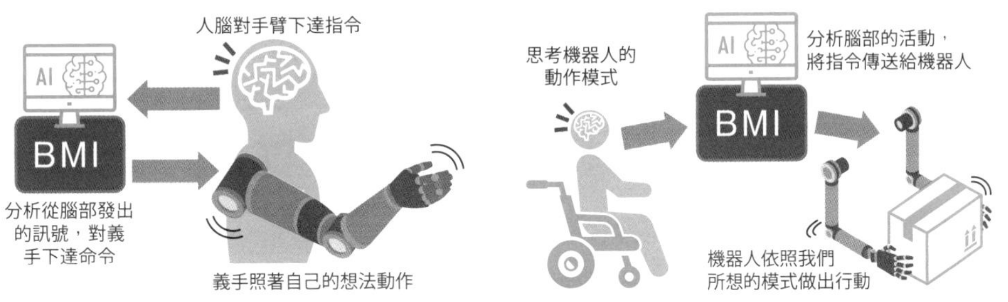

義手、義腳代替了失去的身體部位

人類的手臂與義手因為結構與機制不同，本應是無法驅動的。可是，將腦機介面放入人腦與義手之間，而得以讓義手照著自己的想法做出動作

患有身體麻痺或障礙的病患進行肉體勞動

藉由腦機介面的應用，操作的對象不僅限於手腳。能透過操作電腦與智慧型手機，讓機器人遵照自己的想法來動作

➡ **腦機介面預計會在 2040 年以後實際展開應用，首先會應用在身障者身上**

Point

- 連結人與機器的腦機介面（BMI）。
- 因為有了腦機介面，我們可以光用想的就控制機器運作。
- 以輔助身障者活動為目的，相關研究開發持續進行當中。
- 要應用到整個社會，預計得花上數十年。

能分得出誰是人、誰是 AI 嗎？AI 與 VR 與虛擬替身

由於虛擬替身的普及，人與 AI 的界線變得模糊

當 AI 越來越像人、人跟機器連結在一起，「人類與機器的界線」會越來越模糊。這並不是在講很久以後的事。現在在娛樂與商業上已經可以運用虛擬替身來代替自己，也有以 2D 或 3D 形態的虛擬替身來分享內容的 VTuber 出現。虛擬替身使用 VR 追蹤技術來捕捉使用者的表情與行為舉止，讓人看到虛擬替身活生生地做動作。而虛擬替身再跟被稱為元宇宙的綜合 VR 服務連動，發展的腳步可以說是停不下來。

另外，透過機器人來反映出人類動作的替身機器人也已經問世。無論是行動不方便的人、還是在遠方的人，慢慢地都能夠像是親臨現場、與一般人做到相同的事了（圖 9-13）。

虛擬替身背後是人類？還是 AI ？

已經有客服中心與門市導入了使用虛擬替身來與客戶溝通的服務，這表示人類與 AI 可以使用同一個虛擬替身。剛開始的應對由 AI 負責，後續再由人類接手完成服務，可能會讓顧客更有賓至如歸的感受。**顧客從頭到尾都只看到同一位虛擬替身，不過背後已經從一開始的 AI，換成由人類來進行後續的服務了**（圖 9-14）。

AI 也能運用虛擬替身來直播。直播當中的留言透過對話來呈現臨場感，也能學習直播主的説話方式來進行模仿。雖説要真正成為人類還是有困難，但至少也能發揮 AI 獨有的特色來進行表演。

透過 VR 技術的加持，應用虛擬替身來進行溝通已經成為了理所當然的事情。而 AI 運用虛擬替身的技巧也越來越逼真，或許再過不久，我們就無法分辨出虛擬替身背後的究竟是人類、還是 AI 了呢。

圖 9-13 數位分身與真實分身

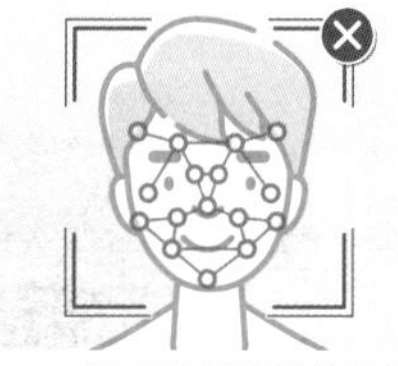

運用臉部追蹤技術讓虛擬替身可以呈現使用者的臉部表情
➡ **運用虛擬替身活躍在數位世界當中**

VR 空間當中提供了各式各樣的服務

在工地與工廠大顯身手

透過 VR 影像投影技與追蹤技術，讓替身機器人得以做出與人類相同的動作
➡ **在現實社會當中活動的真實分身**

圖 9-14 AI 與人類共享同一個虛擬替身

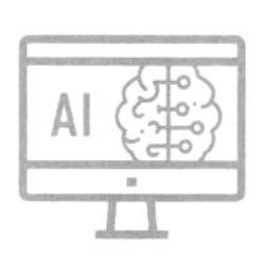

在櫃台由 AI 的虛擬替身來進行接待
➡ **可以做到簡單的問答，但若太過複雜、或者有例外處理，就無法妥善應對**

視必要情況，跟人類的接待人員換手
➡ **因為是無縫接軌，客人不會發現、也就不會擔心，而商家也能藉此提供更完善的服務**

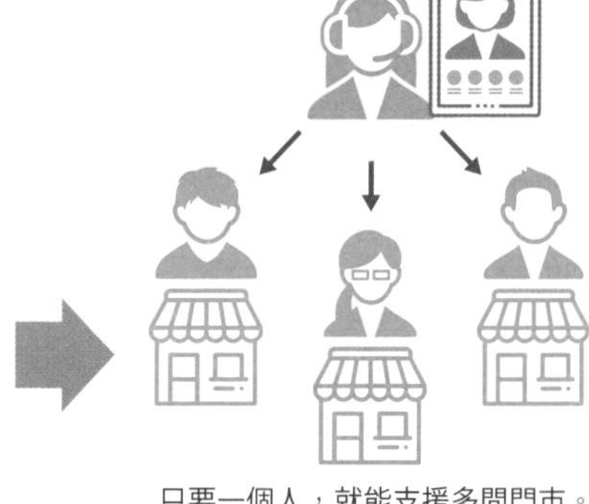

只要一個人，就能支援多間門市。另外，就算沒有 AI，透過使用虛擬替身，也能讓門市裡看起來隨時都有專人在等候賓客的大駕光臨

➡ **有些客人反而覺得虛擬替身可以讓他輕鬆詢問**

Point

- 在數位空間內活動時使用「虛擬替身」作為分身。
- 人類與 AI 可以共同持有虛擬替身。
- 人類與 AI 可同時存在的 VR 空間「元宇宙」出現了。

AI 是擁有智慧的生命體嗎？

無法分辨人類與 AI 了

在與人類一模一樣的機器人出現之前，透過社群網站、VR、虛擬替身，無法分辨是人類還是 AI 的那一天已經悄悄接近了。或許 AI 尚未擁有媲美人類的智慧，溝通專用型的 AI 將會能表現得像個人類一樣（圖 9-15）。到了那個時候，我們還分得出誰是人類、誰是 AI 嗎？會不會有一天我們也跟 AI 變得親暱、或是被騙，在溝通上也會患得患失了呢？

人類與 AI 有何不同

專用於溝通的 AI 是利用某種錯覺來使自己看起來像是人類。如果不具備通用 AI 那樣的綜合智慧的話，長久看下來還是會覺得有點不對勁，不過在這個重視多樣化的社會，很有可能到時候就會將此當作像是人類的性格而接納了。因為感覺到有點奇怪，就將對方視為機器人畢竟還是會有倫理上的問題。人味這件事基本上就是個典型的人類偏差，當 **AI 持續學習「帶有人味的偏差」並做出像個人會做的反應**時，搞不好我們說它很奇怪，它還會露出受傷的表情或動作呢！到這地步就算我們心中覺得有疑慮，也找不出證據來證明它是 AI。

有人提出說，現階段人類跟 AI 較大的差異是在「了解意思（章節 8-3）」之外是否擁有意識。無法充分了解意思而產生的不協調感可能不會立刻消失。不過，人工意識仍在持續地研發當中，技術上不太可能不會實現。只是，目前還不知道如何透過邏輯方式來掌握意識存在的方法，最終要去判斷有無意識，僅能透過觀測「擁有意識所散發出的人味」找到不協調的部分。至少在數位空間裡要去依據智慧高低與有無意識來判斷是人或 AI 還是有困難的（圖 9-16）。未來掀起是否要將 AI 定義為智慧生命體的論戰這事，將可能不再是僅限於科幻世界當中也說不定喔。

圖 9-15 在數位服務上為人類代勞的 AI

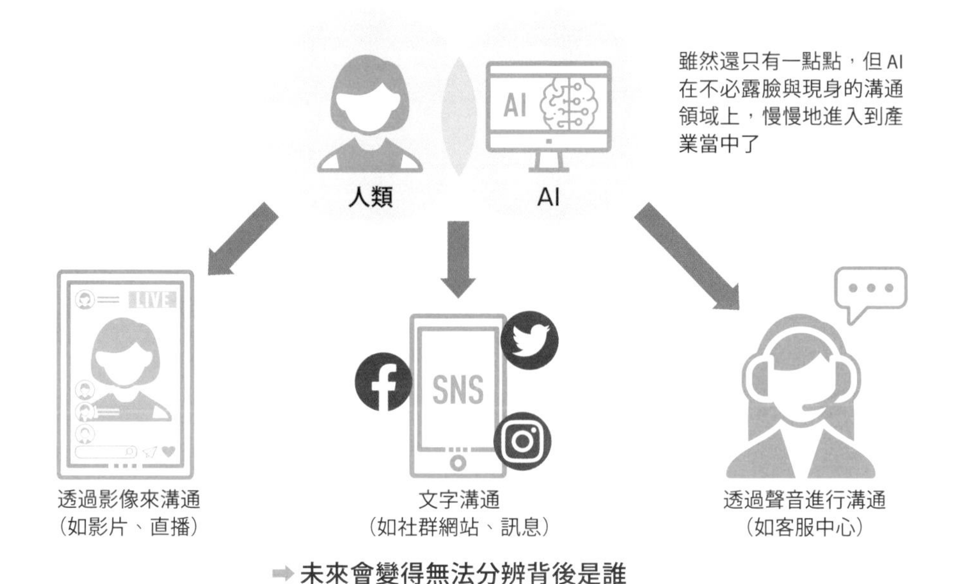

圖 9-16 找得出人類與 AI 的差異嗎

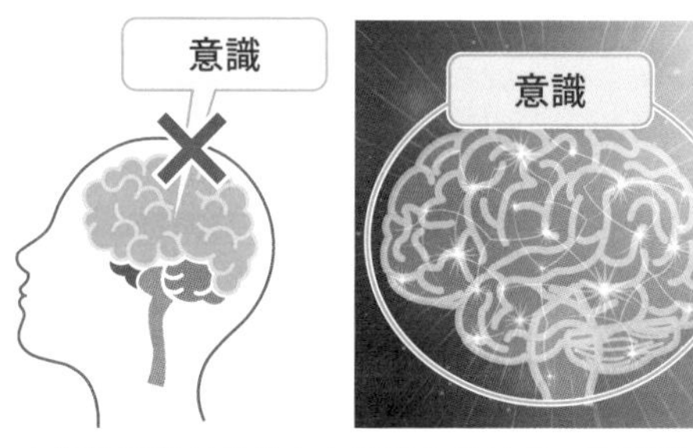

人類的意識並非僅存在於腦內的某處，而是所有腦部功能互相運作之下所誕生的產物

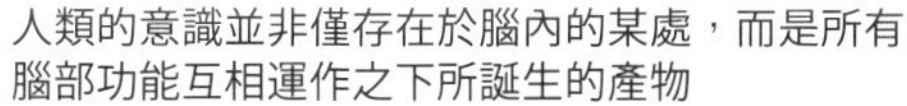

➡ 如果 AI 擁有「這個功能」，那 AI 就是「擁有意識」

是機器還是生物，除了結構上的差異之外，目前僅能「觀測有無做出像人一樣的行為舉止」來分辨到底是AI還是人類

➡ 或許未來將會掀起一陣究竟該如何面對生活在人類社會裡的 AI 的討論？

Point

- 在數位空間當中，溝通專用型 AI 就跟人類沒兩樣。
- 學會了人類偏差的 AI，會表現得更有人味。
- 即使重現了人類的意識，也沒有可以觀測有無意識的方法。
- 人們將會面臨到「AI 是什麼」的討論。

請你跟我這樣做

假設AI會搶走我們的工作，那究竟會是什麼工作被搶走？

人們剛開始討論深度學習時的一剛開始，就在討論 AI「會搶走人類的工作」、「才不會搶走工作」這些問題了。其實，這些討論當中欠缺了「第一線的聲音」。大部分的學者專家並不曉得每個職業的具體工作內容。因此，有空想且認為被取代的工作或業界，實際上可能很難被取代。已經將本書閱讀至此的各位讀者們想必都已經大致了解 AI 的潛能了才是。

對您來說，身邊有沒有什麼職業或工作內容真的是有可能被 AI 取代的呢？一起來認真思考看看吧！不是針對職業，而是將思考角度放在一個職業當中會有哪些任務將會被取代。透過這樣的思考，或許可以找到人類與 AI 如何相處的方式也說不定。

翻譯員的工作

任務	具體內容	被替代的可能性
網頁翻譯	翻譯網站上所記載的內容	有可能
重要文件翻譯	正確翻譯合約書	須再經過人為確認
故事與歌曲的意譯	翻譯時需掌握脈絡與文化背景	非常難
程序書的翻譯	翻譯操作手冊等資料	有可能
影像翻譯	配合語音與情境來建立字幕	要看是什麼樣的影片

翻譯員是容易被 AI 取代的一種職業。翻譯能細分為「實用翻譯」、「文藝翻譯」、「影像翻譯」，在實用翻譯（網頁、文書資料、操作手冊）的部分由於內容重要程度較低，所以判斷應是可能被取代的。而在影像翻譯上可能要看是什麼樣的影片內容，才能知道是否可以改由 AI 來處理。問題在於文藝翻譯，這必須要了解前後文的脈絡、文化背景，才能做好翻譯，而這些又是機器翻譯特別不擅長的領域。應該某程度上還是可以處理，但要能做出具備商用等級的翻譯，大概還要等上好長一段時間。

像這樣嘗試思考，或許翻譯在未來會從實用性質的職業，轉變為類似創作者與藝術家的角色也說不定。當然這都只是猜想，實際如何不得而知，不過透過去思考哪些任務可以被取代，反而發現了應該是不會走到「完全被取代」的地步呢！您覺得呢？

用語集

［※「➡」後面是相關的章節］

A～T

AI 加速器 （➡7-11）

專為 AI 運算處理所特製的晶片與電腦架構。使用了加強平行運算的電腦與刻意降低運算精確度的晶片。

AI 浪潮 （➡1-2）

於 1950 年代、1980 年代、2010 年代活絡投資 AI 的時期。每次浪潮都有新的 AI 技術問世，令世人為之鼓譟。

Attention 機制 （➡5-6）

僅專注於部分資訊的神經網路做法。透過大膽割捨無謂的資訊而成功地大幅度提升了學習效率。

Q 學習 （➡4-5）

在每個行動上設定名為 Q 值的強化式學習。雖能應對所有情境，但處理越複雜的任務時，運算所需的成本也跟著三級跳。

RPA（Robotic Process Automation） （➡7-13）

指工作與任務的自動化、或自動化系統。RPA 套裝軟體與機器學習的問世，讓自動化流程更加有效率。

Transformer （➡8-2）

運用進化型的 Attention 機制為主所建構的機器學習模型。大幅提升運算處理效率，對自然語言處理技術的影響甚大。

二劃～十劃

二分法搜尋 （➡2-2）

在排序清單式結構資料時，判斷目標會落在清單的中央還是兩側，透過每次都縮減一半距離的方式持續朝目標靠近。

人工智慧（AI：Artificial Intelligence） （➡1-1）

重現人類智慧與運用智慧做出的行動的產物。也指在相關研究活動、研究過程當中所誕生的所有技術、產品。是相當廣泛的概念。

不完全資訊對局遊戲 （➡6-13）

不完全公開對局遊戲當中的所有資訊。因為存在不確定因素，所以無法在搜尋當中找到最佳解。

元宇宙 （➡9-7）

虛擬的龐大空間、服務、系統。用戶可以在開設的虛擬世界當中，經營各式各樣的數位活動。

元資料 （➡3-2）

指與資訊有關的資訊。記載了該資訊具有何種含義、為何被使用等，對於資料進行結構化時相當有幫助。

元學習 （➡8-6）

學習如何學習。客觀分析自己的學習方法，找出可以改進的地方，增進學習效率。

公開金鑰加密 （➡2-4）

加密的公鑰與解密的密鑰不相同的加密方式。雖然所有人都能使用公鑰來進行加密通訊，但處理速度較慢。

文字探勘 （➡3-5）

將需要處理的資訊限縮到文字的資料探勘。相較於數值，文字資訊較難處理，可能需要配合目的來運用特殊的做法。

半監督式學習 （➡4-9）

結合了監督式學習和非監督式學習兩者優點的學習方式。運用監督式學習提取重要特徵，再用非監督式學習來學習辨別特徵的方法。

囚徒困境 （➡6-14）

以偵訊囚犯為例，比喻當個人利益與團體利益相左時，無法做出最好的選擇的狀態。

本體論 （➡3-3）

以邏輯性的方式描寫人類處理知識與概念的學問。透過本體論建構知識體系、使用知識表示，讓電腦也能處理知識與概念。

生成對抗網路（GAN） （➡5-7）

透過讓產生虛擬資料的 AI 與判斷 AI 相互競爭，讓雙方都能進步的方式。產生出來的優秀虛擬資料可以彌補學習資料的不足。

※光學文字辨識（OCR：Optical Character Recognition） （➡1-8）

將包含手寫文字、數字等內容透過視覺形態來進行辨識的技術。由於任務本身較為單純，因此大多不會使用深度學習。

共享密鑰加密 （➡2-4）

加密與解密都使用同一密鑰的加密方式。雖然可以高速地進行加密通訊，不過密鑰的交換必須要暗地裡進行。

多模態 （➡5-12·6-5）

可以同時處理多個資訊模態。如果只能處理影像、或者只能語音這種單一資訊的情況，則稱之為單模態。

自動編碼器 （➡5-3）

讓神經網路的每一層都可以呈現同樣輸入、輸出的預學習方式。能減少初期的誤差，提升誤差反向傳播的效率。

自然語言處理 （➡6-2）

處理人類的自然語言的技術。除了能讓 AI 理解文章、撰寫文章之外，對語言上溝通的相關任務也有很大影響。

完全資訊對局遊戲 （➡6-13）

在對局遊戲當中公開所有資訊的狀態。因為沒有不確定因素，所以可以透過搜尋所有的選項找到最佳解。

貝氏推論 （➡3-9）

將不確定的狀況轉換為數值，推論相似度的方法。用於機器學習，有著當資料越集越多就能提升精確度的特性。

貝氏網路 （➡4-2）

用貝氏推論來描述資訊彼此的關聯性，並將其連上網際網路的資料庫。透過機器學習提升精確度，執行資料分析與決策。

易辛模型 （➡7-12）

運用稱之為易辛模型的格子模型來執行運算的裝置。當作模擬器來用於邏輯難以解決的問題上。

泡沫排序 （➡2-3）

從上方開始依序確認資料，並且每筆對一次就調整一次列隊方式。是相對單純的方法，但如果數字一樣的話，就會維持原本的排列，導致效率不佳。

知識表示 （➡3-3）

將知識與資訊描述得讓電腦能簡單理解。有許多種表示的方法，並依用途、知識特性來分門別類。

長短期記憶網路（LTSM，Long Short Term memory） （➡5-6）

專為處理記憶而生的循環神經網路。將神經元模組化後去配合用途來進行調整。

非結構性資料 （➡3-2）

沒有建立起結構性的資料。雖然人類可理解，但是程式無法理解的事情相當多。有些AI 專門用來處理非結構性資料。

非監督式學習 （➡4-4）

在不給予正確答案的狀態下進行機器學習。容易準備學習資料，也可以找出資訊關聯性與共通點。

架構 （➡2-5）

AI 與軟體的整體設計圖。設計、顯示包含多個程式、網際網路與資料庫的連結的整體結構。

柏拉圖最適 （➡6-14）

集團利益最大化的狀態。當與個人利益相左時，若不採取些措施，就無法靠近柏拉圖最適。

馮紐曼架構 （➡7-11）

由控制裝置、演算裝置、記憶體、輸出入裝置所建構而成的一般電腦。理論上可以執行所有的任務。

核函數 （➡3-8）

使用核函數來讓複雜資料的運算變得單純。會與支持向量機並用。

神經形態運算 （➡7-11）

參考神經網路建構而成的運算架構。處理器部分採用神經形態運算者，稱為神經形態晶片。

神經網路（NN：Neural Network） （➡4-2）

參考人類的神經網路建構而成的演算法。透過機器學習來設定網路當中的參數，能執行許多任務。

納許均衡 （➡6-14）

個人為了自身利益最大化所選擇的結果，且已經找不出比那更好的狀態了。認為不為他人妥協自己的選擇才是合理的判斷。

迴歸分析 （➡3-6）

運用數值來表達資料之間的關聯性的分析方法。除了可以直白地展現資訊關聯性之外，依據關聯性還能分成簡單線性迴歸分析與多元迴歸分析。

逆向強化式學習 （➡4-6）

透過設定強化式學習所需的報酬，來學習最佳行動的方法。設想人類的專家或職人的行動是最佳解，找出哪些設定可以導向相同的最佳行動。

馬可夫過程 （➡3-9）

將不確定的狀況以邏輯方式進行運算的思考方式。由於是忽略過去的現象來運算，因此即便是較為複雜的現象也能達到一定的精確度。

十一劃～二十劃

基因組分析 （➡7-2）

藉由分析 DNA，從隱含在 DNA 中的基因資訊找出有價值的資訊。能發現罹患疾病的原因與可能罹患的病症。

基因演算法 （➡4-8）

參考基因進化所創建的機器學習演算法。透過自然淘汰、交配、突變來改變參數，具有能夠應對多樣化挑戰的特質。

專家系統 （➡1-4）

運用知識表示等技術將專家所擁有的知識告訴 AI，再依據需要將有用的知識抓取出來的系統。

張量 / 向量 / 矩陣 （➡5-8）

使用多個數值來表達一個資訊的概念。一維張量稱為向量、二維張量稱為矩陣。廣泛用於機器學習。

強化式學習 （➡4-5）

設定目標，透過越靠近目標就給予報酬的方式來強化最佳行動的學習方法。雖然通用性高，但是卻會因為目標設定的關係而大幅影響執行效率。

深度強化式學習 （➡4-6）

在強化式學習加入深度學習的學習方法。越是難以透過邏輯運算去判斷行動是好是壞的任務，越能發揮其功效。

深度學習（DL：Deep Learning） （➡5-1）

讓疊加許多層數的神經網路進行學習的技術。這使得過去認為 AI 辦不到的感覺型任務得以遂行，更具備了通用性。

清單式資料結構 （➡2-2）

資訊依照順序排列。例如 Excel 當中表單將資訊都放在同一個直欄當中。對搜尋與排序演算法很友善。

符號主義 （➡1-7）

將人類的智慧運用數學符號來呈現、並透過邏輯性的描述來創建人工智慧的方法。可信度高，廣為應用。

符號奠基問題 （➡8-3）

AI 處理語言、卻無法理解語意的問題。AI 只是將語言單純視為符號來處理，因此無法像人類理解自己在說什麼。

組合最佳化 （➡7-12）

意指從多個選項中找出最佳的組合的問題或處理。由於邏輯上並未存在著找出最佳解的方法，所以相當耗費運算成本。

組合爆炸 （➡8-4）

當選項增加一個、選項的組合會爆炸性增長的問題。在現實世界當中無法透過搜尋來解決的問題。

軟體代理系統 （➡2-6）

執行之後就會單獨繼續運行任務。居中協調各式各樣的軟體與資料庫，減輕使用者的負擔。

連結主義 （➡1-6）

將人類的智慧透過資訊網路來呈現，並透過學習來嘗試實現人工智慧的方法。這想法衍生出後來的深度學習。

結構性資料 （➡3-2）

程式易於處理的資訊型態。依用途可能必須自行創造資料結構，這會相當耗時。

虛擬資料 （➡4-9．5-7）

為彌補機器學習時經常不太夠用的資料量而建立虛擬資料。雖然是人工創造出來的資料，但由於真實到以假亂真，所以可以拿來學習。

開源程式碼 （➡8-12）

程式碼處於公開狀態，所有人都可以自由使用的程式。因為完全公開，所以容易找到改進的地方，安全地運用。

集成學習 （➡4-11）

為了迴避過度適配，運用多個 AI 演算法來找出答案的學習方法。由於會從許多觀點來找出答案，因此比較不會受到學習資料裡的偏差影響。

集群分析 （➡3-7）

將資訊分組的分析方法。透過彙整特性相近的資料，讓我們更易於掌握資料整體的特性。

雲端 AI （➡6-8）

在雲端上執行所有任務的 AI。只要能連線到網際網路，就能在所有終端設備上執行，但網路負荷較高。

腦機介面（BMI，Brain Machine Interface） （➡9-6）

將人腦與電腦直接連接的介面。不需仰賴滑鼠與鍵盤就能操作數位機器。

資料科學 （➡3-4）

分析資訊的使用方法與價值的學問。以統計方法為基礎、加上資訊理論與經濟理論，研究諸多實用的資料分析方法。

資料探勘 （➡3-5）

從資料當中找出有價值的資訊的方法與技術。有些情況是 AI 運用資料探勘，有些情況是將資料探勘搭載到 AI 裡面。

過度適配 （➡4-9）

因為過度學習而導致 AI 反應過於敏感的情況。在學習時的成績相當良好，但是正式考試時卻會因為些微的差異與相似性而誤判，給出錯誤答案。

達特矛斯會議 （➡1-3）

1956 年在達特矛斯大學所舉行的 AI 技術發表會。史上第一次提到「人工智慧」這詞，成為了全世界前仆後繼開始研究人工智慧的濫觴。

預學習 （➡4-10）

在進行目標任務的學習之前先學習較為基礎的任務，藉此來提升後續學習目標任務的效率，可以減少需要的資料量。

圖形結構資料 （➡2-2）

資訊之間相互連接，成為網路形態結構的資料。因為可以用來表示各種資訊的概念，所以應用範圍廣泛、相關的演算法也較多。

圖像、影像辨識 （➡1-8·6-1）

透過圖像、影像方式所捕捉的事物與現象、進行判斷的技術。過去是難以做到的技術，後來因為深度學習大幅地提升了精確度，因而普及到我們生活當中。

圖靈測試 （➡8-2）

艾倫•圖靈所提出的實驗方式。用來測試是否擁有智慧，不過圖靈本人卻曾表示這方法無法用來測出電腦有無智慧。

演算法 （➡2-1）

為了達成目的的步驟與解決問題的方法。AI 當中搭載了各式各樣的演算法，不僅有明確求解的演算法，也有可以保留模糊空間的演算法。

監督式學習 （➡4-3）

在給予正確答案的狀態下進行機器學習。學習效率高、應用範圍廣，但準備學習資料的成本較高。

語音辨識 （➡6-3）

分析語音與聲音、判斷語意與音源的技術。深度學習的問世為此技術提升精確度，拓展了應用範圍。

誤差反向傳播演算法 （➡5-2）

神經網路加權方法之一。在監督式學習中，針對與正確答案之間的差異，透過逆向傳播的方式來修改權重。

模糊邏輯 （➡3-8）

為了讓電腦可以模糊表達的方法。不清楚區分現象與事物，而是透過設定中間值來容許模糊狀態存在。

線性搜尋 （➡2-2）

在清單式結構資料由上到下照順序搜尋的方式。因為本身是單純的演算法，執行速度快，但是要抵達清單下方的資料會花上一段時間。

遷移學習 （➡4-10）

學習與目標任務相似的任務，並流用學習模型。因為解決任務所需的技巧有部分共通的緣故，而得以藉此提升學習效率。

樹狀結構資料 （➡2-2）

類似於圖形結構的網路型資料。資訊當中存在著根部與葉片般的上下關係，基於相對應的位置關係，資訊的特性與處理方式也會改變。

機器人三大定律 （➡8-11）

艾西莫夫於小說中提到機器人應遵守的三大定律。由於被引用在諸多作品當中而廣為人知。

機器學習（ML，Machine Learing） （➡4-1）

學習如何設定程式執行時所需要的各種參數的方法。雖然不學習就無法執行任務，但是通用性相當高。

選擇排序 （➡2-3）

確認所有的資料，找到最小（最大）的資訊並進行排序的排列方式。雖然速度不慢，不過有時候會出現在過程中對調相同數字的情況。

賽局理論 （➡6-14）

將人類追求利益的心理以理論方式呈現，應用於賽局與經濟策略上。也被用在不完全資訊對局遊戲的 AI 上而獲得優異的成效。

邊緣 AI （➡6-9）

在終端執行智慧型任務的 AI。雖然需要性能優異的終端設備，不過由於對於網際網路的依賴較低，因此可以以高速遂行任務。

關聯性分析 （➡3-6）

找出資訊當中有無隱藏的關聯性的分析方法。雖然無法解釋關聯性，但可以找出之前所沒發現的關聯性。

二十二劃

權重、加權 （➡5-1）

「權重」是神經網路當中用來表達連結強度的參數，而改變權重設定則稱之為「加權」。

索引

索引

【A～W】

【二～五劃】

【六～十劃】

【十一～十五劃】

【十六～二十三劃】

圖解 AI 人工智慧

作　　者：三津村直貴
裝訂・文字設計：相京 厚史（next door design）
封面插圖：越井 隆
譯　　者：温政堯
企劃編輯：蔡彤孟
文字編輯：詹祐甯
設計裝幀：張寶莉
發 行 人：廖文良

發 行 所：碁峰資訊股份有限公司
地　　址：台北市南港區三重路 66 號 7 樓之 6
電　　話：(02)2788-2408
傳　　真：(02)8192-4433
網　　站：www.gotop.com.tw
書　　號：ACD022800
版　　次：2023 年 05 月初版
2024 年 10 月初版六刷
建議售價：NT$480

國家圖書館出版品預行編目資料

圖解 AI 人工智慧 / 三津村直貴原著；温政堯譯. -- 初版. -- 臺北市：碁峰資訊, 2023.05
面； 公分
ISBN 978-626-324-443-6(平裝)
1.CST：人工智慧
312.83　　112002409

本書是根據寫作當時的資料撰寫而成，日後若因資料更新導致與書籍內容有所差異，敬請見諒。若是軟、硬體問題，請您直接與軟、硬體廠商聯絡。